本書に記載された内容は、情報の提供のみを目的としております。したがって、本書を参考にした運用は必ずご自身の責任と判断において行ってください。

本書記載の内容に基づく運用結果について、著者、ソフトウェアの開発元/提供元、株式会社技術評論社は一切の責任を負いかねますので、あらかじめご了承ください。

本書に記載されている情報は、とくに断りがない限り、2024年4月時点での情報に基づいています。ご使用時には変更されている場合がありますので、ご注意ください。

本書に登場する会社名、製品名は一般に各社の登録商標または商標です。本文中では、™、©、®マークなどは表示しておりません。

本書について――第4版改訂にあたって

シェルスクリプトの移植性に着目し、各種シェルの文法の違いを洗い出す目的で書き始めたのが本書でした。それは各種シェルの違いについての純粋な興味でもあり、またLinuxなどのbashで動作するシェルスクリプトがFreeBSDのshやSolarisのshでは動かない場合の解決策のヒントを与えるためでもありました。

たとえば、シェル変数iの値に3を加算してその値をシェル変数jに代入するといった例では、bashなら`((j = i + 3))`と記述できますが、FreeBSDのshでは`j=$((i + 3))`のような記述にする必要があり、さらにSolarisのshでは``j=`expr $i + 3` ``という外部コマンドを利用した原始的な記述を用いる必要があります[※1]。

もっとも、現在ではWindowsやmacOSも含めてbashが普通に動く環境が増え、シェルスクリプトはbashで動きさえすれば良く、シェルスクリプトの移植性を考える必要性は薄れてきたとも考えられます。

しかし、このような状況の中でもなお移植性を意識することが有意義であると筆者は考えています。bashにはたくさんの便利な文法や組み込みコマンドが存在しますが、これらをすべて同列に考えるのではなく、これらが従来のshでもずっと使われてきた文法やコマンドなのか、比較的最近にbashで追加されたものなのかを知った上で使うようにした方が、シェルスクリプトに対する理解がより深まると信じるからです。

本書は、Linux(bash)、FreeBSD(sh)、Solaris(sh)の動作対応状況をアイコン表示することを特徴の一つとしてきましたが、第3版ではBusyBox(sh)を追加し、この第4版ではDebian(dash)とzshを追加しました。dashはFreeBSD(sh)と由来が同じであるため動作は似ていますが、詳しく調べてみると細かい動作が異なります。zshは一見bashと同じように動作するように見えますが、シェル変数をダブルクォートを付けずに展開しても、つまり変数varを`"$var"`ではなく`$var`として展開しても単語分割やパス名展開が行われないという大きな非互換性があるため、その違いはしっかりと認識しておく必要があるでしょう[※2]。

本書で取り上げている6種類のシェルの6つのアイコンがすべて◎印で表示されている文法やコマンドが最も移植性の高い重要項目となります。本書を日々のシェルスクリプト記述の参考にしていただければ幸いです。

2024年4月

山森 丈範

※1　関連ページ　➡p.82, p.219, p.242, p.303

※2　関連ページ　➡p.6, p.166

本書の特徴

プログラマではなく、普通に道具としてコンピュータを使用している人でも、たとえば、カレントディレクトリの複数のファイルそれぞれに一定の処理を施したいとか、所定のオプションを付けて一連のコマンドを起動したいといった状況はよく発生します。こんなとき、シェルスクリプトを知っていれば、これらの処理を行うツールがすぐに簡単に作れます。

シェルスクリプトはプログラム言語の一種ですが、コンパイルなどの操作が不要で、誰でも気軽に書けてしまう言語です。プログラム言語の代表格であるC言語は、ある意味プログラマだけが知っていればいい言語ですが、シェルスクリプトは、プログラマ以外のユーザも含めたごく普通のユーザが、自分の作業の効率アップのために日常的に使用できる言語なのです。

本書では、ポピュラーなシェルであるbashを中心にしながらも、bash以外のBシェル(Bourne Shell)系のシェルとの互換性・移植性を重視し、bashのほかに、FreeBSDのsh、Solarisのsh、BusyBoxのsh、dash、zshと、計6種類のシェルで動作確認を行っています。そして、各シェルの対応状況をそれぞれ ○ Linux (bash) ○ FreeBSD (sh) ○ Solaris (sh) ○ BusyBox (sh) ○ Debian (dash) ○ zsh ※3のようにアイコンを用いて表示してあります。この表示は、シェルスクリプトの互換性・移植性のための大きな参考となるでしょう。また、これら6種類のシェルすべてに○印のアイコンが表示されている項目のみを使用すれば、OSに依存しない、移植性の高いシェルスクリプトを記述することができるはずです。

一方、移植性は気にせずに高機能のシェルであるbashやzshの拡張機能を便利に使いたい場合もあるでしょう。bashとzshでは動作が異なる部分が少なからずあり、この第4版でzshの記述を加えるにあたっては、bashでのこの記述はzshではどう記述すればいいのかという点を含め、大幅に加筆を行っています。

シェルスクリプトをまったく書いたことがない人は、まずは「Hello World」から書き始めるとよいでしょう。また、ある程度のシェルスクリプトを書いたことがある人には、本書の記述をヒントに、シェルスクリプトの小技・裏技を再発見していただければ幸いです。

※3 改訂第4版からは、Debian(dash)とzshのアイコンも加えてアイコン表示は6つになっています。

本書が想定している読者

本書では、ユーザとして、コマンドラインでのLinux/UNIXの基本操作ができる人を想定しています。具体的には、ls、cp、rmなどの基本的なコマンドが使えれば本書の内容が理解できるでしょう。

また、本書の中には、シェルスクリプトとC言語とを比較している部分がありますが、C言語については必ずしも理解している必要はありません。これはあくまでさらに理解を深めるための参考事項にすぎないため、適宜読み飛ばしても差し支えないものです。

本書が対象としている環境

本書の記述内容を実行するには、bashまたはzshが動作する環境が望ましいでしょう。bashは、LinuxやmacOSでは、標準シェルとしてインストールされているため、これらのユーザは、とくに設定変更を行っていないかぎり、すでにbashを使用しているはずです。本書では紙幅の都合もあり取り上げませんが、OS標準としてインストールされていない場合でも、ソースファイルやバイナリパッケージなどからbashやzshをインストールして使うことが可能です。また、bashやzshがなくても、sh、dash、kshなどのBシェル系のシェルがあれば、前述のとおり本書のアイコン表示のすべてに◎がついている項目については、Bシェル系として共通に動作するでしょう。

なお、本書ではOSとしてLinuxなどのUNIX系OSを想定していますが、bashやzshが動作する環境でさえあれば、たとえばWindowsのCygwin環境や、Windows 10で使えるようになったbashのような、非UNIX系環境であってもかまいません。

動作確認の環境について

動作確認時のOSのバージョンとシェルはそれぞれ、Ubuntu 20.04.5(Linux)のbash-5.0.17、FreeBSD 13.2のsh、Solaris 11の/usr/sunos/bin/sh、busybox-1.35.0、Ubuntu 20.04.5のdash-0.5.10.2、Ubuntu 20.04.5のzsh-5.8で、さらに、Windows 10のbash-4.3.11、macOS Sierra(v10.12)のbash-3.2.57でも動作確認を行いました。これら以降のバージョンを使用していれば問題なく動作すると思われます。また、これら以前のバージョンであっても、ほとんどが問題なく動作すると思われます。ただし、上記と異なるバージョン、環境においては、本書での説明内容と動作等が異なる場合もあります。

本書の記述について

項目(タイトルデザイン)

❶概論やサンプルスクリプトを扱った項目と❷リファレンスとしての使用を想定とする項目とで、異なるタイトルデザインを採用しました。とくに❷ではタイトル部分に項目名とそのポイントを併記していますので、一目で内容を確認できるようになっています。

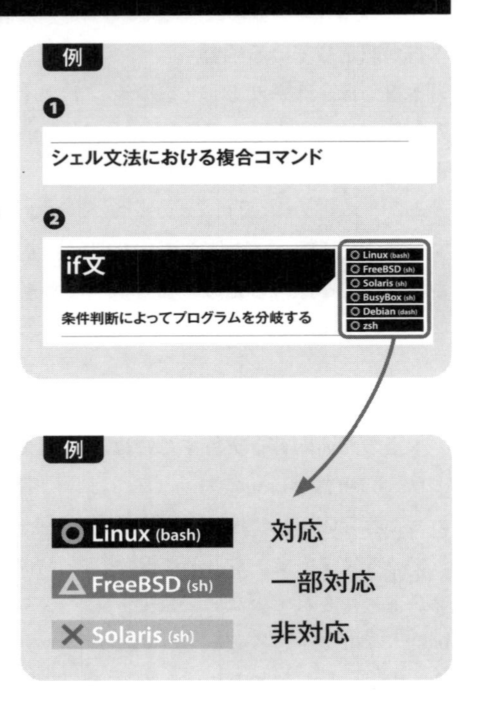

対応するOS/シェルを表すアイコン

本書の項目タイトルでは、動作確認をした環境であるLinux(bash)、FreeBSD(sh)、Solaris(sh)、BusyBox(sh)、Debian(dash)、zshの対応状況をアイコンで表示しています。

また、**解説** 内で、シェルごとに対応がさらに分かれる記述については、以下の例のように、その部分をグレー地にした上で対応状況を別途アイコンで表示しています。

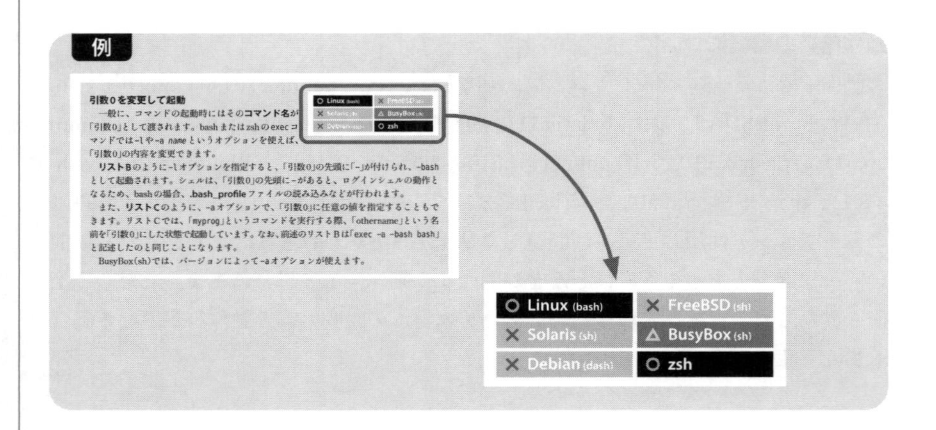

引数0を変更して起動

一般に、コマンドの起動時にはその**コマンド名**が「引数0」として渡されます。bashまたはzshのexecコマンドでは-lや-a *name*というオプションを使えば、「引数0」の内容を変更できます。

リストBのように-lオプションを指定すると、「引数0」の先頭に「-」が付けられ、-bashとして起動されます。シェルは、「引数0」の先頭に-があると、ログインシェルの動作となるため、bashの場合、**.bash_profile**ファイルの読み込みなどが行われます。

また、**リストC**のように、-aオプションで、「引数0」に任意の値を指定することもできます。リストCでは、「myprog」というコマンドを実行する際、「othername」という名前を「引数0」にした状態で起動しています。なお、前述のリストBは「exec -a -bash bash」と記述したのと同じことになります。

BusyBox(sh)では、バージョンによって-aオプションが使えます。

書式 中で使用している記号

❶ ～

例

ディレクトリ名

実際のユーザ入力で置き換えられる部分は、～ のように表示しています。上の例の ディレクトリ名 では、実際にシェルスクリプトを記述する際は、ディレクトリ名(たとえば/some/dir)で置き換えて使用するという意味です。

また、この記号は適宜 基本事項 の説明でも 書式 の説明と対応する個所に用いています。

❷ [ ]

例

[ディレクトリ名]

[および] で囲まれた部分は、省略できます。上の例では ディレクトリ名 は必要に応じて指定してもよいし、省略してもよいという意味です。

❸ |

例

変数名 | 関数名

| で区切られた要素は選択して指定できます。上の例は 変数名 または 関数名 という意味です。

❹ …

例

[引数 …]

直後に … が続く要素は、繰り返してもよいという意味です。

上の例は、… も [ ] の中に入っていますので、引数を任意に0個以上付けることができるという意味になります。

>第0章 シェル&シェルスクリプトの基礎知識

0
1
2
3
4
5
6
7
8
9
10
11
12
13
14
Appndix

シェルとシェルスクリプト

シェルは最初のプログラム

シェル(*shell*)は、LinuxなどのUNIX系OSにログインして最初に動作するプログラムです。ユーザが実行する各種プログラムは、基本的にはこのシェルを通して起動されます。このように、ログイン直後に起動するシェルのことを**ログインシェル**と呼びます(**図A左**)。

もっとも、LinuxなどのOSにグラフィカルモードでログインした場合は、すぐにはシェルが動作していないかもしれません。しかし、この場合も、xtermやkterm、またはKDEのKonsoleなどの端末エミュレータ(*terminal emulator*)と呼ばれるウィンドウを開けば、その中にシェルが起動するはずです(**図A右**)。

シェルは画面に**プロンプト**(*prompt*)を出して、ユーザにコマンド入力を促します。プロンプトは、bashなどのBシェル系のシェル(詳しくは後述)であればデフォルトで「$」ですが、設定により「ユーザ名@ホスト名 ディレクトリ名$」のような格好をしているかもしれません。ユーザはこのプロンプトに対して、実行したいコマンドを入力します。

図A ログインしてシェルが起動したところ(左:テキストモード、右:グラフィカルモード)

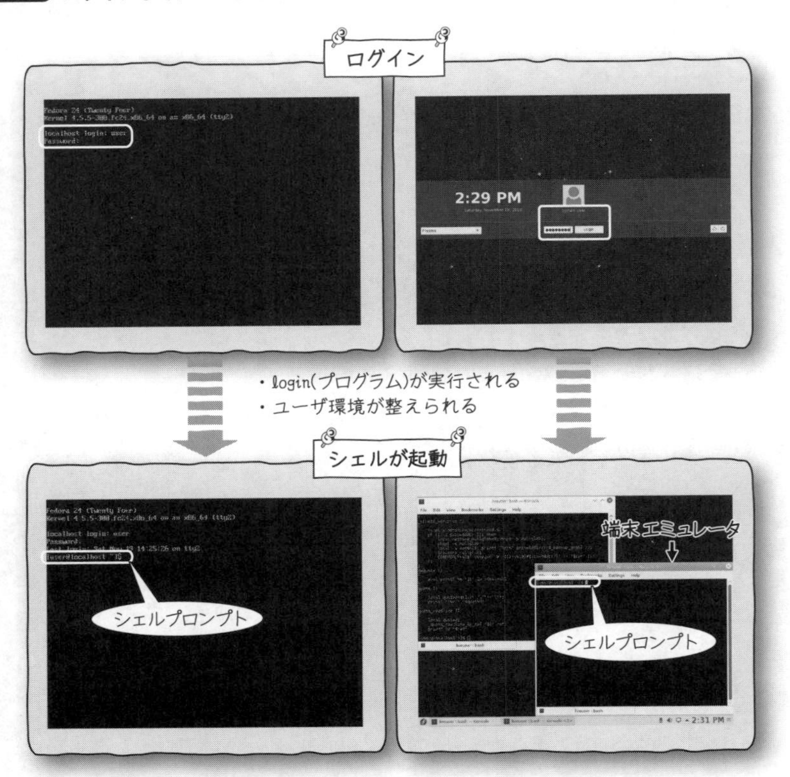

シェルスクリプトはコマンドをファイルに記述したもの

このように、コマンド入力は通常はキーボードから行われます。しかし、いつも同じようなコマンドを毎回入力するのは大変です。そこで、実行するべきコマンドをあらかじめファイルに書いておき、そのファイルをシェルに読み込ませて実行することができます。これが**シェルスクリプト**(*shell script*)です。

シェルスクリプトは、コマンドをキーボードから入力する代わりにファイルに記述したものにすぎません。ただし、シェルスクリプトでは、単純にコマンドを実行するだけでなく、for文やif文などの構文によってループや条件判断を行ったり、シェル変数に値を代入したり参照したりすることができるため、シェルスクリプトを使ってかなり手の込んだプログラムを記述することが可能です。

なお、キーボードからの入力時には、`ls`コマンドや`cp`コマンドなどの単純コマンドを実行する場合が多くなりますが、キーボードからの入力でも、for文やif文などの構文を直接入力することや、シェル変数を操作することが可能です。

シェルの2つの側面

このように、シェルには、ユーザのコマンド入力用のユーザインターフェース(コマンドインタープリタ)としての側面と、シェルスクリプトの内容を文法的に解釈しながら逐次プログラムを実行するインタープリタプログラムとしての2つの側面があるといえます。

現在、bashなどの高機能シェルは、この両面ともに強化されており、コマンド入力用にもシェルスクリプト記述用にも問題なく使用できます。

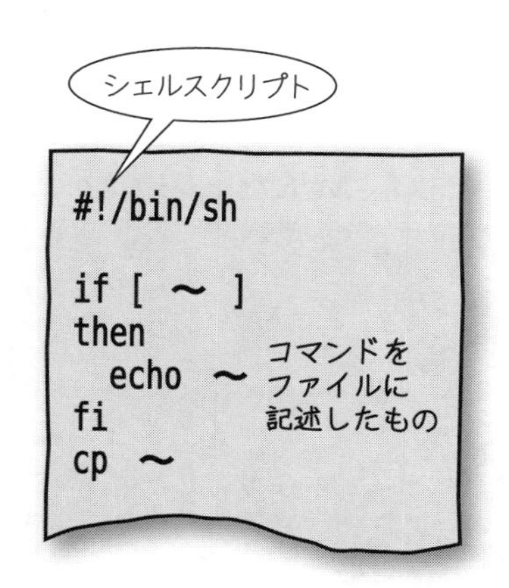

Column

シェルスクリプトが使用されている場面

シェルスクリプトは、次のようなところでも使われています。

起動スクリプト(rcスクリプト)

Linuxなどの UNIX系OSの起動時には、起動スクリプト(rcスクリプト)と呼ばれるシェルスクリプトが実行されます。起動スクリプトでは、OS自体の初期設定や、各種サーバプロセスを起動するためのコマンドが実行されます。起動スクリプトの具体的なファイルの配置はOSによって異なりますが、LinuxでもFreeBSDでもSolarisでも、`ls /etc/rc*`とコマンド入力すれば、多数の起動スクリプトが表示されるはずです。ただし最近のOSでは、Fedora Linuxのsystemdのように、rcスクリプトによらない起動方式も使われています。

一般コマンド

また、**/usr/bin**などに配置されているシステム標準のコマンドの中には、実行バイナリファイルではなく、シェルスクリプトとしてインストールされているものが多数存在します。具体的にどのコマンドがシェルスクリプトなのかはOSによって異なりますが、`file /usr/bin/*`とコマンド入力して「`Bourne shell script text executable`」のように表示されるコマンドがシェルスクリプトです。シェルスクリプトは結局は単なるテキストファイルなので、そのテキストを表示してみれば、そのコマンドが内部でどのようなコマンドを実行しているのかを知ることができるでしょう(**図a**)。

図a /usr/binにインストールされているシェルスクリプトの例

```
$ cat /usr/bin/pdf2ps
#!/bin/sh
# Convert PDF to PostScript.

# This definition is changed on install to match the
# executable name set in the makefile
GS_EXECUTABLE=gs
gs="`dirname \"$0\"`/$GS_EXECUTABLE"
if test ! -x "$gs"; then
        gs="$GS_EXECUTABLE"
fi
GS_EXECUTABLE="$gs"

OPTIONS=""
while true
do
        case "$1" in
        -?*) OPTIONS="$OPTIONS $1" ;;
        *)  break ;;
        esac
        shift
done
<以下略>
```

基本はBourne Shell

Bシェル系とCシェル系

UNIX系OSで使用されているシェルには、bashだけでなく、複数の種類のシェルが存在し、これらは**表A**のように、Bシェル系とCシェル系の2種類に分類できます。

本来のUNIXの標準シェルは**sh**です。shは**Bourne Shell**と呼ばれ、shから派生したシェルが**Bシェル系**です。このshこそが、シェルスクリプトを記述するための標準シェルです。

しかし、shは、ユーザのコマンド入力用のシェルとしては低機能です。そこで、ヒストリ機能、エイリアス機能、ジョブコントロール機能などの機能を備え、かつ、シェル文法をC言語風に改変した新しいシェルとして**csh**が開発されました。このcshから派生したシェルが**Cシェル系**です。

cshは、UNIXの新しい標準シェルとして受け入れられ、多くのユーザがcshをログインシェルとして使いました。しかし、cshの文法はshとは異なっており、cshでシェルスクリプトを記述するには多くの問題が存在します。たとえば、標準エラー出力のみのリダイレクトができないとか、シェル関数が使えないとかです。このためcshユーザは、コマンド入力用のシェルとしてはcshを使いながら、シェルスクリプト記述時にはshを使うというように、2つのシェルを頭を切り替えながら使う必要がありました。

bashの登場によるBシェル系の復権

その後、あくまでBシェル系として、shの上位互換性を保ちながら、cshのヒストリ機能、エイリアス機能、ジョブコントロール機能などを取り入れ、さらに、タブによるファイル名やコマンド名の補完機能や、コマンドライン編集機能を備えた**bash**(*Bourne-Again Shell*)が登場しました。bashはコマンド入力用のシェルとしても、シェルスクリプト記述用のシェルとしても問題なく使用できます。bashの登場により、「Bourne-Again Shell」の名前のごとくBシェル系が復権し、以降bashのユーザが増えていきました。

一方、Cシェル系のほうでも、cshの機能拡張版として、タブによる補完機能や、コマンドライン編集機能を備えた**tcsh**が登場し、以降、あくまでCシェル系を使いたいというユーザはtcshを使うようになりました。

現在ではLinuxが普及し、bashがLinuxの標準シェルになっていることと、macOS(Mac OS X)v10.3(Panther)以降、標準シェルがtcshからbashに変更されたことから、多くのユーザがbashをログインシェルとして使用しているものと思われます。macOS 10.15 (Catalina) 以降は標準のログインシェルはzshに変更になったものの、bashはシステム用のシェルとして依然として 使用されています。

ユーザとしては、bashをログインシェルにしておけば、コマンドライン上のシェル文法とシェルスクリプト上のシェル文法が一致し、かつコマンド入力時には補完機能などの便利な

表A　おもなシェルの分類

	低機能	➡ 中機能	➡ 高機能
Bシェル系 ……標準プロンプトは$	sh(*Bourne Shell*) dash(ash)	ksh	bash(*Bourne-Again Shell*) zsh
Cシェル系 ……標準プロンプトは%	csh		tcsh

機能が使えるという利点があります。

なお、Linuxの多くのディストリビューションでは、shはbashへのシンボリックリンクになっており、/bin/shを実行しても実際にはbashが起動します。ただし、Ubuntuなどのdebian系Linuxでは、shはdashへのシンボリックリンクで、/bin/sh用に記述されたシェルスクリプトはdashのシェルスクリプトとして動作することになります。

ほかのシェルについて

●dash(ash)

bashは従来のshの上位互換ですが、従来のshにはない多くの機能や文法が拡張されています。一方、これらの拡張を行わず、なるべく従来のshに近い実装を行ったBSD系UNIXを由来とするシェルが**ash**です。UbuntuなどのDebian系Linuxでは、このashをもとにした**dash**という名前のシェルが使用され、**/bin/sh**はdashへのシンボリックリンクになっています。

●ksh

Solaris 10以前のshとSolaris 11の/usr/sunos/bin/shは、拡張機能のない従来のsh(*Bourne Shell*)です。そこで、各種拡張機能を追加したシェルである**ksh**(*Korn Shell*)が、Solarisに標準で付属しています。Solaris 11の/bin/shは、kshへのシンボリックリンクになっています。Solarisの**/usr/bin**などの標準コマンドの中にはkshスクリプトとして記述されているものがあります。もちろんkshもBシェル系のシェルです。

●zsh

zshは、Bシェル系(おもにksh)とCシェル系(tcsh)の両方の特長を取り入れ、さらに大幅に機能を拡張したシェルです。zshはBシェル系に分類されますが、zshのデフォルトのプロンプトはcsh系と同じく「%」になります。また、シェル変数の展開時の単語分割やパス名展開の仕様などが、sh、bash、dashなどの一般的なBシェル系の仕様とは異なっています。

●BusyBoxのsh

BusyBoxは、ls、cp、mv、rm、といったUNIX系OS環境で頻繁に使われる基本的なコマンドを、単一の実行バイナリファイルにまとめた便利なソフトウェアで、インストーラ用途、レスキュー用途、組み込み用途などによく使用されています。BusyBoxの中にはシェルも含まれています。本書では、BusyBoxの中のsh(ashと同じ)についても動作状況についてアイコン表示を行います。なお、BusyBoxにはhushという少し動作が異なるシェルも含まれています。

シェルのプロンプトについて

Bシェル系の標準プロンプトは「$」、Cシェル系の標準プロンプトは「%」です。文献などでコマンドラインの説明をする際には、これらのプロンプトを使って、どちらのシェル上でのコマンドかを区別することがあります。

Bシェル系の場合(例)

```
$ LANG=C; export LANG
```

Cシェル系の場合(例)

```
% setenv LANG C
```

Column
自分のログインシェルを調べる

各ユーザのログイン時には、環境変数(およびシェル変数)**SHELL**にログインシェルの絶対パスが設定されます。したがって**図a❶❷**のように**SHELL**の値を表示すれば、自分のログインシェルがわかります。

また、fingerコマンドを使ってログインシェルを調べることもできます。**図b**のように「ユーザ名」を引数に付けてfingerコマンドを実行すると、そのユーザの情報の一部としてログインシェルが表示されます。

環境変数SHELLやfingerコマンドでは、あくまでログインシェルが表示されるだけで、ログイン後に自分で別のシェルを起動してもSHELLの値やfingerの表示は変わりません。

シェルのバージョンを調べる

シェルのバージョンを調べる方法は、シェルの種類によって違います。詳しくはそれぞれのシェルのオンラインマニュアルを参照してください。

bashの場合は、**図c**のように、シェル変数**BASH_VERSION**の値を表示するか、またはbash自体の起動時に--versionオプションを付けることによって確認できます。

zshの場合も同様に**図d**のように、シェル変数**ZSH_VERSION**の値を表示するか、またはzshの起動時に--versionオプションを付けることで確認できます。また、tcshの場合は**図e**のように、シェル変数**version**の値または起動時の--versionオプションによって確認できます。

図a　自分のログインシェルを調べる

```
$ echo $SHELL ·························· ❶シェル変数SHELLの値を表示
/bin/bash ······························ bashであることがわかる
$ printenv SHELL ······················· ❷環境変数SHELLの値を表示
/bin/bash ······························ 同様にbashであることがわかる
```

図b　fingerコマンドでログインシェルを調べる

```
$ finger guest ··········ユーザ「guest」のログインシェルを調べる
Login: guest              Name: Guest User
Directory: /home/guest    Shell: /bin/bash ···· ログインシェルはbash
No mail.
No Plan.
```

図c　bashのバージョンを調べる

```
$ echo $BASH_VERSION ······ シェル変数BASH_VERSIONの値を表示
5.0.17(1)-release ········· バージョンが表示される
$ bash --version ·········· 起動時に--versionオプションを付けても良い
GNU bash, version 5.0.17(1)-release (x86_64-pc-linux-gnu) ······
                                              バージョンが表示される
<以下略>
```

図d zshのバージョンを調べる

```
$ zsh ………………………………………… zshを起動する
% echo $ZSH_VERSION ………… シェル変数ZSH_VERSIONの値を表示
5.8 ……………………………………………… バージョンが表示される
% zsh --version ……………… 起動時に--versionオプションを付けても良い
zsh 5.8 (x86_64-ubuntu-linux-gnu) …… バージョンが表示される
% exit …………………………………… zshを終了する
```

図e tcshのバージョンを調べる

```
$ tcsh ………………………………… tcshを起動する
% echo $version ……………… シェル変数versionの値を表示
tcsh 6.22.04 (Astron) 2021-04-26 (x86_64-amd-FreeBSD) options
wide,nls,dl,al,kan,sm,rh,color,filec ……… バージョンが表示される
% tcsh --version …………… 起動時に--versionオプションを付けても良い
tcsh 6.22.04 (Astron) 2021-04-26 (x86_64-amd-FreeBSD) options
wide,nls,dl,al,kan,sm,rh,color,filec ……… バージョンが表示される
% exit …………………………………… tcshを終了する
```

ログインシェルを変更する

ログインシェルを、現在とは別のシェルに変更するには、chshコマンドを使います。たとえば、ログインシェルをbashに変更するには、**図f**のようにシェルの絶対パスを指定してコマンド入力します。なお、変更先のシェルは、**/etc/shells**というシェルの一覧を記述したファイルに含まれている必要があります。詳しくはchshコマンドのオンラインマニュアルを参照してください。

図f ログインシェルをbashに変更する

```
% chsh -s /bin/bash ………… chshコマンドに-sを付けて/bin/bashを指定
Password: ……………………………… パスワードを入力
```

root権限がある場合はvipwコマンドを使って直接**/etc/passwd**ファイルを編集し、ログインシェルを変更することもできます。

シェルスクリプトとC言語との比較

シェルスクリプトはプログラムの一種です。シェルスクリプトを使ってかなり複雑なプログラムを記述することも可能です。しかし、一般にはプログラムといえば、まずC言語を思い浮かべることが多いでしょう。実際に、UNIX系OSの本体やアプリケーションの多くはC言語で記述されています。そこで、シェルスクリプトとC言語との違いを考えてみることにしましょう。

シェルスクリプトとC言語との違いをまとめると**表A**のようになります。大きな違いは、シェルスクリプトがインタラクティブ(対話形式)言語であり、コンパイルが不要で、記述したシェルスクリプトを逐次シェルが解釈しながら実行するという点です。

シェルスクリプトの向き／不向き

シェルスクリプトは、C言語とは違って、実行ファイルがCPUが直接実行できるバイナリファイルになっていないため、実行速度は遅くなります。しかし、Linux上で記述したシェルスクリプトを、FreeBSDやSolarisへ持ち込んでも、そのまま動作が可能です。また、シェルスクリプトには、プログラムの修正が容易、プログラムの記述時に細かいエラー処理などを簡略化できる、などの利点があり、結果的にプログラムを早く作成できます。プログラム中で文字列を扱う場合、C言語では文字列用の配列を宣言したり、文字列操作用のライブラリ関数を呼び出したりと、その扱いが面倒ですが、シェルスクリプトでは、シェル変数や文字列を単に並べるだけで文字列の連結ができるなど、扱いが容易です。

シェルスクリプトは、基本的にはすでに存在する外部コマンドを呼び出しながら処理を進めます。したがって、シェルスクリプトは既存のコマンドを組み合わせて一定の動作を行わせるのに適しています。一方、C言語は、既存のコマンドの組み合わせではできない、新たなアプリケーションなどを記述するのに適しています。

表A　シェルスクリプトとC言語との比較

シェルスクリプト	C言語
インタラクティブ言語	コンパイラ言語
コンパイルは不要 ソースファイルと実行ファイルが同一	あらかじめコンパイルが必要 ソースファイルと実行ファイルが別
実行ファイルはテキストファイル	実行ファイルはバイナリファイル
異なるOS上でもそのまま動作する	OSごとに再コンパイルが必要
実行速度は遅い	実行速度が速い
プログラムの修正が容易	プログラムの修正は困難
エラー処理などが簡略化できる	エラー処理など、細かい処理がすべて必要
文字列の処理が容易	文字列の処理が面倒
既存のコマンドを組み合わせて一定の動作を行うのに適している	新たなアプリケーションやOS本体を記述するのに適している

シェルスクリプトとC言語の違いの実例

シェルスクリプトでできることは、基本的にはC言語でも記述できます。しかし、シェルスクリプトと同じ内容をC言語で記述すると、C言語のほうがかなり複雑になります。その例を**リストA**と**リストB**に示します。リストAについて、細かなことは以降で扱いますので、ここではプログラムの流れに注目してください。

このリストAとリストBは、コマンド引数で指定したファイルを、そのファイル名の末尾に「.bak」を付けたファイルにコピーするというプログラムです。たとえば、「memo.txt」というファイルなら、「memo.txt.bak」というファイルにコピーされます。

リストAのシェルスクリプトでは、一応簡単に引数の個数だけチェックした後、単にcpコマンドを呼び出すだけで完了です。cpコマンドの引数では、コマンド引数が格納された位置パラメータ"$1"の後ろに「.bak」という文字列を付ければいいだけです。

一方、同じことをC言語で記述するとリストBのようになります。C言語では、コマンド引数をチェックした後、読み書きするファイルそれぞれをfreopen()関数を使ってオープンし、エラーチェックも行い、その後whileループでファイルの終端まで内容をコピーすることになります。また、書き込み用ファイルのファイル名として、「.bak」を付けたファイル名を作成するために、文字列のバッファを宣言し、文字列操作用の関数としてsprintf()を呼び出しています。ここで、このsprintf()関数の呼び出しでは、文字列の長さをチェックしていないため、あまりにも長いファイル名をコマンド引数に指定すると、sprintf()でバッファオーバーフローが発生する可能性があるという点を補足しておきます。

以上のように、ちょっとした処理でも最初からC言語で記述するとかなり面倒なことになります。シェルスクリプトにはこのような繁雑さはなく、シェルスクリプトは、既存のコマンドをうまく利用し、簡単にプログラムを記述することができる言語であるといえるでしょう。

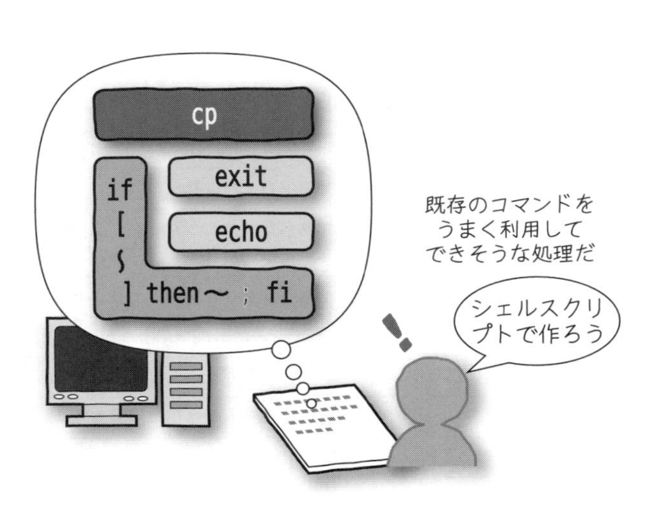

リストA シェルスクリプトによるプログラム例

```
#!/bin/sh ……………………………………シェルスクリプトを実行するシェルを指定

if [ $# -ne 1 ]; then ……………………引数の個数が所定以外ならば
  echo "Usage: $0 file" 1>&2 …………エラーメッセージを出して
  exit 1 ……………………………………エラーで終了
fi
cp "$1" "$1".bak ………………………ファイルを「.bak」を付加したファイルにコピー
```

リストB C言語によるプログラム例

```
#include <stdio.h> ……………………標準入出力ライブラリ用ヘッダファイルの読み込み

int
main(int argc, char *argv[]) ………main()関数の開始
{
  int c; ……………………………………整数型変数の宣言（後で使う）
  char filename_w[256]; ………………「.bak」を付けたファイル名の作成用バッファ

  if (argc != 2) { ……………………引数の個数が所定以外ならば
    fprintf(stderr, "Usage: %s file\n", argv[0]); …エラーメッセージを出して
    return 1; …………………………………エラーで終了
  }
  if (freopen(argv[1], "r", stdin) == NULL) { ……指定ファイルが読めなければ
    perror(argv[1]); ……………………エラーメッセージを出して
    return 1; …………………………………エラーで終了
  }
  sprintf(filename_w, "%s.bak", argv[1]);………「.bak」を付けたファイル名を作成
  if (freopen(filename_w, "w", stdout) == NULL) { …「.bak」がオープンできなければ
    perror(filename_w); ………………エラーメッセージを出して
    return 1; …………………………………エラーで終了
  }
  while ((c = getchar()) != EOF) { ……ファイルの終端までループして
    putchar(c); ……………………………ファイルの内容をコピーする
  }
  return 0; …………………………………終了ステータス「0」で正常終了
}
```

Memo

●リストAは、引数チェックの必要がなければ、単に次の2行だけでも書けてしまいます。

```
#!/bin/sh
cp "$1" "$1".bak
```

0 3 プログラムであるシェルスクリプト

シェルスクリプトの移植性

シェルスクリプトは、異なるOS上でもそのまま動作する、移植性の高いプログラム言語です。ただし、これはシェルの仕様が各OS間で統一されていることが前提です。もしも、シェルスクリプト中で使用されているコマンドや文法が、どのOS上でも同じように使えなければ、シェルスクリプトの移植性が高いとはいえなくなってしまいます。

そこで、移植性の高いシェルスクリプトを書く方法について考えてみましょう。まず基本事項ですが、シェルスクリプトの記述にはsh(/bin/sh)を用います。UNIX系OSなら、LinuxでもFreeBSDでもSolarisでも、shは標準的に存在すると考えて差し支えありません。

ここで、Linuxの多くのディストリビューションではshがbashへのシンボリックリンクになっており、shといえども実体はbashであるという点には気をつけなくてはいけません。bashはshの拡張シェルであり、shの文法はすべてbash上で使用可能ですが、逆にshでは使えない文法までがbashでは使えてしまいます。シェルスクリプト中で、bashでしか使えない文法を使用すると、ほかのOSのsh上では動作しなくなる可能性があります。たとえば**リストA**のような例です。

これらは、**リストB**のように記述を修正すれば、すべてのOSで動作可能になります。

このように、たとえbashを使う場合でも、移植性を第一に考えるならば従来のshの文法の範囲のみを使うべきでしょう。

移植性の高いシェル文法の判断

それでは、どの文法までなら使ってよいのかを判断する方法を考えてみましょう。現実的な方法としては、bashのほかに代表的なOSとして、FreeBSDのshとSolarisのsh(以下本書では、Solaris 10以前のshと、Solaris 11の/usr/sunos/bin/shのことを単に「Solarisのsh」と呼びます)を用い、これらのシェルでも同じように動作するかどうかをチェックし、これを判断基準とするのが実践的でしょう。

本書では実際に各項目すべてについて、Linux(bash)、FreeBSD(sh)、Solaris(sh)と、さらにBusyBox(sh)、dash、zshで動作確認を行い、その結果をアイコンで表示しています。6種類のシェルすべてのアイコンに○が表示されている項目は、移植性の高いシェル文法として安心して使ってよいでしょう。

リストA **bash、FreeBSD(sh)、BusyBox(sh)、dash、zshで動作可能、Solaris(sh)で動作不可能な例**

```
export LANG=C ······································環境変数LANGにC（国際化前の言語）を設定
dir=$(pwd) ·········································カレントディレクトリ名をシェル変数dirに代入
```

リストB **bash、FreeBSD(sh)、Solaris(sh)、BusyBox(sh)、dash、zshのすべてで動作可能な例**

```
LANG=C; export LANG ································環境変数LANGにCを設定
dir=`pwd` ··········································カレントディレクトリ名をシェル変数dirに代入
```

Memo

- Solarisのshは拡張がほとんどなく、より従来のshに近い動作をするため、リファレンス用シェルとして便利です。
- Ubuntuなどの Debian系Linuxで標準的に使用されるdashは、共通の由来を持つFreeBSDのshに近い動作をするため、dashでの動作を確認することによって簡単な移植性チェックができます。

>第1章
シェルスクリプト入門

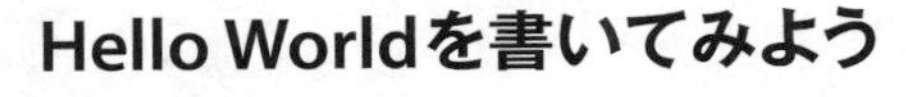

- Linux (bash)
- FreeBSD (sh)
- Solaris (sh)
- BusyBox (sh)
- Debian (dash)
- zsh

Hello Worldを書いてみよう

```
#!/bin/sh ……………………………… 1行目の行頭から、#!に続いてシェルの絶対パスを書く
          ◀……………………………… わかりやすいように1行空ける（空けなくてもよい）
echo 'Hello World' …………… echoコマンドで任意の文字列を表示する
```

解説

記述形式の基本

まずは手始めに、「Hello World」というメッセージを表示するだけの簡単なシェルスクリプトを作成してみましょう。その「Hello World」シェルスクリプト（ファイル名「hello」）が冒頭の例です。

1行目には **#!/bin/sh** というように、1行目の行頭から #! と書き、これに続いてシェルの絶対パスである /bin/sh を記述します。シェルスクリプトは基本的にこの「#!/bin/sh」の行で始まります。

2行目は、わかりやすいように1行空けていますが、これは空けなくてもかまいません。シェルスクリプトではこのような空行は単に無視されます。

3行目にはechoコマンドを記述しています。このechoコマンドがこのシェルスクリプトの本体になります。echoは、引数で指定された文字列を単に標準出力（通常は画面）に出力するというコマンドです。この例では引数で「Hello World」という文字列を指定しているため、そのまま「Hello World」と画面に表示されるはずです。

なお、「Hello World」の文字列全体をシングルクォート（' '）で囲んでいるのは、文字列中にもしも特殊な文字が含まれていた場合に、それがシェルによって解釈されるのを防ぐためです。

シェルスクリプトの作成と実行

実際にシェルスクリプトを作成し、実行している様子を**図A**に示します。このように、まずはテキストエディタで「hello」というファイルを新規作成し、**リストA**の内容（冒頭の例と同じ）を入力してください。図A❶ではviエディタを使用していますが、KDE付属のKEdit、GNOME付属のgeditなど、テキストエディタであればなんでも使用できます。ただし、改行コードは**LF**のみになるようにしてください[注1]。

ファイルが作成できたら、「chmod +x ファイル名」というコマンドでファイルに**実行属性を付加**します（図A❷）。これで「hello」というファイルが、実行可能なシェルスクリプトになりました。

注1　Linuxなどの UNIX系OS では、テキストファイルの改行コードは標準で **LF** のみになるため、とくに気にする必要はありませんが、Windows でテキストファイルを作成する場合、標準の改行コードが **CR+LF** になってしまうため、注意してください。

この「hello」を実行するには、図A❸のように、頭に./を付けて./helloとコマンド入力します。すると、「Hello World」というメッセージが表示され、たしかにシェルスクリプトが実行されたことがわかります。なお、ここで頭に./を付ける必要があるのは、安全のため、カレントディレクトリに実行パスを通していないからです。この「hello」というシェルスクリプトを、たとえば**/usr/local/bin**などのような実行パスの通ったディレクトリにインストールすれば、頭に./を付けずに単に「hello」というコマンド名で実行できるようになります[注2]。

図A　シェルスクリプトhelloの作成と実行

```
$ vi hello ………………… ❶テキストエディタでリストAの内容の新規ファイルを作成
$ chmod +x hello ……… ❷作成したファイルに実行属性を付ける
$ ./hello ……………………… ❸このシェルスクリプトを実行する
Hello World ………………… たしかにHello Worldと表示される
```

リストA　hello（シェルスクリプトによるHello World）

```
#!/bin/sh

echo 'Hello World'
```

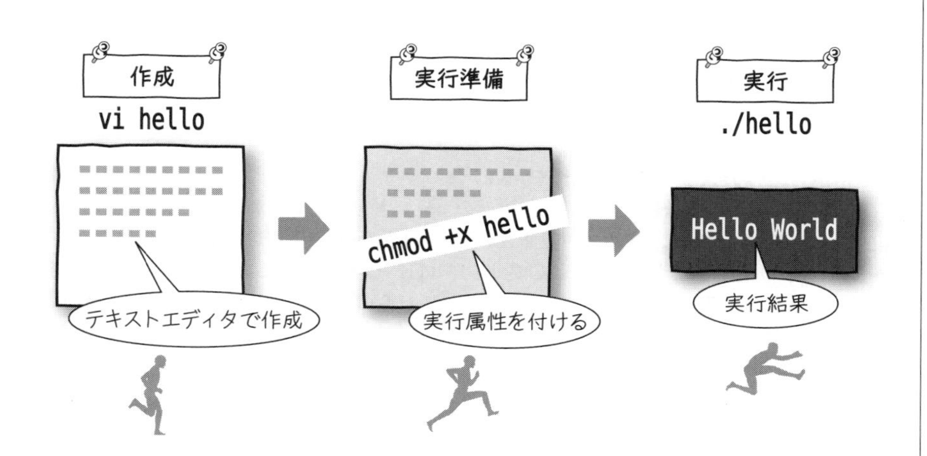

参照

echo（p.141）　　シングルクォート''（p.213）

注2　**/bin**、**/usr/bin**、**/usr/local/bin**などのディレクトリの下にインストールされているコマンドは、そのコマンド名を入力しただけで実行できます。これは、**/bin**などがあらかじめ実行パスに登録されているからです。現在設定されている実行パスは、echo $PATHというコマンドを実行すれば確認できます。

#!/bin/shの意味

- Linux (bash)
- FreeBSD (sh)
- Solaris (sh)
- BusyBox (sh)
- Debian (dash)
- zsh

シェルスクリプトの1行目

```
#!/bin/sh ……………1行目の行頭から、#!に続いてシェルの絶対パスを書く

echo 'Hello World'
```

ファイル名は「hello」にしておく

解説

シェルスクリプトの1行目には通常、#!/bin/shと書きます。このように書いておくと、シェルスクリプトの実行時に、システム内部で「/bin/sh シェルスクリプト名」というコマンドが実行されます。つまり、冒頭の「hello」というシェルスクリプトの場合、./helloとコマンド入力した時に、システム上では「/bin/sh ./hello」というコマンドが実行されているのです。

/bin/shは、「hello」というファイルの中身を1行ずつ実行しますが、この時、1行目の#!/bin/shの行自体は、行頭に#があるため、シェルにとってはコメントとみなされ、単に無視されます。

#!/bin/sh以外のスクリプト(Perlやawk)

1行目の#!/bin/shの部分に、/bin/sh以外のコマンドを書いてもかまいません。たとえば**#!/usr/bin/perl**と書けばPerlスクリプトに、**#!/usr/bin/awk -f**と書けばawkスクリプトになります(awkの場合は-fオプションが必要です)。Perlやawkを使用したHello Worldのスクリプトをそれぞれ**リストA**、**リストB**に示します。これらのスクリプトも、chmod +xで実行属性を付けて実行すれば、もちろん「Hello World」と表示されます。この時、システム上ではそれぞれ「/usr/bin/perl ./perl_hello」「/usr/bin/awk -f ./awk_hello」というコマンドが実行されています。

リストA perl_hello(PerlによるHello World)

```
#!/usr/bin/perl ……………Perlスクリプトであることを明示

print "Hello World\n"; ……………Perl文法によるprint行
```

リストB awk_hello(awkによるHello World)

```
#!/usr/bin/awk -f ……………awkスクリプトであることを明示(-fオプションが必要)

BEGIN {
  print "Hello World" ……………awk文法によるprint行
}
```

tailコマンドを使った変わったスクリプト

さらに、1行目の#!のところにPerlでもawkでもない、普通のコマンドを書くこともできます。一般に、#!の右にどのようなコマンドを書いても、そのスクリプトの実行時に、単に#!のところに書いたコマンドが、スクリプトのファイル名を引数に付けて実行されるにすぎないのです。

リストCはtailコマンドを利用した変わったHello Worldです。この「tail_hello」を実行すると、システム上では「/usr/bin/tail -1 ./tail_hello」というコマンドが実行され、tailコマンドの-1オプションにより、tail_helloファイルの最後の1行が表示されることになります。tail_helloの最後の1行には、直接「Hello World」と書いてあるため、この文字列が直接表示されるというしくみです。

リストC tail_hello（tailによるHello World）

```
#!/usr/bin/tail -1 ………………… tail -1を実行するスクリプトであることを明示
                   ◀………………… 2行目は空行
Hello World ……………………………… 最後の1行に直接メッセージを記述
```

Memo

- 1行目の#!のところに書くコマンドに対する引数は、1個のみ記述するようにしてください（awkの-fやtailの-1など）。2個以上の引数を記述した場合の動作は、次に示すとおりOSによって異なります。
  - ➡Linuxの場合：すべての引数がスペースを含めてつながり、全体が1個の引数とみなされる
  - ➡FreeBSDの場合：Linuxと同様に、すべての引数がスペースを含めてつながり、全体が1個の引数とみなされる（ただしFreeBSD 5.x以前では2個以上の引数を使用することが可能）
  - ➡Solarisの場合：記述された引数のうち、1個目のみが認識される
- 1行目の#!のところに別のシェルスクリプト等を記述しても正しく実行されません。ここには、実行バイナリファイルを記述する必要があります。

参照

コメントの書き方（p.23）

いろいろな実行方法

Linux (bash)
FreeBSD (sh)
Solaris (sh)
BusyBox (sh)
Debian (dash)
zsh

コマンドとして実行する以外には

解説

#!/bin/shの行やchmod +xの必要性

シェルスクリプトには通常、`#!/bin/sh`の行と、`chmod +x`コマンドによる実行属性の付加が必要です。しかし、これらが本当に必要なのは、シェルスクリプトを通常のコマンドとして実行する場合のみです。

シェルスクリプトのいろいろな実行方法

シェルスクリプトには、コマンドとして実行する以外に、自分でshの引数に指定して実行する方法など、いくつかの別の実行方法があります。これらを**表A**にまとめます。それぞれ微妙に実行方法やその動作が異なりますので、参考にしてください。ここでは実行するシェルスクリプトのファイル名をshfileとしています。

表A シェルスクリプト(ファイル名:shfile)のいろいろな実行方法

	実行方法	#!/bin/shの行	chmod +x	実行パス	実行シェル	引数の付け方
コマンドとして実行	$ shfile※1	通常は必要※2	必要	参照する	新しいシェル	$ shfile 引数1 引数2 ...
シェルの引数として実行	$ sh shfile	不要	不要	参照しない※3	新しいシェル	$ sh shfile 引数1 引数2 ...
標準入力を実行	$ sh < shfile	不要	不要	参照しない	新しいシェル	$ sh -s < shfile 引数1 引数2 ...※4
.コマンドで実行	$. shfile	不要	不要	参照する	現在のシェル	(引数は付けられない)※5

※1 実行パスの通っていないカレントディレクトリ上のシェルスクリプトを実行する場合は`$ ./shfile`として実行する

※2 `#!/bin/sh`の行がないと、カーネルレベルでのexecにいったん失敗した後、シェルの判断によって`/bin/sh`のスクリプトであるとみなされて`/bin/sh shfile`が実行される

※3 bashの場合は実行パスを参照する

※4 shに`-s`オプションを付けて標準入力を実行することを明示する。`-s`オプションがないと引数1がシェルスクリプトのファイル名であると誤って判断されてしまう

※5 bashまたはbusybox(sh)またはzshの場合は、.コマンドに対して引数を指定することもできる

参照

.コマンド(p.92)

>第2章

シェルスクリプトの基本事項

シェルスクリプトはフリーフォーマット

- Linux (bash)
- FreeBSD (sh)
- Solaris (sh)
- BusyBox (sh)
- Debian (dash)
- zsh

改行位置やインデントなどはかなり自由

解説

記述の基本

シェルスクリプトは、それ自体が**ソースファイル**であると同時に**実行ファイル**です。シェルは、シェルスクリプトの記述内容を逐次読み込みながらコマンド実行を進めます。しかし、実行ファイルであっても、その**改行位置**や**インデントの仕方**はかなり自由であり、さらにコメントを書き込むこともできるため、人間が読んでもわかりやすいシェルスクリプトを記述することができます。また、シェルスクリプト中の各コマンドはすべて**終了ステータス**を持っており、シェルスクリプトでは基本的にこの終了ステータスの真偽によって各種条件判断を行います。

シェルスクリプトはフリーフォーマット

前章のとおり、シェルスクリプトは、基本的にはコマンドラインに入力するコマンドの文字列をファイルに記述したものです。したがって、その記述は1行単位の固定されたフォーマットであると思われるかもしれません。しかし、シェルスクリプトでは記述が見やすいように、任意に**スペース**、**タブ**、**改行**を入れることができます[注1]。とくに、コマンドの行頭にスペースやタブを入れる**インデント**を行うことにより、if文、for文などの構文の構造が把握しやすくなります。ただし、改行については、改行コードにリストを終端する意味があるため、任意の位置でまったく自由に改行してよいわけではなく、多少の制限があります[注2]。これは、改行もスペースと同様に扱うC言語とは異なる点といえるでしょう。

行頭にスペースまたはタブを入れてもよい

コマンドの入力時には、コマンド名の前に、好きなだけスペースやタブを入れることができます。**図A**は、シェルのプロンプト上に直接lsコマンドを入力している例ですが、このようにスペースやタブがあっても、シェルにとってはすべて同じlsコマンドとして解釈されます。

図A lsコマンドの実行例1

```
$ ls ········································ 普通にlsコマンドを入力
$   ls ······································ lsコマンドの前にスペース2つを追加
$       ls ·································· lsコマンドの前にタブ1つを追加
```

注1　bashまたはzshのコマンドラインに直接コマンド入力する場合、タブは補完用のキーに割り当てられているため、普通のタブを入力するにはCtrl+V、Tabとタイプする必要があります。

注2　「リストを終端する」とは、「そこまでの入力がコマンドとして実行されること」と、とりあえず考えておいて差し支えありません。詳しくはリストの項(p.35)を参照してください。

行の継続で、コマンドの途中で改行してもよい

さらにシェル文法上では、「\改行」のようにバックスラッシュ(\)の直後で改行すると、そこで1行につながり、バックスラッシュも改行もなかったものとして解釈されます。これを利用して、**図B**のように、lsコマンドのlとsの間で改行を行えます。奇妙ですが、これでもlsコマンドとして解釈されるのです。なお、\改行の直後の2行目では、まだコマンドが完結していないという意味で、シェルのプロンプトがプライマリの「$ 」からセカンダリの「> 」に変わります。

改行してもつながるパイプ

lsコマンドの直後に改行すると、そこでlsコマンドが実行されてしまいますが、**図C**のようにlsの後に**パイプ**の|記号までを入力してから改行すると、シェルはまだパイプラインの途中であると解釈するため、セカンダリプロンプトを出して入力待ちになります。ここに、lessなどのコマンドを入力すると、無事パイプがつながり、結局1行で「ls | less」と入力したのと同じことになります。

この例での|記号の直後のように、リストの終端とはみなされない位置で改行した場合、その改行はスペースなどと同じ単なる区切り文字とみなされるのです。

なお、パイプのほかにも、**&&リスト**や**||リスト**などでも、&&や||の直後で任意に改行することができます。

いろいろなif文の書き方

if文、while文などの各種構文は、その改行位置の違いによっていろいろな書き方ができます。ここでは、if文を例にとってそのいろいろな書き方を紹介しておきます。

リストA〜リストDは、いろいろな書き方をしたif文です。もちろん、これらはすべて同じ意味になります。

リストAは標準的な書き方です。ifの右のtestコマンド([ ])の後ろで改行した後、thenの所でも改行し、if文の中のechoコマンドではインデントしています。**リストB**はやや短縮した書き方です。ifとthenを1行に書いていますが、thenの直前のtestコマンドのリストを終端する必要があるため、ここに;を入れています。**リストC**のような書き方はあまり行いませんが、thenの後にはもともと改行が必要ないことを利用し、thenの後にechoコマンドを1行で続けています。このechoの前には;を入れてはいけません(zshの場合は;を入れてもかまいません)。**リストD**はif文全体を1行に書いた例です。thenの前やfiの前では、その直前のリストを終端するために;が必要になります。短いif文の場合、1行に書いたほうが簡潔で良い場合があります。

図B　lsコマンドの実行例2

```
$ l\ ………… lsコマンドのlの1文字だけで、「\改行」で改行
> s ………… セカンダリプロンプトに続いてlsのsを入力
```

図C　改行してもつながるパイプ

```
$ ls | ………… パイプの | の直後に改行
> less ………… セカンダリプロンプトに続いてlessを入力すればパイプがつながる
```

リストA　if文の記述例❶

```
if [ -f file ] ··························ifの右のtestコマンド（[ ]）の後ろで改行
then ····································thenのところで改行
  echo 'fileが存在します' ···············if文の中のechoコマンドはインデントして記述
fi ······································if文の終了
```

リストB　if文の記述例❷

```
if [ -f file ]; then ····················;を使って、ifとthenの1行で記述
  echo 'fileが存在します' ···············if文の中のechoコマンドはインデントして記述
fi ······································if文の終了
```

リストC　if文の記述例❸

```
if [ -f file ] ··························ifの右のtestコマンド（[ ]）の後ろで改行
then echo 'fileが存在します' ············thenの後ろにechoコマンドを続ける（;は不要）
fi ······································if文の終了
```

リストD　if文の記述例❹

```
if [ -f file ]; then echo 'fileが存在します'; fi ·········if文全体を1行で記述
```

改行の仕方のまとめ

シェルスクリプトでの改行の仕方について、簡単にまとめると次のようになります。

●リストを終端する必要がある場合は改行するか、代わりに;を使う

if文のthenの前やwhile文のdoの前など、リストを終端する必要がある場合は基本的にはそこで改行します。1行に書きたい場合は改行の代わりに;を入れる必要があります。

●リストの終端でない位置には任意に改行を入れてよい

if文のthenの直後やパイプの|の直後など、改行してもリストの終端とはみなされない位置では任意に改行を入れることができます。ただし、逆に1行に書く場合には;は不要で、;を入れるとエラーになります(zshでは;を入れてもエラーになりません)。

●本来改行を入れることができない位置でも、「\」で行の継続を行うことができる

本来改行を入れることができない位置、たとえばコマンド引数などの途中でも、バックスラッシュ(\)の直後に改行することによって、2行以上に分けて記述することができます。

参照

リスト(p.35)　バックスラッシュ\(p.217)　パイプライン(p.32)　if文(p.43)

コメントの書き方

- Linux (bash)
- FreeBSD (sh)
- Solaris (sh)
- BusyBox (sh)
- Debian (dash)
- zsh

コメントを記入するには#記号を使う

[文字列 ...] # コメント

```
echo 'Hello' #メッセージを表示 ………#から行末まではコメントとして無視される
```

基本事項

#が単語の1文字目として使用されている場合(スペースまたはタブの区切り文字の直後、または行頭に#がある場合)、#に続く コメント 文字列は#から行末までコメントとして無視されます。

解説

シェルスクリプトにおける**コメント**の記号は#です。基本的には#から行末までがシェルによって無視され、ここにシェル文法とは無関係に任意の文字を記述できます。

ただし、#は、**行頭**か、**スペース**または**タブ**の区切り文字の直後に記述する必要があります。文字列の途中に#がある場合はコメントとはみなされません。また、シングルクォート(' ')、ダブルクォート(" ")、バックスラッシュ(\)で#がクォートされた場合も、コメントにはなりません。

なお、シェルスクリプトの1行目に記述する#!/bin/shは、シェルにとっては単なるコメントとして解釈されるということは、先に説明したとおりです。

ただし、zshのコマンドラインに直接コマンド入力する場合は、デフォルト状態では、#はコメントの記号とはみなされません。あらかじめ、「set -k」または「set -o interactivecomments」を実行しておくとzshのコマンドラインにもコメントを書くことができるようになります。

コメントとはみなされない#について

図A❶のように「Hello#World」という文字列を使用した場合、#はスペースなどの直後にはないため、コメントとはみなされず、#を含んだ文字列全体がechoコマンドの引数であると解釈されて実行されます。

また、図A❷の $# についても、同じく#がスペースなどの直後にはないため、コメントとはみなされず、特殊パラメータ $# として、現在の位置パラメータ(引数)の個数(図Aでは0個)に展開されます。

図A コメントとはみなされない#の実行例

```
$ echo Hello#World ………………………………❶文字列の途中に#がある場合
echo Hello#World ………………………………#を含めたすべての文字列が表示される
$ echo 引数は $# 個です ……………………❷文字列の途中であり、かつ特殊パラメータの場合
引数は 0 個です …………………………………$#が0に展開されて表示される
```

コメントをつけられない行について

リストAでは、echoコマンドとその引数との間に\改行を入れ、echoコマンドを2行に分けて記述しています。この場合、行の継続を行うために、1行目の\の直後に改行を入れなければならないため、\の右側に#などを追加してコメントを書くことはできません。コメントは、2行目の引数の後に記述するようにします。

リストA **コメントをつけられない行の例**

```
echo \ ……………………………………………………この行にはコメントがつけられない
'Hello World'  #コメント ………………………この行にはコメントがつけられる
```


注意事項

#の直前にはスペースを

行頭以外にコメントを書く場合、#の直前にスペースを入れることを忘れないでください。次の誤った例のように、コマンドの直後に#を続けて書くと、コメントとはみなされなくなってしまいます。

○正しい例

```
echo 'Hello World' #コメント…… #の前にスペースがあるのでコメントとみなされる
```

×誤った例

```
echo 'Hello World'#コメント……… #の前にスペースがないのでコメントとはみなされない
```

参照

シングルクォート' '(p.213)　ダブルクォート" "(p.215)　バックスラッシュ\(p.217)
特殊パラメータ $#(p.177)

コマンドの終了ステータス

Linux (bash)
FreeBSD (sh)
Solaris (sh)
BusyBox (sh)
Debian (dash)
zsh

条件判断を行う際に利用される

終了ステータス	真偽値
0	真
0以外	偽

基本事項

シェルスクリプトでは、各コマンドの**終了ステータス**が**0**ならば**真**、**0以外**ならば**偽**の意味であると判定されます。

解説

シェルスクリプトでは、各コマンドの実行の際に、その**終了ステータス**を参照することによって、if文、while文、&&リスト、||リストなどの**条件判断**を行います。

コマンドが**単純コマンド**かつ**外部コマンド**の場合[注3]、その外部コマンドのプログラムがexitシステムコールでOSに返す値が終了ステータスになります。これは、プログラムがC言語で書かれている場合は、exit()関数の引数の値またはmain()関数のreturnの値になります。

コマンドが組み込みコマンドや、構文などの**複合コマンド**の場合は、終了ステータスはそれぞれの文法で決められています。

いずれも、終了ステータスが**0**の場合は**真**、**0以外**ならば**偽**となります。これはC言語のif文などでの真偽判定とは逆になっているので注意してください。「0」を真としているのは、通常のコマンドは正常終了時に「0」を返し、エラー時に「0」以外のエラーコードを返すので、「0」を真としたほうが都合がよいためです。

シェルスクリプトでよく使用するtestコマンドは、画面には何も表示せず、もっぱら終了ステータスを返すという重要なコマンドです。また、単に真または偽の終了ステータスを返すだけが目的の、true、falseというコマンドも存在します。

なお、終了ステータスは、if文などで直接使用するほかに、コマンドの実行直後に特殊パラメータ$?を参照することによっても得られます。

また、シェルスクリプト自体の終了ステータスは、exitコマンドによって返せます。

終了ステータスの利用

終了ステータスを利用した実行例を**図A**に示します。ここでは、シェルスクリプトではなく、シェルのプロンプト上に直接コマンドを入力しています。図A❶❷のように、trueやfalseコマンドの直後に特殊パラメータ$?を参照すると、それぞれ「0」や「1」の値が表示されることがわかります。

注3　外部コマンドについては、p.272(図A)、12章を参照してください。

また、図A❸のようにif文にtrueコマンドを使用すると、無条件でthenからfiまでのリストが実行されることがわかります。なお、ここでif文の2行目以降の入力時に、シェルのプロンプトがプライマリの「$ 」からセカンダリの「> 」に変わり、if文の構文の途中であることが示されている点に注意してください。

図A 終了ステータスの利用例

```
$ true ........................................ ❶trueコマンドを実行
$ echo $? ..................................... 直後に特殊パラメータ$?を参照すると
0 ............................................. 真を意味する0が表示される
$ false ....................................... ❷falseコマンドを実行
$ echo $? ..................................... 直後に特殊パラメータ$?を参照すると
1 ............................................. 偽を意味する1が表示される
$ if true ..................................... ❸if文の条件判断にtrueコマンドを使用
> then ........................................ 真ならばthen以下が実行される
>   echo '真です' .............................. echoコマンドを記述
> fi .......................................... if文の終了
真です ........................................ たしかに、記述したechoコマンドが実行される
```

Memo

●コマンドの終了ステータスは、シェルスクリプト以外にも、makeコマンドでコンパイルエラーが発生した時にmakeを中断するなどの目的でも使用されています。

参照

if文(p.43)　while文(p.64)　&&リスト(p.37)　||リスト(p.39)
単純コマンド(p.29)　複合コマンド(p.30)　test(p.152)　true(p.155)
false(p.145)　特殊パラメータ$?(p.179)　exit(p.105)

>第3章
シェル文法の循環構造

コマンド➡パイプライン➡リストの循環

シェル文法の解説では、単純コマンド、複合コマンド、コマンド、パイプライン、リストといった用語が登場します。これらは、**図A**のような循環構造を構成しています。

たとえば、lsやcpなどの、普通の意味で「コマンド」と呼んでいるものは、シェル文法上では**単純コマンド**と呼びます。一方、if文、for文などの構文や、( )で囲んだサブシェル、シェル関数などのことを**複合コマンド**と呼びます。そして、単純コマンドと複合コマンドを合わせて**コマンド**と呼びます。つまり、シェル文法上ではif文などの構文もそれ全体が1つのコマンドなのです。

さらに、1つ以上のコマンドがパイプ(|)でつながったものが**パイプライン**になり、1つ以上のパイプラインがセミコロン(;)または改行などでつながったものが**リスト**になります。

このリストは、改めて別の複合コマンドの内部の要素になれます。たとえば、if文のifやthenの直後に記述するリストとして使うことができます。この結果、**コマンド➡パイプライン➡リスト➡複合コマンド➡コマンド**という循環構造ができあがることになるのです。詳しくは本章の単純コマンド、複合コマンド、コマンド、パイプライン、リストの各項を参照してください。

図A シェル文法の循環構造

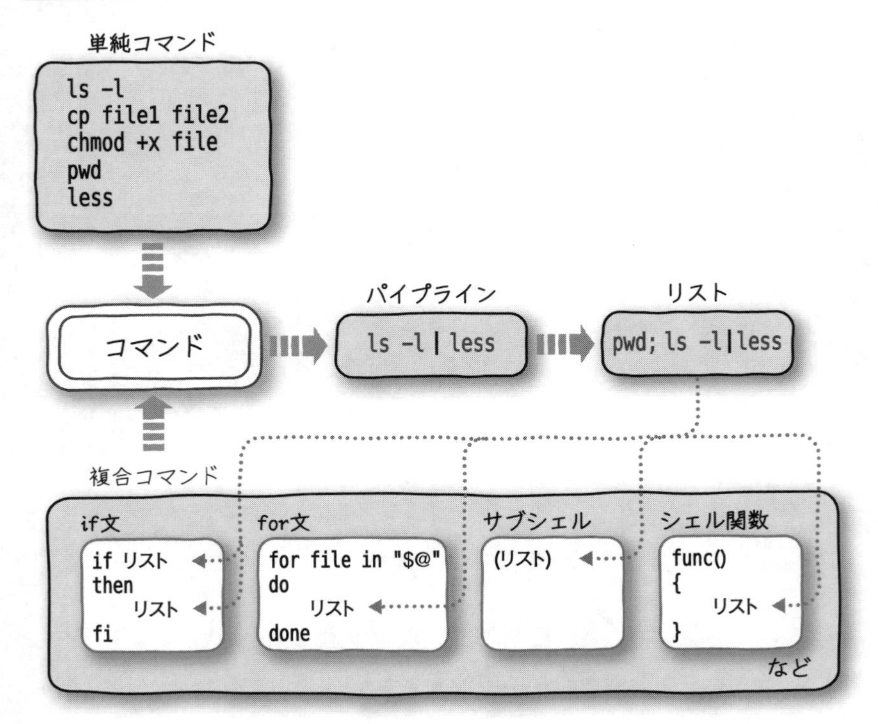

単純コマンド

Linux (bash)　FreeBSD (sh)　Solaris (sh)　BusyBox (sh)　Debian (dash)　zsh

一般のUNIXコマンドは単純コマンドとして実行できる

コマンド名 [引数 ...]

例

```
ls -l ………………………… カレントディレクトリのファイルのリストの表示
echo 'Hello World' ……… メッセージの表示
pwd …………………………… カレントディレクトリ名の表示
```

基本事項

コマンド名と0個以上の引数を、スペースなどの区切り文字で区切って並べたものが**単純コマンド**です。単純コマンドは単に実行されます。

終了ステータス

実行されたコマンドの終了ステータスそのものが、単純コマンドの終了ステータスです。

解説

シェル文法上の単純コマンドは、普通の意味での「コマンド」です。つまり、ls、cp、chmodなどのいわゆるUNIXコマンドはすべて単純コマンドです(p.31のコラム参照)。引数は、付けても付けなくてもかまいません。シェルスクリプト中に単純コマンドを記述すると、その名前のコマンドが実行されます。単純コマンドは、ls、cpなどのように**外部コマンド**として実装されている場合と、cd、echoなどのようにシェルの**組み込みコマンド**(内部コマンド)として実装されている場合があります。

リダイレクトと、環境変数の一時変更

単純コマンドの実行時に、標準入出力などをファイルにリダイレクトしたり、環境変数の一時変更を行うこともできます[注1]。**リストA**では、単純コマンドであるdateコマンドに対して、環境変数**LANG**の一時変更と、その標準出力のファイルへのリダイレクトを行っています。dateは日時を表示するコマンドです。ここではLANG=Cと記述されていることから、日時の英語表記が「timestamp」というファイルに書き込まれることになります。

リストA リダイレクトと、環境変数の一時変更

```
LANG=C date > timestamp ………… 環境変数LANGを一時的にCに変更し、dateの
                                 標準出力をファイルにリダイレクトする
```

注1　リダイレクトについては11章、環境変数の一時変更についてはp.186を参照してください。

複合コマンド

Linux (bash) / FreeBSD (sh) / Solaris (sh) / BusyBox (sh) / Debian (dash) / zsh

構文／サブシェル／シェル関数などは複合コマンドとして解釈される

書式 if文 | case文 | for文 | while文 | サブシェル | グループコマンド | シェル関数

例

```
while :; do ································· 無限ループのwhile文の開始
  echo 'Hello World' ············· メッセージの出力
done ············································· while文の終了（ここまで全体が1つの複合コマンド）
```

基本事項

複合コマンドとは、if文 case文 for文 while文 サブシェル グループコマンド シェル関数のことです。なお、個々の複合コマンドについては4章で詳しく扱います。

終了ステータス

複合コマンドの終了ステータスは、各複合コマンドの仕様によって決められています。

解説

シェル文法上では、サブシェルやシェル関数などはもちろん、if文やfor文などの構文も、それ全体が1つの**複合コマンド**であると解釈されます。複合コマンドは、単純コマンドと合わせて**コマンド**と呼ばれます。

複合コマンドのリダイレクト

複合コマンドは全体が1つのコマンドなので、この標準出力をファイルにリダイレクトすることができます。たとえば**リストA**のように記述すれば、for文全体の標準出力が「newfile」というファイルにリダイレクトされ、このファイル中には「Hello World」の文字が5行分、書き込まれます。リダイレクトについては11章を参照してください。

リストA 複合コマンドのリダイレクト

```
for n in 1 2 3 4 5
do ······························································for文による5回ループ
  echo 'Hello World' ·····································メッセージの出力
done > newfile ········································以上をnewfileというファイルに書き込む
```

bashまたはzshの場合の複合コマンド

bashまたはzshでは、さらに算術式のfor文(p.56)、select文(p.70)、算術式の評価(( ))(p.82)、条件式の評価[[ ]](p.85)についても文法上、複合コマンドと解釈されます。

コマンド

Linux (bash)
FreeBSD (sh)
Solaris (sh)
BusyBox (sh)
Debian (dash)
zsh

単純コマンドと複合コマンドとを合わせてコマンドと呼ぶ

書式　単純コマンド ｜ 複合コマンド

例

```
ls -l ·····························lsコマンド自体が1つのコマンド
while :; do ·······················無限ループのwhile文の開始
  echo 'Hello World' ··············メッセージの出力
done ······························while文の終了（while文全体が1つのコマンド）
```

基本事項

コマンドとは、単純コマンドまたは複合コマンドのことです。

終了ステータス

コマンドの終了ステータスは、単純コマンドまたは複合コマンドの仕様によって決められています。

解説

シェル文法上では、lsやechoなどの単純コマンドと、if文やサブシェルなどの複合コマンドをすべて合わせて**コマンド**と呼びます。コマンドは、パイプ(|)でつないで**パイプライン**を構成できます。

Column

「いわゆる」UNIXコマンド（単純コマンド）の調べ方

ユーザが使用できるUNIXコマンドは、**/bin**、**/usr/bin**、**/usr/local/bin**といったディレクトリにインストールされているのが普通です。これらのディレクトリにあるファイルは、コマンドとして実行することができます。これらのディレクトリにパスが通っていれば、たとえばlsコマンドなら、type lsというコマンドを実行してlsコマンドの存在を確認できます。

なお、コマンドのオプションなどの詳しい使い方については、man lsのように実行すればオンラインマニュアルが読めますので、必要に応じて参考にしてください。

パイプライン

Linux (bash)
FreeBSD (sh)
Solaris (sh)
BusyBox (sh)
Debian (dash)
zsh

コマンドの標準出力を別のコマンドの標準入力に接続する

書式 [コマンド] [| [コマンド]...]

例

```
ls -l | less ……………………… lsコマンドの出力をパイプでlessに接続して表示する
```

基本事項

パイプラインとは、1つ以上の[コマンド]を、パイプ(|)で区切って並べたもののことです。左側の[コマンド]の標準出力は、右側の[コマンド]の標準入力に、パイプで接続されます。

終了ステータス

パイプライン中の最も右側(最後)のコマンドの終了ステータスが、パイプラインの終了ステータスになります。

解説

複数のコマンドを、パイプの記号である|で区切って並べることにより、**パイプライン**を構成することができます。ここで、コマンドとは単純コマンドまたは複合コマンドを意味するため、lsやechoなどの単純コマンドだけでなく、while文やサブシェルなども、パイプで接続してパイプラインにすることができます。なお、コマンドが1つだけ(パイプは0個)であっても、シェル文法上はパイプラインと呼びます。パイプラインを改行や;で区切って並べるとリストになります。

パイプラインでは、左側のコマンドの標準出力がパイプを通って右側のコマンドの標準入力に入力されるため、各種フィルタコマンドを部品のように組み合わせて各種処理を行えます。

パイプラインの終了ステータスの利用

パイプラインの終了ステータスは、パイプライン中の最後のコマンドの終了ステータスです。したがって、**図A**のようにwhoコマンドとgrepコマンドをパイプでつなぐと、grepコマンドの終了ステータスがパイプラインの終了ステータスになります。ここでは、「guest」というユーザがログインしていれば、このパイプラインが「真」になります。図Aのように直後に特殊パラメータ$?の値を表示して、終了ステータスを知ることができます。

図A パイプラインの終了ステータスの利用

```
$ who | grep -q '^guest\>' ……………… guestがログインしているかチェック（画面は非表示）
$ echo $? ……………………………………… 終了ステータスを表示
0 ………………………………………………… 0（真）が表示されたのでguestがログインしている
```

パイプラインの否定演算

○ Linux (bash)	○ FreeBSD (sh)
× Solaris (sh)	○ BusyBox (sh)
○ Debian (dash)	○ zsh

Solaris(sh)以外のシェルでは、**図B**のように、パイプラインの先頭に！を記述して、パイプラインの終了ステータスを反転することができます。これは、if文の条件判断を逆にする目的でも使えます。

なお、ヒストリの！と区別するため、！とコマンドとの間にはスペースが必要です。

図B　パイプラインの否定演算

```
$ who | grep -q '^guest\>'  ……guestがログインしているかチェック（画面は非表示）
$ echo $? ……………………………………終了ステータスを表示
0 ……………………………………………………0（真）が表示されたのでguestがログインしている
$ ! who | grep -q '^guest\>' ……同じパイプラインの頭に否定演算の!を付ける
$ echo $? ……………………………………終了ステータスを表示
1 ……………………………………………………条件が逆になり、1（偽）が表示される
```

パイプラインのコマンドの終了ステータスを個別に得る方法

○ Linux (bash)	× FreeBSD (sh)
× Solaris (sh)	× BusyBox (sh)
× Debian (dash)	○ zsh

bashとzshでは、パイプラインを構成する各コマンドの終了ステータスを個別に取得することができます。パイプラインを実行すると、各コマンドの終了ステータスはPIPESTATUSという配列型のシェル変数(zshでは小文字のpipestatus)に代入されます。パイプラインの左端のコマンドの終了ステータスはPIPESTATUS[0]に、以下右に向かって順にPIPESTATUS[1]、PIPESTATUS[2]…と代入されます(zshでは配列の添字は1から始まるためpipestatus[1]から順に代入されます)。

図Cは、PIPESTATUSに代入される様子を実際に確認している例です。パイプライン中の(exit 3)は、サブシェルを利用して終了ステータス3を返すというコマンドです。(exit 4)と(exit 5)も同様です。このパイプラインを実行した直後、配列の内容を一括して参照する${PIPESTATUS[@]}という記法を使って、その値を表示しています。

なお、PIPESTATUSの値はパイプラインを実行するたびに書き換えられます。echoコマンド自体も(コマンド1個だけの)パイプラインであるため、たとえばecho ${PIPESTATUS[0]}を実行してしまうと、次にecho ${PIPESTATUS[1]}を実行しても値は失われてしまいます。このため、PIPESTATUSの値は${PIPESTATUS[@]}で一括して参照する必要があります。PIPESTATUSの値を温存して個別に参照したい場合は、array=(${PIPESTATUS[@]})のように、いったん別の配列変数に一括代入した後、${array[0]}、${array[1]}…などで参照するようにします。

図C　パイプラインのコマンドの終了ステータスを個別に表示

```
$ (exit 3) | (exit 4) | (exit 5) ……終了ステータス3、4、5を返すパイプラインを実行
$ echo ${PIPESTATUS[@]} ………………配列型のシェル変数PIPESTATUSの内容を一括表示
3 4 5 ……………………………………………確かに各コマンドの終了ステータスが表示される
```

標準エラー出力もパイプに通す方法

○ Linux (bash)	× FreeBSD (sh)
× Solaris (sh)	× BusyBox (sh)
× Debian (dash)	○ zsh

bash(バージョン4以降)とzshでは、**図D**のように|&を使って標準出力と標準エラー出力をまとめてパイプに通すことができます。これら以外の一般のシェルでは、**図E**のようにファイル記述子の複製を使ってパイプに通します。

図D 標準出力と標準エラー出力をまとめてパイプに通す(bashまたはzsh)

```
$ make |& tee make-log ……makeコマンドの出力を標準エラー出力も含めてteeコマンドに
                         パイプで渡す
```

図E 標準出力と標準エラー出力をまとめてパイプに通す(一般のシェルの場合)

```
$ make 2>&1 | tee make-log ……makeコマンドの出力を標準エラー出力も含めてteeコマン
                             ドにパイプで渡す
```

Memo

●パイプライン中の各コマンドは、OS上で並行処理で同時に実行され、また、パイプを通る標準入出力のデータは、テンポラリファイルを使用せずに受け渡されるため、パイプラインは非常に効率のよい実行方法です。

参照

特殊パラメータ$?(p.179)　　if文(p.43)

リスト

Linux (bash)
FreeBSD (sh)
Solaris (sh)
BusyBox (sh)
Debian (dash)
zsh

パイプラインを改行などで区切って並べたもの

パイプライン [改行 | ; | & | && | || パイプライン ...] [改行 | ; | &]

```
cd /some/dir; ls -l
```
……cdとlsという2つのパイプラインが;で区切って並べられ、1つのリストになっている

基本事項

リストとは、1つ以上のパイプラインを、改行、;、&、&&または||で区切って並べたもののことです。リストの最後には、改行、;または&をつけることができ、これらがついたリストのことを「終端されたリスト」と呼びます。

パイプラインが、改行または;で区切られているかまたは終端されている場合、各パイプラインは左から右に順番に**フォアグラウンド**で実行されます。パイプラインが、&で区切られている場合、&の左のパイプラインは**バックグラウンド**で実行されます。パイプラインが&&または||で区切られている場合の動作は、それぞれ&&リスト、||リストの項で解説します。

なお、&&と||は、改行、;、&よりも高い優先順位で評価されます。

zshでは、単独のパイプラインまたは&&または||のみで区切られたリストは、サブリストとして文法上区別されます。

終了ステータス

リストの中で最後に実行したパイプラインの終了ステータスが、リストの終了ステータスになります。ただし、最後のパイプラインがバックグラウンドで実行された場合は終了ステータスは「0」になります。

解説

複数のパイプラインを改行などで区切って並べれば、リストになります。パイプラインには単純コマンドも含むため、結局「ls -l Enter cp file1 file2 Enter」のような、通常のコマンドライン上のコマンド入力も、それ全体が1つのリストということになります。

リストは、if文／while文などの構文や、サブシェル、コマンド置換その他、シェル文法上でリストが使用できるとされている場所に用いることができます。

終端されたリストと終端されていないリスト

if文／while文などの構文のリストなどでは、リストが(フォアグラウンドの場合)改行または;で終端されている必要がありますが、サブシェルやコマンド置換ではリストが終端されていなくてもかまいません。具体的には**リストA**のように、if文のthenの直前には改行または;が必要ですが、サブシェルでは閉じカッコ())の前に改行や;がなくてもかまいません。

リストと、コマンドやパイプラインとの関係

一般に、コマンドは同時にパイプラインでもあり、リストでもあります。しかし、一般のリストはコマンドやパイプラインであるとは限りません。

たとえば、**リストB❶**のls -lは、単純コマンドというコマンドであると同時にパイプラインであり、リストです。

一方、リストB❷のcd /dir; lsという記述は、リストですが、これ全体はコマンドでもパイプラインでもありません。これをリストB❸の{ cd /dir; ls; }のようにグループコマンドにすると、全体が1つのコマンド(複合コマンド)になり、同時にパイプラインでもリストでもあることになります。

リストA 終端されたリストと終端されていないリスト

```
if [ -f file1 ]; then ············ thenの前に改行がない場合;が必要
  cp file1 file2
fi
(cd /tmp; ls) ·························· )の前には;も改行もなくてもよい
```

リストB リストと、コマンド、パイプラインとの関係

```
ls -l ········································· ❶lsコマンドはそれ自体がパイプラインかつリスト
cd /dir; ls ································ ❷これはリストだが、コマンドやパイプラインではない
{ cd /dir; ls; } ···················· ❸グループコマンドにするとコマンドやパイプラインにもなる
```

注意事項

空行の改行はよいが、空行の;はダメ

リストにおいて、改行と;とは基本的に同じ意味を持ちますが、改行は文脈によっては単なる区切り文字としての改行とみなされるため、一部;とは挙動が違って見える場合があります。

たとえば次の例のように、リストを記述していない空行の改行は、リストの区切りの改行ではなく、単なる区切り文字の改行とみなされるため、エラーにはなりません。しかし、空行の位置に;を記述すると、リストの区切りの;とみなされ、実際にはリストが存在しないため、文法エラーになります。

ただし、zshの場合は空行の位置に;を記述してもエラーになりません。

○正しい例

```
ls -l ······················パイプライン+リストの区切りの改行
      ◀·····················単なる区切り文字の改行
cp file1 file2 ·····パイプライン+リストの終端の改行
```

×誤った例

```
ls -l ······················パイプライン+リストの区切りの改行
; ······························リストの区切りの;とみなされ、リストがないのでエラーになる
cp file1 file2 ·····パイプライン+リストの終端の改行
```

参照

&&リスト(p.37)　||リスト(p.39)　if文(p.43)　サブシェル(p.73)　グループコマンド(p.75)

&&リスト

Linux (bash)
FreeBSD (sh)
Solaris (sh)
BusyBox (sh)
Debian (dash)
zsh

簡単な条件判断を行える

パイプライン1 && パイプライン2

```
test -f file1 && cp file1 file2 ……file1が存在すればfile2にコピーする
```

基本事項

&&リストでは、まず パイプライン1 が実行され、その結果が**真**(終了ステータスが「0」)である場合のみ パイプライン2 が実行されます。

終了ステータス

パイプライン1が真でパイプライン2が実行された場合はパイプライン2の終了ステータス、パイプライン1が偽の場合はパイプライン1の終了ステータスが、&&リスト全体の終了ステータスになります。

解説

&&リストの本来の意味は、&&の左右のパイプラインが**両方とも真**の場合のみ、&&リスト全体が**真**になるというものです。実際には左側のパイプラインから先に実行され、左側が偽であった場合は&&リスト全体が偽であることが確定してしまうため、右側のパイプラインは実行されません。この性質を利用して、&&リストを使って条件分岐を行うことが可能です。つまり、&&リストはif文の代わりに使うことができるのです。なお、この性質はC言語の&&演算子とも同じです。

if文で書き直す

冒頭の例をif文を使って書き直すと、**リストA**のようになります。これらは、どちらも同じ動作になります。なお、「if test -f file1」の部分は、testコマンドの別名を使って「if [-f file1]」と記述してもかまいません。

リストA　&&リストをif文で書き直した例

```
if test -f file1 ……………………file1が存在すればtestコマンドが真になる
then ……………………………………真であればthenの後のリストが実行される
  cp file1 file2 ……………………file1をfile2にコピー
fi ………………………………………if文の終了
```

グループコマンドを使う

&&リストは、その左右にある、それぞれ1つのパイプラインにのみにかかります。これは、if文がパイプラインではなくリストにかかるのとは異なります。したがって、&&リストの右側で複数のパイプライン(たとえば複数のコマンド)を実行したい時は、**リストB**のようにグループコマンドの{ }を使って、パイプラインを1つのコマンドにまとめる必要があります。

リストB 右側のパイプラインをグループコマンドにした例

```
cmp -s file1 file2 && { ……file1とfile2の内容が同じなら真になる
  echo '重複ファイルfile2を削除します' ……メッセージを表示
  rm -f file2 ……重複したfile2を削除
} ……グループコマンドの終了
```


注意事項

if文との終了ステータスの相違点

&&リストの左側のパイプラインが偽の場合、&&リスト全体の終了ステータスは偽になりますが、それに相当するif文の終了ステータスは、if文の仕様により真になり、この部分については動作が異なることになります。

&&リストでの例

```
$ false && echo hello ……左側のパイプラインが偽の場合
$ echo $? ……その&&リストの終了ステータスは……
1 ……偽になる
```

if文での例

```
$ if false; then echo hello; fi …ifの直後のリストが偽の場合
$ echo $? ……そのif文の終了ステータスは……
0 ……真になる
```

参照

if文(p.43)　　グループコマンド(p.75)

||リスト

Linux (bash) / FreeBSD (sh) / Solaris (sh) / BusyBox (sh) / Debian (dash) / zsh

簡単な条件判断を行える

パイプライン1 || パイプライン2

```
test -f file1 || exit 1 ……………………file1が存在しない場合はエラーで終了する
```

基本事項

||リストでは、まず パイプライン1 が実行され、その結果が**偽**(終了ステータスが「0」以外)である場合のみ パイプライン2 が実行されます。

終了ステータス

パイプライン1が偽でパイプライン2が実行された場合はパイプライン2の終了ステータス、パイプライン1が真の場合は「0」が、||リスト全体の終了ステータスになります。

解説

||**リスト**の本来の意味は、||の左右のパイプラインの**どちらかが真**ならば||リスト全体が**真**になるというものです。実際には左側のパイプラインから先に実行され、左側が真であった場合は||リスト全体が真であることが確定してしまうため、右側のパイプラインは実行されません。この性質を利用して、||リストを使って条件分岐を行うことが可能です。つまり、||リストはif文の代わりに使うことができるのです。なお、この性質はC言語の||演算子とも同じです。

if文で書き直す

冒頭の例をif文を使って書き直すと、**リストA**のようになります。これらはどちらも同じ動作になります。||リストとif文とでは、条件判断の真偽が逆になるため、ここではtestコマンドに!という引数を付けて条件を反転していることに注意してください。なお、if test ! -f file1の部分はtestコマンドの別名を使ってif [! -f file1]と記述してもかまいません。

リストA ||リストをif文で書き直した例

```
if test ! -f file1 ……………………………………file1が存在しなければtestコマンドが真になる
then ………………………………………………………………真であればthenの後のリストが実行される
  exit 1 …………………………………………………エラーで終了
fi ………………………………………………………………if文の終了
```

グループコマンドを使う

||リストは、その左右にある、それぞれ1つのパイプラインにのみにかかります。これは、if文が、パイプラインではなくリストにかかるのとは異なります。したがって、||リストの右側で複数のパイプライン(たとえば複数のコマンド)を実行したい時は、**リストB**のようにグループコマンドの{ }を使って、パイプラインを1つのコマンドにまとめる必要があります。

リストB 右側のパイプラインをグループコマンドにした例

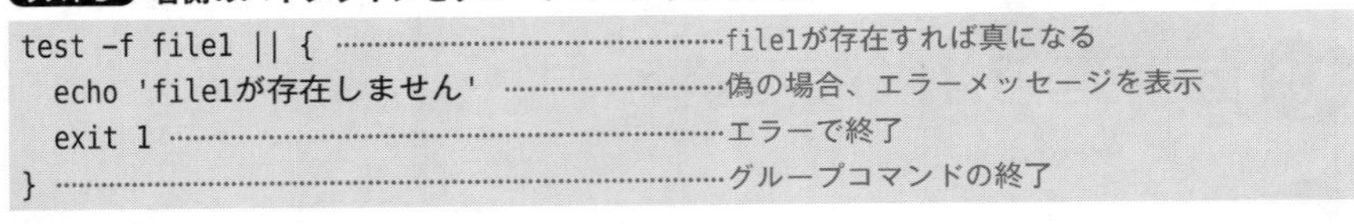

```
test -f file1 || { ……………file1が存在すれば真になる
  echo 'file1が存在しません' ……………偽の場合、エラーメッセージを表示
  exit 1 ……………エラーで終了
} ……………グループコマンドの終了
```

参照

if文(p.43)　　グループコマンド(p.75)

>第4章

複合コマンド

0 1 2 3 4 5 6 7 8 9 10 11 12 13 14 Appndix

シェル文法における複合コマンド

シェル文法では、if文やfor文などの**構文**や**サブシェル**、**グループコマンド**、**シェル関数**などが**複合コマンド**と解釈されます(**図A**)。

条件分岐を行うif文やcase文、ループを行うfor文やwhile文を使えば基本的なプログラム構造を記述できるでしょう。また、一定の処理をシェル関数としてまとめ、これを適宜呼び出して使用することもできます。

図A 複合コマンド

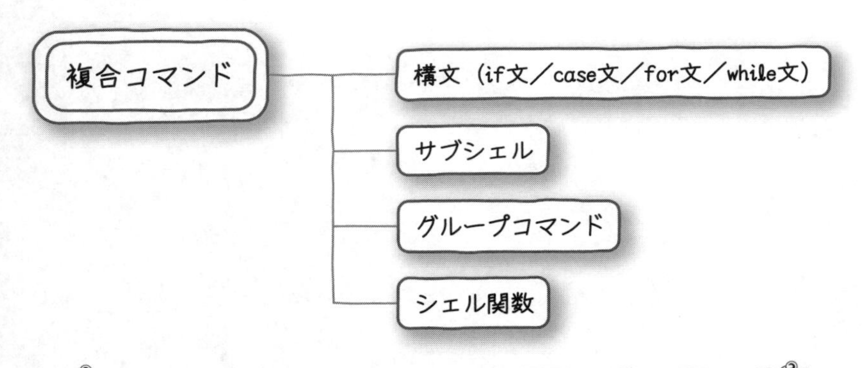

- 構文➡本書ではif文／case文／for文／while文のことをまとめて構文と呼んでいます
- サブシェル➡リストを( )で囲んだものです
- グループコマンド➡リストを{ }で囲んだものです
- シェル関数➡リストを関数にまとめたものです

if文

条件判断によってプログラムを分岐する

書式 if リスト; then リスト; [elif リスト; then リスト;]...
[else リスト;] fi

リストの右端がすでに改行などで終端されている場合、その右の ; は不要

例

```
if [ "$i" -eq 3 ] ·····························"$i"と3を数値として比較
then
  echo 'iの値は3です' ·························echoコマンドでメッセージを表示
elif [ "$i" -eq 5 ] ···························"$i"と5を数値として比較
then
  echo 'iの値は5です' ·························echoコマンドでメッセージを表示
else ··········································ifやelifの条件が満たされなかった場合
  echo 'iの値は3でも5でもありません' ············echoコマンドでメッセージを表示
fi ············································if文の終了
```

図

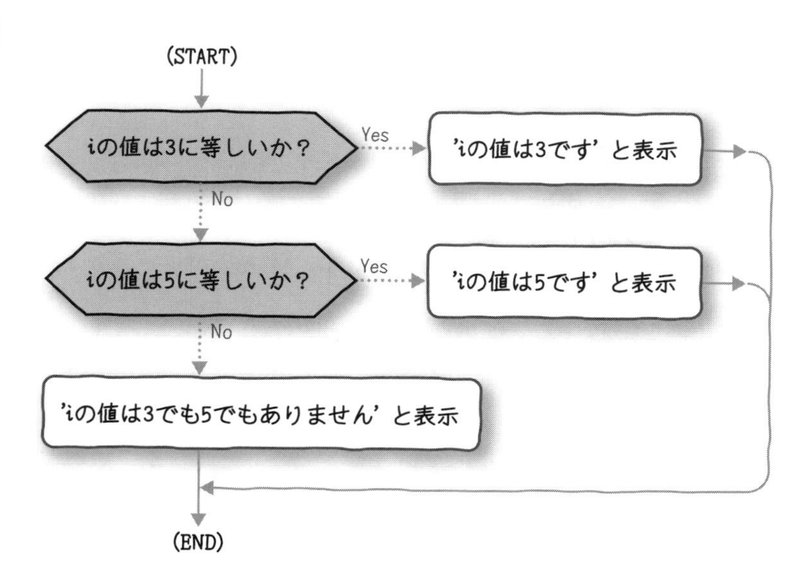

基本事項

if文は、リストの実行結果が**真**か**偽**かによって分岐する構文です。まずifの直後のリストが実行され、その結果が真(終了ステータスが「0」)である場合には次に続くthenの直後のリストが実行され、これでif文が終了します。

ifの直後のリストが偽(終了ステータスが「0」以外)の場合には、次のelifの直後のリストが実行され、これが真である場合はelif内のthenの直後のリストが実行され、これでif文が終了します。ifとすべてのelifの直後のリストが偽であった場合は、elseの直後のリストが実行されます。

elifやelseの部分は、必要なければ省略することができます。また、必要ならば複数のelifをつけることができます。

(if文自体の)終了ステータス

if文全体が1つの複合コマンドを構成しますが、その終了ステータスは次のようになります。thenまたはelseの直後のリストが実行された場合は、そのリストの終了ステータスがif文自体の終了ステータスになります。thenまたはelseの直後のリストが実行されなかった場合は、if文自体の終了ステータスは「0」になります[注1]。

解説

多くの場合、ifの直後のリストには[が記述されます。この[はif文の文法とは直接関係なく、[という名前の独立したコマンドです。[コマンドはtestコマンドの別名であり、testコマンドによって実際の条件判断が行われます。

このように、シェルスクリプトでは、数値や文字列の比較やファイルの存在チェックといった条件判断を、シェル自身では行わず、testコマンドに任せています。つまりif文は、単にtestコマンドの終了ステータスが真か偽かによって条件分岐しているにすぎないのです。

冒頭の例では、シェル変数"$i"の値を-eqによって「3」や「5」といった値と比較していますが、これらの詳細についてはtestコマンドの範疇になります。

testコマンド以外のコマンドを使う方法

ifの直後のリストとしてtestコマンド以外のコマンドを使うことももちろんできます。たとえばcmpコマンドを使って2つのファイルの内容を比較し、それらが一致しているかどうかで分岐するには**リストA**のようにします。

cmpコマンドは、2つのファイルが一致している場合に終了ステータス「0」を返すため、これをif文の条件判断に利用できるのです。なお、cmpコマンドに-sオプションを付け、cmpコマンド自体から余分なメッセージが出力されないようにしていることにも注意してください。

リストA ifの直後のリストとしてcmpコマンドを使った例

```
if cmp -s file1 file2 ……………………file1とfile2の内容を比較(-sでメッセージ抑制)
then
  echo 'file1とfile2の内容は同じです' ……………一致していた場合のメッセージを表示
else
  echo 'file1とfile2の内容は異なります' ………相違していた場合のメッセージを表示
fi
```

注1 if文自体の終了ステータスを実際に使用する場面はあまりありません。

if [...]のスタイルに統一したい場合

testコマンド以外のコマンドで条件判断する場合でも、コマンド実行直後に特殊パラメータ$?を参照することにより、if [...]のスタイルで書くことができます。**リストB**にその例を示します。

ifの直後に複数のコマンドを記述してもよい

一般にリストは複数のコマンドを含んでもかまわないため、**リストC**のようにifの直後のリストにcmpと[の両方を含めて書くこともできます[注2]。

ifの条件判断を逆にするには❶

ifの条件判断を逆にしたい場合は、いったん$?の値をtestコマンドで受けて、testコマンド上で条件判断を逆にするようにします(**リストD**)。

ifの条件判断を逆にするには❷

elseを使ってifの条件判断を逆にする方法もあります(**リストE**)。この場合、thenの直後のリストは:コマンドにして、何も実行されないようにします。

リストB if [...]のスタイルで統一した例

```
cmp -s file1 file2 ……………………file1とfile2の内容を比較（-sでメッセージ抑制）
if [ $? -eq 0 ] ……………………cmpコマンドの終了ステータスが0かどうかチェック
then
  echo 'file1とfile2の内容は同じです' ……一致していた場合のメッセージを表示
fi
```

リストC ifの直後のリストにcmpと[の両方を記述

```
if
  cmp -s file1 file2 ……………………file1とfile2の内容を比較（-sでメッセージ抑制）
  [ $? -eq 0 ] ……………………cmpコマンドの終了ステータスが0かどうかチェック
then
  echo 'file1とfile2の内容は同じです' ……一致していた場合のメッセージを表示
fi
```

リストD ifの条件判断を逆にした例

```
if cmp -s file1 file2; [ $? -ne 0 ] ……$?の値が0でない場合に真になる
then
  echo 'file1とfile2の内容は異なります' ……相違していた場合のメッセージを表示
fi
```

注2　リストの項(p.35)も合わせて参照してください。

リストE elseを使って条件判断を逆にした例

```
if cmp -s file1 file2 ……………………file1とfile2の内容を比較（-sでメッセージ抑制）
then
  : ………………………………………………一致していた場合は何もしない:コマンドを実行
else
  echo 'file1とfile2の内容は異なります' ……相違していた場合のメッセージを表示
fi
```

パイプラインの否定演算を使う方法

○ Linux (bash)	○ FreeBSD (sh)
× Solaris (sh)	○ BusyBox (sh)
○ Debian (dash)	○ zsh

Solaris(sh)以外のシェルでは、パイプラインの先頭に!を書いて、終了ステータスを反転することができるため、**リストF**の例のように記述することもできます。なお、!とコマンドとの間にはスペースが必要です。

リストF パイプラインの否定演算を使った例

```
if ! cmp -s file1 file2 ……………cmpコマンドの終了ステータスを!で反転して条件判断
then
  echo 'file1とfile2の内容は異なります' ……相違していた場合のメッセージを表示
fi
```

パイプを使った条件判断

ifの直後のリストに、パイプを含めることももちろんできます。**リストG**の例は、whoコマンドの出力の中に、ユーザ名「guest」が含まれているかどうかによって条件分岐しています。ここではgrepによる判定を正確にするため、その引数は「'^guest\>'」としています。また、grepコマンド自体の出力が表示されないように、その標準出力を**/dev/null**にリダイレクトしていますが、代わりにgrepに-qオプションを付けてもかまいません。

if文のネスティング

thenまたはelse(またはelif)の直後のリストの中に、別のif文を記述することにより、if文をネスティングする(入れ子にする)ことができます(**リストH**)。ネスティングの深さがわかりやすいようにインデントを行うとよいでしょう。

elifを使ったほうがよい場合

リストIの例のような内容の場合、if文のネスティングよりも、**リストJ**のようにelifを使って記述したほうが簡潔になります。

リストG ifの直後のリストにパイプを使った例

```
if who | grep '^guest\>' > /dev/null …………whoの出力にguestの行があると真になる
then
  echo 'guestがログイン中です' ……………………guestがいた場合のメッセージを表示
fi
```

リストH if文のネスティング

```
if [ "$i" -eq 3 ] ……………………………………元のif文の開始
then
  if [ "$j" -eq 5 ] ……………………………………if文のthen中にネスティングされたif文の開始
  then
    echo 'i=3かつj=5です'
  else
    echo 'i=3かつj≠5です'
  fi ……………………………………ネスティングされたif文の終了
else ……………………………………元のif文のelse
  if [ "$j" -eq 5 ] ……………………………………if文のelse中にネスティングされたif文の開始
  then
    echo 'i≠3かつj=5です'
  else
    echo 'i≠3かつj≠5です'
  fi ……………………………………ネスティングされたif文の終了
fi ……………………………………元のif文の終了
```

リストI if文のネスティングが無駄な例

```
if [ "$i" -eq 3 ] ……………………………………元のif文の開始
then
  echo 'i=3です'
else ……………………………………元のif文のelse
  if [ "$i" -eq 5 ] ……………………………………if文のelse中にネスティングされたif文の開始
  then
    echo 'i=5です'
  fi ……………………………………ネスティングされたif文の終了
fi ……………………………………元のif文の終了
```

リストJ elifを使って記述した例

```
if [ "$i" -eq 3 ] ……………………………………if文の開始
then
  echo 'i=3です'
elif [ "$i" -eq 5 ] ……………………………………elifを使って別の条件を記述
then
  echo 'i=5です'
fi ……………………………………if文の終了
```

注意事項

ifと[の間にはスペースが必要

ifと [の間には**スペース**または**改行**などの区切り文字が必要です。「if[」のようにスペースを入れないで書くと、「if[」という名前のコマンドを実行するものとみなされ、コマンドが見つからないというエラーになります。

if〜thenを1行に書く場合はthenの前に;が必要

if〜thenを1行に書く場合は、testコマンドなどの最後に;を付けてリストを終端する必要があります。;がないと、thenという文字列がtestコマンドの最後の引数であると解釈されて、if文全体が正しく認識されません。

○正しい例

```
if [ "$i" -eq 3 ]; then
  echo 'iの値は3です'
fi
```

×誤った例

```
if [ "$i" -eq 3 ] then
  echo 'iの値は3です'
fi
```

thenやelseの直後に;を付けてはいけない

thenやelseの直後の改行は単なる区切り文字としての改行であり、リストの終端ではありません。したがって、ここに;を入れると文法エラーになります。とくに、if文全体を1行で書く場合に注意してください。

ただし、zshの場合はthenやelseの直後に;を付けてもエラーになりません。

○正しい例

```
if [ "$i" -eq 3 ]; then echo 'iの値は3です'; fi
```

×誤った例

```
if [ "$i" -eq 3 ]; then; echo 'iの値は3です'; fi
```

リストがない場合は:が必要

thenやelseの直後には必ずリストを記述する必要があります。何も実行したくない場合(デバッグなどで一時的にコメントアウトする場合も含む)には、リストとして:コマンドを記述するようにします。

ただし、FreeBSD(sh)またはzshの場合はthenやelseの直後にリストがなくてもエラーになりません。

Memo

- if文の最後のfiは、ifのスペルを逆にしたものです。
- if文の代わりに&&リストや||リストを使って条件分岐を行うこともできます。
- bashまたはzshでは、testコマンドの[ ]の代わりに、[[ ]]を使った条件式の評価や(( ))を使った算術式の評価を用いることもできます。
- zshでは、if文の条件判断に[[ ]]または(( ))またはサブシェルの( )などのように終端が明確なコマンドを使う場合、thenとfiをそれぞれ{と}に置き換えて「`if [[ "$i" -eq 3 ]] {echo 'iの値は3です'}`」または「`if ((i == 3)) {echo 'iの値は3です'}`」と記述することができます。zshの文法により、{の直後のスペースも、}の直前の;も省略できます。さらに{ }の中身が1コマンド(1パイプラインまたは&&リストまたは||リスト)だけの場合は{ }も省略し、「`if ((i == 3)) echo 'iの値は3です'`」と記述することもできます。

参照

test(p.152)　リスト(p.35)　パイプライン(p.32)　特殊パラメータ$?(p.179)
:コマンド(p.89)　&&リスト(p.37)　||リスト(p.39)　条件式の評価[[ ]](p.85)
算術式の評価(( ))(p.82)

case文

Linux (bash)
FreeBSD (sh)
Solaris (sh)
BusyBox (sh)
Debian (dash)
zsh

文字列をパターンごとに場合分けしてプログラムを分岐する

書式 case 文字列 in [パターン [| パターン]...) リスト;;]... esac

例

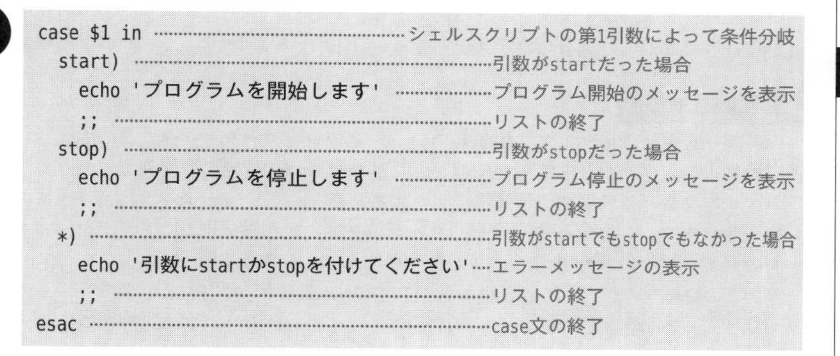

```
case $1 in ··················································シェルスクリプトの第1引数によって条件分岐
  start) ·····················································引数がstartだった場合
    echo 'プログラムを開始します' ···················プログラム開始のメッセージを表示
    ;; ························································リストの終了
  stop) ······················································引数がstopだった場合
    echo 'プログラムを停止します' ···················プログラム停止のメッセージを表示
    ;; ························································リストの終了
  *) ··························································引数がstartでもstopでもなかった場合
    echo '引数にstartかstopを付けてください'····エラーメッセージの表示
    ;; ························································リストの終了
esac ··························································case文の終了
```

図

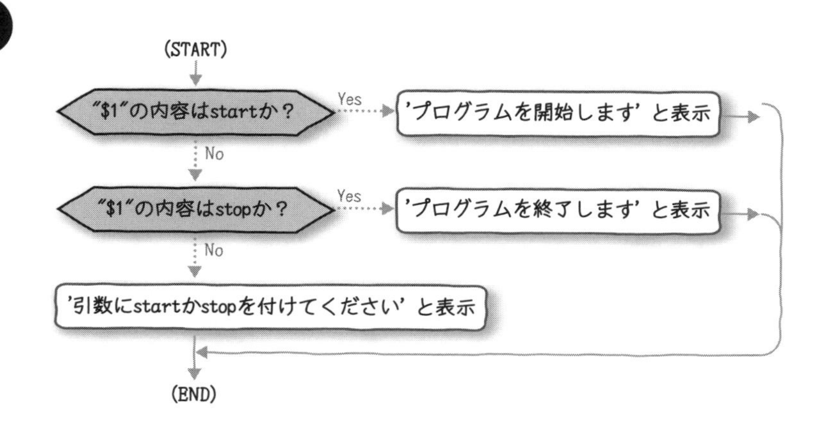

基本事項

case文は、与えられた文字列をパターンと比較して分岐する構文です。まずcaseの直後に書かれた文字列が各パターンと順に比較され、一致したパターンがあった場合はそのパターンの直後のリストを実行し、これでcase文を終了します。

パターンとリストのセットは、必要なだけいくつでも記述することができます。各リストは;;で終了する必要がありますが、最後のリストだけは;;を省略することもできます。

パターン には、**パス名展開**の特殊文字を使って、複数の文字列に一致するようにすることもできます。ただし、ファイル名のパス名展開とは一部異なり、文字列の先頭の「.」や文字列中の「/」を特別扱いしません注3。

また、パターン を | で区切ってOR条件の パターン を記述することもできます。

なお、文字列 または パターン にパラメータ展開やコマンド置換が行われた場合でも、その結果に対して単語分割は行われません注4。このため、文字列 としてシェル変数等を用いる場合、全体をダブルクォートで囲む必要はありません(囲んでもかまいません)。シェル変数が未設定の場合は空文字列として扱われます。

(case文自体の)終了ステータス

case文全体が1つの複合コマンドを構成し、その終了ステータスは、パターンが一致して実行されたリストの終了ステータスになります。ただし、どのパターンにも一致せず、リストが実行されなかった場合は終了ステータスは「0」になります注5。

解説

case文はC言語のswitch文に相当し、シェル変数や位置パラメータなどの内容や、コマンド置換によって得られた文字列の内容を元に複数に分岐する場合に便利です。

パターンにはパス名展開の特殊文字が使えるため、*) というパターンは、すべてのパターンに一致します。したがって、*) をパターンの一番最後に書いておくと、デフォルトのパターンとしてC言語のdefault: ラベルのように使うことができます。

リストの終わりの ;; は、C言語のswitch文でのbreakに相当しますが、従来のシェルのcase文では、 ;; を省略して、case文を抜けずに次のパターンのリストの処理を継続することはできません。複数のパターンのOR条件を用いたい場合は、「start|begin)」のように、| で区切って並べたパターンを使うようにします。

コマンド置換を使う方法

case文の文字列としては、シェル変数などのパラメータのほか、**リストA**のようにコマンド置換を使うこともできます注6。ここでは、uname -s コマンドが出力する文字列によって、OSの種類を判断して分岐しています。なお、uname はシステムの情報を表示するコマンドで、デフォルトで-s オプションつきの動作になるため、省略して単に uname としてもかまいません。

OR条件のパターンを使う方法

パターンを、| で区切って並べることにより、OR条件のパターンを記述することができます。**リストB**にその例を示します。

if文で記述することもできる

冒頭のcase文の例を、あえてif文で記述すると**リストC**のようになります。case文とは異なり、ifの直後のtest コマンドの引数として $1 を記述する場合は、単語分割を避けるためにダブルクォートで囲んで "$1" とする必要があります。if文の場合はifやelifの直後で毎回test

注3　パス名展開の10.2節も合わせて参照してください。

注4　単語分割の10.7節も合わせて参照してください。

注5　case文自体の終了ステータスを実際に使用する場面はあまりありません。

注6　コマンド置換については9.3節を参照してください。

コマンドが実行されたり、毎回パラメータの参照が行われたりするため、文字列によって複数に分岐する場合はcase文のほうが簡潔でしょう。

また、条件判断のための文字列がパラメータではなく、前述の例の`uname`のようにコマンド置換によって得られたものの場合、if文で記述すると条件判断のたびにunameコマンドが実行されてしまうため、効率が悪くなります。

リストA　コマンド置換の文字列によって分岐

```
case `uname -s` in ………………………………uname -sコマンドの出力文字列で分岐
  Linux) ……………………………………………文字列がLinuxだった場合
    echo 'OSはLinuxです' ………………………OSはLinuxですと表示
    ;; ………………………………………………リストの終了
  FreeBSD) …………………………………………文字列がFreeBSDだった場合
    echo 'OSはFreeBSDです' ……………………OSはFreeBSDですと表示
    ;; ………………………………………………リストの終了
  SunOS) ……………………………………………文字列がSunOSだった場合
    echo 'OSはSolarisです' ……………………OSはSolarisですと表示
    ;; ………………………………………………リストの終了
  *) …………………………………………………それ以外の文字列の場合
    echo 'その他のOSです' ……………………その他のOSですと表示
    ;; ………………………………………………リストの終了
esac …………………………………………………case文の終了
```

リストB　OR条件のパターンを使った例

```
case `uname -s` in ………………………………uname -sコマンドの出力文字列で分岐
  Linux|FreeBSD) ……………………………………文字列がLinuxまたはFreeBSDだった場合
    echo 'OSはLinuxまたはFreeBSDです' ………該当メッセージを表示
    ;; ………………………………………………リストの終了
  *) …………………………………………………それ以外の場合
    echo 'そのほかのOSです' …………………該当メッセージを表示
    ;; ………………………………………………リストの終了
esac …………………………………………………case文の終了
```

リストC　case文の代わりにif文を使用した例

```
if [ "$1" = start ] ………………………………"$1"を文字列としてstartと比較
then
    echo 'プログラムを開始します' ……………プログラム開始のメッセージを表示
elif [ "$1" = stop ] ……………………………"$1"を文字列としてstopと比較
then
    echo 'プログラムを停止します' ……………プログラム停止のメッセージを表示
else
    echo '引数にstartかstopを付けてください' ……エラーメッセージの表示
fi
```

パス名展開の利用

case文のパターンの部分には、**リストD**のように各種パス名展開を使用することができます。

ファイル名でのパス名展開[注7]では . や / が特別扱いされ、* のパターンは **/home/username** や **.profile** といったファイル名には一致しませんでしたが、case文の場合は . や / が特別扱いされず、* はすべての文字列に一致します。同様に ? のパターンが . や / などのすべての1文字に一致します。

case文のネスティング

case文の中のリストに、他の構文としてif／for／while文などを記述したり、case文自身をネスティングすることもできます。この場合も、パターンの直後のリストの最後には忘れずに ;; を記述するようにします(詳しくは、p.35のリストの項を参照)。

リストEは、元のcase文の`uname -s`でOSの種類によって分岐したあと、さらにネスティングされたcase文で、`uname -m`によってCPUの種類によって分岐するようにした例です。

リストD パターンとして、パス名展開を使用

```
case $string in ·························シェル変数$stringの内容で分岐
  [a-z]) ································a～zまでの1文字に一致するパターン
    echo 'stringは英小文字1文字です' ········該当メッセージを表示
    ;; ··································リストの終了
  ?) ····································任意の1文字に一致するパターン
    echo 'stringは1文字です' ···············該当メッセージを表示
    ;; ··································リストの終了
  file*) ································fileで始まる文字列に一致するパターン
    echo 'stringはfileで始まる文字列です' ···該当メッセージを表示
    ;; ··································リストの終了
  *) ····································すべての文字列に一致するパターン
    echo 'stringはそれ以外です' ············該当メッセージを表示
    ;; ··································リストの終了
esac ····································case文の終了
```

リストE case文をネスティングした例

```
case `uname -s` in ······················元のcase文の開始
  Linux) ································文字列がLinuxだった場合
    case `uname -m` in ··················ネスティングされたcase文の開始
      i?86) ·····························文字列がi686／i586／i486などの場合
        echo 'OSはi386版Linuxです' ·······該当メッセージを表示
        ;; ······························リストの終了
      sparc*) ···························文字列がsparcで始まっている場合
        echo 'OSはSPARC版Linuxです' ······該当メッセージを表示
        ;; ······························リストの終了
      *) ································それ以外の文字列の場合
        echo 'OSはそのほかのLinuxです' ···該当メッセージを表示
        ;; ······························リストの終了
    esac ································ネスティングされたcase文の終了
```

注7 パス名展開については10.2節を参照してください。

```
    ;; ……………………………………………………………………リストの終了
  *) ……………………………………………………………………それ以外の文字列の場合
    echo 'OSはLinux以外です' ………………………該当メッセージを表示
    ;; ……………………………………………………………………リストの終了
esac ……………………………………………………………………元のcase文の終了
```

パターンを( )で囲むこともできる

○ Linux (bash)	○ FreeBSD (sh)
× Solaris (sh)	○ BusyBox (sh)
○ Debian (dash)	○ zsh

Solaris(sh)以外のシェルでは、case文のパターンの両側を( )で囲んで、**リストF**のように記述することもできます。ただし、従来のshとの互換性がなくなり、またサブシェルの( )とも紛らわしくなります。

リストF　パターンを( )で囲んだ例

```
case `uname -s` in
  (Linux) ……………………………………………パターンの両側を( )で囲む
    echo 'OSはLinuxです'
    ;;
esac
```

リストの継続実行

○ Linux (bash)	○ FreeBSD (sh)
× Solaris (sh)	× BusyBox (sh)
× Debian (dash)	○ zsh

bash-4.x以降またはFreeBSD 9.x以降のshまたはzshでは、case文のパターンに対応するリストの最後の;;の代わりに;&と記述すると、その次のパターン内のリストまで継続して実行されます(**リストG**)。これは、C言語のswitch文においてbreak文を省略したものに相当します。

リストG　リストの継続実行の例

```
case $var in
  one)
    echo '$varがoneの場合'
    ;& ……………………………………………………次のリストも継続実行
  two)
    echo '$varがoneまたはtwoの場合'
    ;;
esac
```

パターンの継続検索

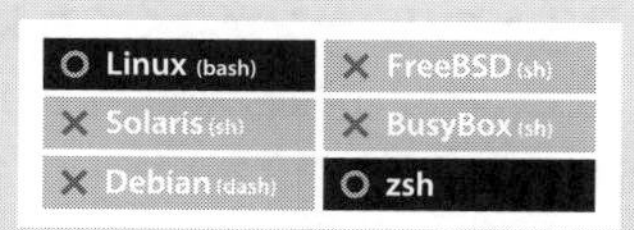

bash-4.x以降では、case文のパターンに対応するリストの最後の;;の代わりに;;&と記述すると、それ以降のパターンについても再度検索が行われ、一致した複数のパターンに対応するリストをそれぞれ実行させることができます(**リストH**)。

zshでは、;;&ではなく;|と記述することにより、同様にパターンの継続検索が行えます。

4-2 構文

リストH パターンの継続検索の例

```
case $var in
  one)
    echo '$varがoneの場合'
    ;;& ……………………………………………………以降のパターンも継続検索
  two)
    echo '$varがtwoの場合'
    ;;& ……………………………………………………以降のパターンも継続検索
  *)
    echo 'すべての場合'
    ;;
esac
```


注意事項

inやパターン)の直後に;をつけてはいけない

inやパターン)の直後の改行は単なる区切り文字としての改行であり、リストの終端ではありません。したがって、ここに;を入れると文法エラーになります。とくにcase文全体を1行で書く場合に注意してください(ただしzshの場合は;を入れてもエラーにはなりません)。

○正しい例

```
case `uname` in Linux) echo 'OSはLinuxです';; esac
```

×誤った例

```
case `uname` in; Linux); echo 'OSはLinuxです';; esac
```

*)は最後のパターンとして書く

パターンは、記述された順に比較が行われるため、デフォルトのパターンの*)は、最後のパターンとして記述する必要があります。*)を途中に記述してしまうと、それ以降のパターンには一致しなくなり、期待通り動作しません。

○正しい例

```
case `uname` in Linux) echo 'OSはLinux';; *) echo 'OSはLinux以外';; esac
```

×誤った例

```
case `uname` in *) echo 'OSはLinux以外';; Linux) echo 'OSはLinux';; esac
```

リストやパターンがなくてもよい

case文は、if/for/while文とは異なり、;;があればリストがなくてもかまいません。さらに、最後のパターンについては;;すら省略できます。また、パターン自体が1つもないcase文を記述することも可能です。よって、次の例は動作としてはほとんど意味がありませんが、文法的にはすべて正しいものになります。

```
case string in string);; esac
case string in string) esac
case string in esac
```

Memo

- case文の最後のesacは、caseのスペルを逆にしたものです。
- zshでは、case文のinとesacをそれぞれ{と}に置き換え、「case $i {3) echo 'iの値は3です';; 4) echo 'iの値は4です'}」のように記述することもできます。

参照

if文(p.43)　リスト(p.35)　サブシェル(p.73)

for文

- ○ Linux (bash)
- ○ FreeBSD (sh)
- ○ Solaris (sh)
- ○ BusyBox (sh)
- ○ Debian (dash)
- ○ zsh

変数に、指定の値をそれぞれ代入しながらループする

書式

例

```
for file in memo.txt prog.c figure.png ……シェル変数fileにmemo.txt、prog.c、
                                            figure.pngを順に代入
do ………………………………………………………………… ループの開始
  cp -p "$file" "$file".bak …………… 各ファイル名の末尾に.bakを付けてコピー
done …………………………………………………………… ループの終了
```

図

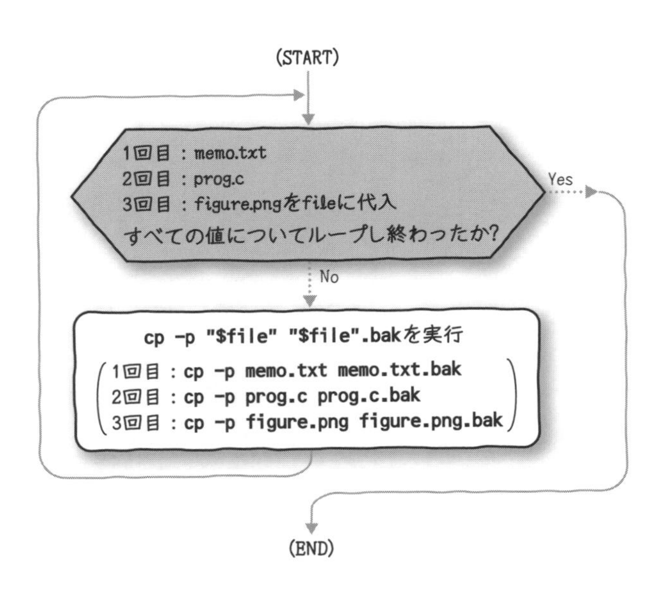

基本事項

for文は、forの直後に[変数名]で指定したシェル変数に、inの直後に羅列した値([値1][値2]…)を順番に代入しながら、それぞれの値ごとにdoとdoneによって囲まれた[リスト]を実行してループする構文です。シェル変数の値は、ループごとに変化しますが、for文を終了しても、最後にシェル変数に代入された値(inの直後で最後に指定した値)が代入されたまま残ります。

inとその直後の値の羅列は省略することもでき、省略するとin "$@"が指定されたのと同じで、すべての位置パラメータの値が順にシェル変数に代入されることになります[注8]。

(for文自体の)終了ステータス

for文全体が1つの複合コマンドを構成しますが、その終了ステータスは、最後のループで実行されたリストの終了ステータスになります。ただし、ループが1回も実行されなかった場合(inの直後に空のシェル変数をダブルクォート(" ")なしで指定した場合など)は、終了ステータスは「0」になります[注9]。

解説

for文は、異なる値の引数を使って同様の処理を繰り返すのに便利です。

例では「memo.txt」「prog.c」「figure.png」といった関連性のないファイル名を値として、ループ中のcpコマンドを実行しています。このように、シェルスクリプトのfor文は、C言語などのfor文とは違って、変数に代入される値に連続値などの規則性がなくても使用できるのが特長です。

パス名展開を使う方法

例ではinの直後に値を直接羅列していますが、代わりに**リストA**のように*などのパス名展開を使うこともできます。カレントディレクトリにあるすべてのファイルについて一定の処理を行うような場合、「for file in *」という記述がよく用いられます。このように記述すると、for文の実行時点で*が実際の複数のファイル名に置き換えられます[注10]。

すべてのファイルを*で指定するのではなく、「*.txt」とか「image[0-9].png」といったパターンの指定ももちろん可能です。

リストA　パス名展開を使ったfor文

```
for file in * ························ カレントディレクトリにあるファイル名に置き換わる
do ···································· ループの開始
  cp -p "$file" "$file".bak ·········· ファイル名の末尾に.bakを付けてコピー
done ·································· ループの終了
```

注8　特殊パラメータ "$@" についてはp.173を参照してください。
注9　for文自体の終了ステータスを実際に使用する場面はあまりありません。
注10　ただし.で始まるファイル名のファイルを除きます。

コマンド置換を使う方法

あらかじめ1行に1ファイルずつファイル名を記述した**リストB**のような「filelist」というファイルを作成しておけば、**リストC**のようにコマンド置換（バッククォート）でファイルリストを読み込み、これらのファイルに対してfor文を実行できます[注11]。

bashまたはzshの場合は「`cat filelist`」の代わりに「`< filelist`」または「$(< filelist)」と記述することもできます。

なお、コマンド置換でファイルリストを読み込む方式では、ファイル名の中に、スペース、タブ、改行といった区切り文字や、*や?などのパス名展開の文字が含まれていると正常に動作しません[注12]。かといって、ダブルクォートを使って「"`cat filelist`"」とすることも、この場合はできません[注13]。

シェルスクリプトの引数で指定する方法

変数に代入する値をfor文に直接記述せずに、そのシェルスクリプトの引数（位置パラメータ）を使って値を指定することもできます。そのためには、**リストD**のように値として"$@"を指定します。あるいはin "$@"を省略して、単にfor fileと書いてもかまいません[注14]。

この内容を記述した「backup_file」というシェルスクリプトがカレントディレクトリにある場合、次の❶や❷のようにシェルスクリプトの引数を指定して実行できます。

```
❶ $ ./backup_file memo.txt prog.c figure.png
❷ $ ./backup_file *.txt *.png
```

リストB filelist

```
memo.txt ………………………1行に1ファイル名ずつ記述したリスト
prog.c
figure.png
    ⋮
```

リストC コマンド置換を使ったfor文

```
for file in `cat filelist` ………filelistをcatコマンドのコマンド置換で読み込む
do ………………………………ループの開始
  cp -p "$file" "$file".bak ………ファイル名の末尾に.bakを付けてコピー
done ……………………………ループの終了
```

リストD シェルスクリプトの引数の分だけループ

```
for file in "$@" ………………すべての引数についてループする
do ………………………………ループの開始
  cp -p "$file" "$file".bak ………ファイル名の末尾に.bakを付けてコピー
done ……………………………ループの終了
```

注11 コマンド置換については9.3節を参照してください。

注12 パス名展開については10.2節を参照してください。

注13 ダブルクォートでは「filelist」の内容の文字列全体が、途中の改行なども含めて1つのファイル名とみなされてしまうためです。

注14 詳しくは「すべての引数についてループする」（p.299）を参照してください。

for文の中にほかの構文を記述

doとdoneの間のリストの中に、別の構文(for／while／if／case文)を記述することももちろんできます。**リストE**の例では、for文の中にcase文を記述し、ファイル名がすでに「*.bak」の形をしていれば、これ以上「*.bak.bak」というファイルにコピーされないようにしています。

continueを使う方法

for文の中で組み込みコマンドのcontinueを実行すると、その回のループの残りの部分を実行せずに、次の回のループに進みます。これを利用して、先述のリストEを**リストF**のように記述することもできます。

なお、ループ中でbreakを実行した場合は、その時点でfor文が終了します。

一定回数ループとfor文のネスティング

for文を使って一定回数ループするには、**リストG**のように、必要な回数分だけ適当な値を並べるようにします。一見、原始的な方法に見えますが、ループ中で値をインクリメントしたりする必要がないため、while文などを使った一定回数ループよりも簡便です。

さらに、**リストH**のようにfor文をネスティングしてループ回数を増やすこともできます。

なお、bashまたはzshでは、算術式のfor文を使って一定回数のループを記述することもできます。

リストE for文の中にcase文を記述

```
for file in * ……………………………カレントディレクトリにあるファイル名に置き換わる
do ………………………………………………ループの開始
  case $file in ……………………………ファイル名をcase文で条件判断
    *.bak) ………………………………………すでに.bakが付いているファイル名の場合
      ;; …………………………………………何もしないでリストの終了
    *) ……………………………………………それ以外のファイル名の場合
      cp -p "$file" "$file".bak ……ファイル名の末尾に.bakを付けてコピー
      ;; …………………………………………リストの終了
  esac ……………………………………………case文の終了
done ……………………………………………ループの終了
```

リストF continueで次回のループに進む

```
for file in * ……………………………カレントディレクトリにあるファイル名に置き換わる
do ………………………………………………ループの開始
  case $file in ……………………………ファイル名をcase文で条件判断
    *.bak) ………………………………………すでに.bakが付いているファイル名の場合
      continue ………………………………これ以上何もしないで次のループに進む
      ;; …………………………………………何もしないでリストの終了
  esac ……………………………………………case文の終了
  cp -p "$file" "$file".bak ………ファイル名の末尾に.bakを付けてコピー
done ……………………………………………ループの終了
```

リストG **for文を使った10回ループ**

```
for i in 0 1 2 3 4 5 6 7 8 9 ……………………適当な値を10個並べる
do ……………………………………………………………ループの開始
  echo "$i" ……………………………………………試しに"$i"の値を表示
done ……………………………………………………………ループの終了
```

リストH **for文を使った100回ループ**

```
for j in '' 1 2 3 4 5 6 7 8 9 ……………………10の位の値を10個並べる
do ……………………………………………………………ループの開始
  for i in 0 1 2 3 4 5 6 7 8 9 ……………………1の位の値を10個並べる
  do ……………………………………………………………ループの開始
    echo "$j$i" ………………………………………10の位と1の位の値を合わせて表示
  done ……………………………………………………………ループの終了
done ……………………………………………………………ループの終了
```


注意事項

for〜doを1行に書く場合はdoの前に;が必要

for〜doを1行に書く場合は、最後の値の後ろに;を付ける必要があります。;がないと、doという値も変数に代入するべき値の1つであると解釈されて、for文全体が正しく認識されません。

○正しい例

```
for i in 1 2 3; do
  echo "$i"
done
```

×誤った例

```
for i in 1 2 3 do
  echo "$i"
done
```

値として特殊な意味を持つ記号を使う場合はクォートが必要

値として、;、\、( )、その他特殊な意味を持つ記号を使う場合は、シングルクォート(' ')などでクォートする必要があります。

```
for i in 1 2 3 ';' '\' '(' ')'; do
  echo "$i"
done
```

doの直後に;を付けてはいけない

doの直後の改行は単なる区切り文字としての改行であり、リストの終端ではありません。したがって、ここに;を入れると文法エラーになります。とくにfor文全体を1行で書く場合に注意してください(ただしzshではエラーにはなりません)。

○正しい例

```
for i in 1 2 3; do echo "$i"; done
```

×誤った例

```
for i in 1 2 3; do; echo "$i"; done
```

リストがない場合は:が必要

doとdoneの間には、必ずリストを記述する必要があります。何も実行したくない場合(デバッグなどで一時的にコメントアウトする場合も含む)には、リストとして:コマンドを記述するようにします(ただしFreeBSD(sh)またはzshの場合は:がなくてもかまいません)。

```
for i in 1 2 3
do
  :
done
```


Memo

- doとdoneを、それぞれ{と}に置き換え、C言語風に記述することもできます。これはSolaris(sh)を含む従来のシェルで使えていた記述法ですが、BusyBox(sh)とdashでは使えなくなっています。
- for文は、csh系でのforeach文に相当します。
- bashまたはzshでは、数値を使ったループには算術式のfor文が使えます。
- zshでは、inの代わりに値を( )で囲み、「`for i (1 2) {echo $i}`」のように記述することもできます。さらに、forの代わりにforeachを使って、「`foreach i (1 2) {echo $i}`」または「`foreach i (1 2) echo $i; end`」と記述することもできます。
- zshでは、複数の変数を使って「`for i j (1 one 2 two) {echo $i $j}`」のように記述することもできます。

参照

特殊パラメータ"$@"(p.173)　case文(p.49)　continue(p.96)　break(p.95)
while文(p.64)　算術式のfor文(p.62)　:コマンド(p.89)

算術式のfor文

- ○ Linux (bash)
- × FreeBSD (sh)
- × Solaris (sh)
- × BusyBox (sh)
- × Debian (dash)
- ○ zsh

ループ変数を使い算術式を評価しながらループを繰り返す

書式

for ((算術式1; 算術式2; 算術式3)) do リスト; done
for ((算術式1; 算術式2; 算術式3)) { リスト;}

リストの右端がすでに改行などで終端されている場合、その右の ; は不要

例 1から100までの整数の和を求める例

```
sum=0 ……………………………………………合計値のシェル変数sumを0に初期化
for ((i = 1; i <= 100; i++)) { ……シェル変数iを使って1から100までループする
  ((sum += i)) …………………………sumの値にiの値を加える
} ……………………………………………………ループの終了
echo "$sum" ………………………………最後にsumの値を表示
```

図

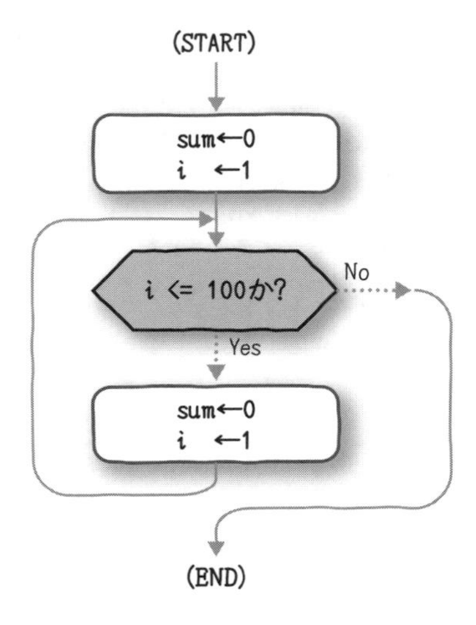

基本事項

算術式のfor文では、最初に[算術式1]が評価され、次に[算術式2]を評価し、この値が**真**であるかぎり繰り返しループを実行します。各ループでは、まずdo～done(または{～})の間の[リスト]を実行し、ループの終わりに[算術式3]を評価します。3つの[算術式]は任意に省略することができ、省略すると評価結果は常に真になります。

(算術式のfor文自体の)終了ステータス

算術式のfor文全体が1つの複合コマンドを構成しますが、その終了ステータスは、最後のループで実行されたdoとdoneの間のリストの終了ステータスになります(最後に実行された算術式2の終了ステータスではありません)。ただし、ループが1回も実行されなかった場合は、終了ステータスは「0」になります[注15]。

解説

bashまたはzshでは、C言語のfor文と、ほぼ同じ形式の「算術式のfor文」が使えます。forの右側の((; ;))の中では、算術式の評価の(( ))と同じく、シェル変数の参照に$記号は必要なく、代入の=の前後にはスペースを入れることができます。また、演算には++(インクリメント)や+=(代入演算子)などのC言語風の演算子も使えます。

さらに、ループ部分のdoとdoneの代わりに{ }を使えば、記述スタイルがC言語とかなり近くなります。ただし、算術式のfor文を使うとbashまたはzsh専用のシェルスクリプトになってしまうため、一般的にはwhile文を使って記述したほうがよいでしょう。

なお、冒頭の例でのシェル変数sumの初期化を算術式のfor文の中に記述し、さらに最後のsumの値の表示を算術式展開を使って行うと**リストA**のようになります。

リストA　シェル変数sumの初期化と結果表示も算術式(算術式展開)を利用した例

```
for ((sum = 0, i = 1; i <= 100; i++)) { ····シェル変数sumの初期化も算術式のfor文に記述
  ((sum += i)) ·······························sumの値にiの値を加える
} ············································ループの終了
echo $((sum)) ································最後のsumの値の表示には算術式展開を利用
```

参照

算術式の評価(( ))(p.82)　　算術式展開$(( ))(p.242)　　while文(p.64)

注15　算術式のfor文自体の終了ステータスを実際に使用する場面はあまりありません。

while（until）文

Linux (bash)
FreeBSD (sh)
Solaris (sh)
BusyBox (sh)
Debian (dash)
zsh

条件が真であるかぎり（偽になるまで）ループを繰り返すにはwhile文を使う

書式

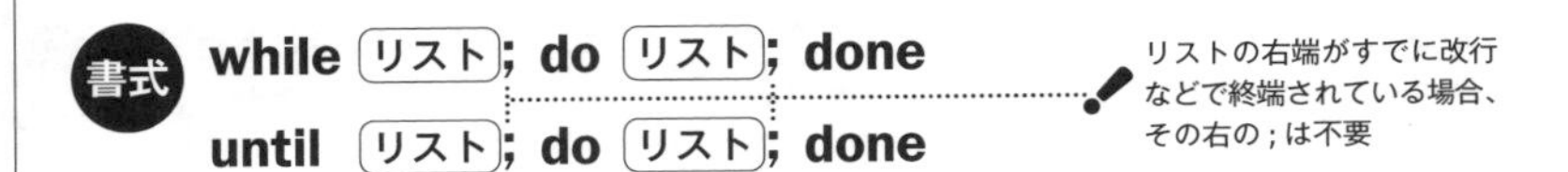

while リスト; do リスト; done
until リスト; do リスト; done
リストの右端がすでに改行などで終端されている場合、その右の ; は不要

例

1から100までの整数の和を求める例

```
sum=0 ······························合計値のシェル変数sumを0に初期化
i=1 ································ループに用いるシェル変数iを1に初期化
while [ "$i" -le 100 ] ·············"$i"の値が100以下であるかぎりループ
do ·································ループの開始
  sum=`expr "$sum" + "$i"` ·········sumの値にiの値を加える
  i=`expr "$i" + 1` ················iの値に1を加える
done ·······························ループの終了
echo "$sum" ························最後にsumの値を表示
```

図

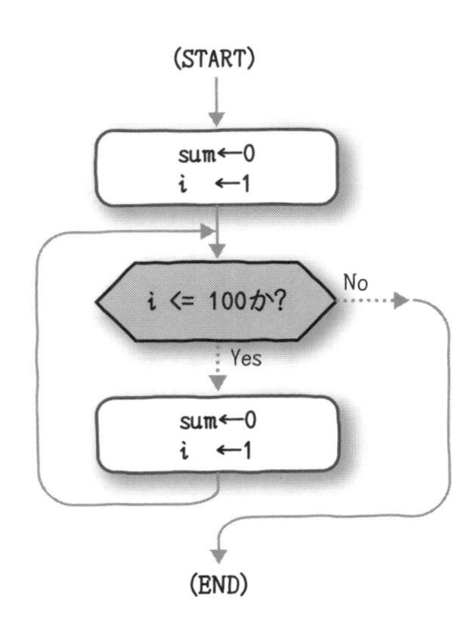

4
2
構文

基本事項

while文は、リストの実行結果が**真**であるかぎり、ループ中のリストを繰り返し実行する構文です。

まずwhileの直後のリストが実行され、その結果が真(終了ステータスが「0」)である場合には次のdoとdoneの間のリストが実行されます。その後、再びwhileの直後のリストが実行され、その結果が真であれば再びdoとdoneの間のリストが実行されるという動作が繰り返されます。

whileの直後のリストが偽になれば、while文は終了します。

until文は、while文とは真偽が逆で、untilの直後のリストが**偽**(終了ステータスが「0」以外)である間、doとdoneの間のリストが繰り返し実行されます注16。

(while文自体の)終了ステータス

while文全体が1つの複合コマンドを構成しますが、その終了ステータスは、最後のループで実行されたdoとdoneの間のリストの終了ステータスになります(最後に実行されたwhileの直後のリストの終了ステータスではありません)。ただし、ループが1回も実行されなかった場合は、終了ステータスは「0」になります注17。

解説

whileの直後のリストには、if文の場合と同じく、`test`コマンドの`[`が記述されることが多いでしょう。`test`コマンドを使ってシェル変数の値の比較を行うことにより、さまざまなループの終了条件を設定できます。

例では、シェル変数`i`の値をまず「1」に初期化してからwhile文を実行し、while文では`test`コマンドによって`"$i"`の値が「100」以下である間、ループを実行するようになっています。ループ中では、`sum`に`i`の値を`expr`コマンドで加算しているほか、`i`の値自体も`expr`でインクリメント(+1)しています。

このように、while文のループ本体には、ループに使用しているシェル変数の値を更新するための`expr`コマンドがよく使用されます。そのほかには、シェルの位置パラメータをシフトするための`shift`コマンドが使用される場合もあります。

一定回数ループする方法

while文を使って一定回数ループするには、**リストA**のように、適当なシェル変数を、所定のループ回数に達するまでインクリメントしながらループすることによって行います。

シェル変数のインクリメントには、一般的には`expr`コマンドを用い、`expr`の出力をコマンド置換で取り込んで、新たにシェル変数に代入するようにします注18。

ただし、bashまたはzshの場合は、``i=`expr "$i" + 1` ``の代わりに`((i++))`と、算術式の評価を使って記述することもできます。さらに、Solaris(sh)以外のシェルでは、`i=$((i+1))`と、算術式展開を使って記述することもできます。

注16 until文は、while文とは真偽が逆になっていることを除き、while文と同じ動作です。until文は実際にはあまり使用されません。

注17 while文自体の終了ステータスを実際に使用する場面はあまりありません。

注18 コマンド置換については9.3節を参照してください。

シェルスクリプトの引数についてループする方法

シェルスクリプトの引数(位置パラメータ)で指定されたファイルすべてについて、そのファイル名に「.bak」を付加したバックアップファイルにコピーするには**リストB**のようにします。なお、同様の処理をfor文を使って行うこともできます[注19]。

ここでは、シェルスクリプトの引数の個数が入っている特殊パラメータ$#の値が「0」になるまでループを繰り返しています。ループ中では、"$1"を使ってファイル名を参照したあと、次のループのためにshiftコマンドで引数をずらします。$#の値は、shiftのたびにデクリメント(-1)されることに注意してください。

リストBの内容を記述した「backup_file」というシェルスクリプトがカレントディレクトリにある場合、次のようにシェルスクリプトの引数を指定して実行できます。

```
$ ./backup_file *.txt *.png
```


while文の中にほかの構文を記述

doとdoneの間のリストの中に、別の構文(for／while／if／case文)を記述することももちろんできます。**リストC**は、while文の中にcase文を記述し、シェルスクリプトの引数として、バックアップファイルのサフィックス(デフォルトは.bak)を変更できる-sオプションと、コピー先のディレクトリ(デフォルトは.)を変更できる-dオプションに対応した例です。これらのオプション以外の引数はファイル名とみなし、breakによって1番目のwhile文を抜けたあと、2番目のwhile文によってファイルのコピーが行われます。

リストCの内容を記述した「backup_file」というシェルスクリプトがカレントディレクトリにある場合、次のように実行できます。

```
$ ./backup_file -s .orig -d /tmp *.txt
```

リストA while文を使った10回ループ

```
i=1 ·························································シェル変数iを1に初期化
while [ "$i" -le 10 ]; do ·································"$i"が10以下である間、ループする
  echo "$i" ·················································"$i"の値を表示
  i=`expr "$i" + 1` ·········································iをインクリメント（+1）する
done ························································ループの終了
```

リストB シェルスクリプトの引数の分だけループ

```
while [ $# -gt 0 ] ··········································残りの引数があるかぎりループ
do ··························································ループの開始
  cp -p "$1" "$1".bak ·······································ファイル名の末尾に.bakを付けてコピー
  shift ·····················································引数をシフトする
done ························································ループの終了
```

注19 詳しくは「すべての引数についてループする」(p.299)を参照してください。

無限ループにする方法

whileの直後のリストに:コマンドを記述すると、:は常に真の値を返すため、whileのループが終了しない、無限ループになります。

リストDでは、無限ループ中でechoコマンドを実行し、「y」という文字を無限に出力しています。これは、yesコマンドの動作に相当します。このwhile文はそのままでは終了しませんので、終了するには割り込みキー(通常はCtrl+Cに設定されている)を押します。

なお、:コマンドの代わりにtrueコマンドを使用して、while trueと記述しても同じです。ただし、シェルによってはtrueコマンドが外部コマンドとして実装されている場合があるため、組み込みコマンドの:を使用したほうが効率がよいでしょう。

リストC while文の中にcase文を記述

```
suffix=.bak ·································デフォルトのサフィックスを.bakに設定
dir=. ·······································デフォルトのコピー先ディレクトリを.に設定

while [ $# -gt 0 ] ··························残りの引数（オプション）があるかぎりループ
do ··········································ループの開始
  case $1 in ································引数の内容によって分岐
    -s) ·····································-sオプションが指定された場合
      suffix="$2" ···························-sの次の引数をサフィックスにする
      shift ·································引数をシフト
      ;;
    -d) ·····································-dオプションが指定された場合
      dir="$2" ······························-dの次の引数をコピー先ディレクトリにする
      shift ·································引数をシフト
      ;;
    *) ······································オプション以外の引数の場合
      break ·································while文を中断する
      ;;
  esac ······································case文の終了
  shift ·····································引数をシフト
done ········································ループの終了

while [ $# -gt 0 ] ··························残りの引数（ファイル名）があるかぎりループ
do ··········································ループの開始
  cp -p "$1" "$dir"/"$1""$suffix" ···········対称ファイルを所定のファイル名でコピー
  shift ·····································引数をシフト
done ········································ループの終了
```

リストD while文を使った無限ループ

```
while : ·····································無限ループにする書き方
do ··········································ループの開始
  echo y ····································yを出力する
done ········································ループの終了
```

4
2
構文

注意事項

whileと[の間にはスペースが必要

whileと[の間にはスペースまたは改行などの区切り文字が必要です。「while[」のようにスペースを入れないで書くと、「while[」という名前のコマンドを実行するものとみなされ、コマンドが見つからないというエラーになります。

while〜doを1行に書く場合はdoの前に;が必要

while〜doを1行に書く場合は、testコマンドなどの最後に;を付けてリストを終端する必要があります。;がないと、doという文字列がtestコマンドの最後の引数であると解釈されて、while文全体が正しく認識されません。

○正しい例

```
while [ "$i" -le 10 ]; do
  echo "$i"
  i=`expr "$i" + 1`
done
```

×誤った例

```
while [ "$i" -le 10 ] do
  echo "$i"
  i=`expr "$i" + 1`
done
```

doの直後に;を付けてはいけない

doの直後の改行は単なる区切り文字としての改行であり、リストの終端ではありません。したがって、ここに;を入れると文法エラーになります。とくにwhile文全体を1行で書く場合に注意してください。

ただしzshの場合は;を付けてもエラーになりません。

○正しい例

```
while [ "$i" -le 10 ]; do echo "$i"; i=`expr "$i" + 1`; done
```

×誤った例

```
while [ "$i" -le 10 ]; do; echo "$i"; i=`expr "$i" + 1`; done
```

リストがない場合は:が必要

doとdoneの間には、必ずリストを記述する必要があります。while文の場合、ループ中でshiftやexprなど、ループを進めるために必要なコマンドが記述されることが多いですが、何も実行したくない場合には:コマンドを記述するようにします(ただしFreeBSD(sh)またはzshの場合は:がなくてもかまいません)。

```
while read line
do
  : ······························ :コマンド
done
```

Memo

- bashまたはzshでは、testコマンドの[ ]を使う代わりに、[[ ]]を使った条件式の評価や、(( ))を使った算術式の評価を用いることもできます。
- bashまたはzshでは、数値を使ったループには算術式のfor文を使うことができます。
- zshでは、while文の条件判断に[[ ]]または(( ))または サブシェルの( )などのように終端が明確なコマンドを使う場合、doとdoneをそれぞれ{と}に置き換えて「while [["$i" -le 5]] {echo $i; ((i++))}」または「while ((i<=5)) {echo $i; ((i++))}」と記述することができます。 zshの文法により、{の直後のスペースも、}の直前の;も省略できます。
- zshでは、単純な繰返しループにはrepeat文を使って、「repeat 5 echo $((i++))」のように記述することもできます。

参照

expr(p.273)
特殊パラメータ$#(p.177)
break(p.95)
算術式展開$(( ))(p.242)
算術式の評価(( ))(p.82)
shift(p.125)
:コマンド(p.89)
for文(p.56)
case文(p.49)
true(p.155)

select文

- ○ Linux (bash)
- × FreeBSD (sh)
- × Solaris (sh)
- × BusyBox (sh)
- × Debian (dash)
- ○ zsh

選択メニューを表示し ユーザ入力を受け付ける

書式 select 変数名 [in 文字列1 [文字列2...]]; do リスト; done

- リストの右端がすでに改行などで終端されている場合、その右の ; は不要
- in 文字列1[文字列2…] が省略された場合はin "$@"と同じ
- 最後の文字列の右端で改行されている場合、その右の ; は不要

例 ユーザの入力を受け付け、何らかのメッセージを表示する例(select_test)

```
PS3='コマンド? ' ……………………………………プロンプトの文字列を設定
select cmd in up down left right look quit …選択肢の文字列を並べてselect文の開始
do ……………………………………………………………selectループの開始
  case $cmd in ……………………………………case文を使って選択肢によって分岐
    up) ……………………………………………………upが選択された場合
      echo '上に移動しました';; …………………対応するメッセージを表示
    down) …………………………………………………downが選択された場合
      echo '下に移動しました';; …………………対応するメッセージを表示
    left) …………………………………………………leftが選択された場合
      echo '左に移動しました';; …………………対応するメッセージを表示
    right) ………………………………………………rightが選択された場合
      echo '右に移動しました';; …………………対応するメッセージを表示
    look) …………………………………………………lookが選択された場合
      echo 'アイテムが落ちています';; …………対応するメッセージを表示
    quit) …………………………………………………quitが選択された場合
      echo '終了します' ……………………………終了メッセージを表示
      break;; ………………………………………………select文を終了
    *) ………………………………………………………それ以外の入力だった場合
      echo "$REPLY"'というコマンドはありません';;
              ……………………入力文字列を含めてエラーメッセージを表示
  esac ……………………………………………………case文の終了
  echo ……………………………………………………1行改行
done ………………………………………………………selectループの終了
```

基本事項

select文は、inの後の各文字列(文字列1 文字列2…)に通し番号を付けたメニューと、シェル変数**PS3**の値を内容とするプロンプトを標準エラー出力に出力します。このあと標準入力から番号を入力すると、その番号に対応する文字列を変数名で指定したシェル変数に代入し、do〜doneの間のリストを実行します。ここで、番号に対応する文字列が存在しない場合や、番号以外の文字が入力された場合は、指定のシェル変数には空文字列が代入されます。いずれの場合も、読み込んだ入力そのものはシェル変数**REPLY**に代入されます。リストの実行が終わると再びメニューとプロンプトの表示に戻ります。

select文は、リスト中で`break`コマンドが実行されるか、または標準入力がEOF(*End Of File*)になると終了します[注20]。

なお、inとその後の文字列を省略した場合は`in "$@"`を指定したのと同じようになります。

(select文自体の)終了ステータス

select文全体が1つの複合コマンドを構成し、その終了ステータスは、最後に実行されたリストの終了ステータスになります。ただし、リストが一度も実行されなかった場合は終了ステータスは「0」になります[注21]。

解説

画面に選択肢のメニューを表示し、ユーザにその選択肢の番号を入力させて、入力内容に応じて処理を行うには**select文**が便利です。select文で指定した**シェル変数**には、番号ではなく、その番号に対応する選択肢の**文字列**が代入されるため、これをcase文などを使って場合分けして目的の処理を行えばいいでしょう。また、ユーザの入力そのものがシェル変数**REPLY**に代入されるため、これを使って判断を行うこともできます。

ただ、select文がbashまたはzshでしか使えないことと、select文のメニューの出し方が仕様によって固定化されていることなどから、一般的にはwhile文と`read`コマンドを使ってユーザ入力を読み込んだほうがよいでしょう。

select文の実行例

冒頭の例を「select_test」というファイルに保存し、それを実行している例を**図A**に示します。ここでは単にメッセージが表示されるだけですが、ユーザの番号入力に反応してselect文が動作している様子がわかります。

注20 標準入力がキーボードの場合、通常はCtrl+Dを入力すると標準入力がEOFになります。

注21 select文自体の終了ステータスを実際に使用する場面はあまりありません。

図A select文の実行例

```
$ ./select_test ………………………… select文が記述されたシェルスクリプトを実行
1) up ……………………………………… 選択メニューが表示される
2) down
3) left
4) right
5) look
6) quit
コマンド? 3 ………………………… プロンプトに対して3を入力
左に移動しました ………………… メッセージが表示される

コマンド? ……………………………… プロンプトが表示されたところに改行を入力
1) up ……………………………………… 再び選択メニューが表示される
2) down
3) left
4) right
5) look
6) quit
コマンド? 5 ………………………… 次はプロンプトに対して5を入力
アイテムが落ちています ………… 別のメッセージが表示される

コマンド? ……………………………… プロンプトが表示されたところに改行を入力
1) up ……………………………………… 再び選択メニューが表示される
2) down
3) left
4) right
5) look
6) quit
コマンド? 6 ………………………… quitのため6を入力
終了します ……………………………… 終了メッセージが表示され、シェルスクリプトが終了する
```

Memo

- doとdoneを、それぞれ{と}で記述することもできます。
- bash 2.05a以前のバージョンでは、2回目以降の選択入力時に改行を入力しなくてもメニューが表示されます。

参照

read(p.113)

サブシェル

Linux (bash)
FreeBSD (sh)
Solaris (sh)
BusyBox (sh)
Debian (dash)
zsh

リストをまとめて別のシェルで実行する

書式 (リスト)

リストの右端は、改行や ; で終端されていなくてもよい

例

```
(  ……………………………………………サブシェルの開始
  cd /some/dir  ……………………………/some/dirに移動
  cp -p "$file" backup-"$file"  ……ファイル名の頭にbackup-を付けてコピー
)  ……………………………………………サブシェルの終了
```

基本事項

サブシェルの記述を使うと、リストがサブシェル上で実行されます。文法的には、サブシェルの( )全体が1つの複合コマンドとなります。

終了ステータス

リストの終了ステータスが、そのままサブシェルの終了ステータスになります。

解説

カレントディレクトリの一時変更や、シェル変数の局所的な使用など、元のシェルの状態には影響を及ぼさずに一定の処理を行いたい場合、その部分のリストを( )で囲んで、リストを**サブシェル**で実行させるようにします。サブシェルは、元のシェルとは別の子プロセスになるため、子プロセス上のカレントディレクトリやシェル変数などが変化しても、元のシェルには影響しません。

サブシェル内では、シェル変数への代入のほか、シェル変数やその他のパラメータの操作に関する、export／read／readonly／set／shift／unsetなどのコマンドの効果がサブシェル内のみになります[注22]。

そのほか、cd／umaskコマンドについても、影響がサブシェル内だけになり、exec／exitコマンドでは元のシェル上での動作とは異なる動作になります。

別シェルで実行されるグループコマンド

サブシェルの( )は、別シェルで実行される点を除いてグループコマンドの{ }と似ており、( )で囲まれた全体が1つの複合コマンドになる点も同じです。したがって、**リストA**のように、サブシェル全体の標準出力をファイルにリダイレクトすることも可能です。

注22 「シェル変数の代入と参照」(p.165)や「位置パラメータ」(p.168)も合わせて参照してください。

リストA サブシェルの標準出力をリダイレクト

```
( ………………………………………………………サブシェルの開始
  cd /some/dir ……………………………………/some/dirに移動
  pwd ………………………………………………カレントディレクトリを表示
  ls -l ……………………………………………ファイルのリストを表示
) > logfile ………………………………………サブシェルの標準出力をlogfileにリダイレクト
```

注意事項

グループコマンドの文法とは一部異なる

サブシェルの( )の文法はグループコマンドの{ }とは異なり、(の右側にスペースなどの区切り文字は必要なく、また、リストが;や改行で終端されていなくても)を閉じることができます。サブシェルおよびグループコマンドを、必要以外のスペースを取り除いて1行で記述すると次のようになります。

●サブシェルの場合

```
(echo Hello)
```

●グループコマンドの場合

```
{ echo Hello;}
```

Memo

●シェル関数の定義での関数本体をサブシェルの( )で記述することにより、**ローカル変数**を実現することができます。シェル関数の項(p.77)も参照してください。

参照

リスト(p.35) 複合コマンド(p.30) export(p.107) read(p.113)
readonly(p.117) set(p.122) shift(p.125) unset(p.134)
cd(p.97) umask(p.131) exec(p.102) exit(p.105)
グループコマンド(p.75)

グループコマンド

Linux (bash)
FreeBSD (sh)
Solaris (sh)
BusyBox (sh)
Debian (dash)
zsh

リストを1つのコマンドとしてまとめる

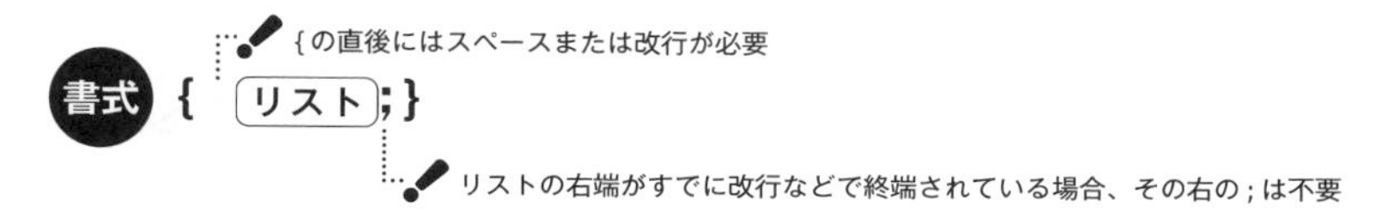
書式
{ リスト ;}
{の直後にはスペースまたは改行が必要
リストの右端がすでに改行などで終端されている場合、その右の ; は不要

例

```
{ ································グループコマンドの開始
  uname -a ·······················OS名やホスト名などの情報を表示
  date ···························現在の日時を表示
  who ····························ログイン中のユーザを表示
} > logfile ······················以上すべての標準出力をlogfileにリダイレクト
```

基本事項

グループコマンドを記述すると、リストが現在のシェルでそのまま実行されます。文法的には、グループコマンド全体が1つの複合コマンドとなります。

終了ステータス

リストの終了ステータスが、そのままグループコマンドの終了ステータスになります。

解説

複数のコマンド(パイプライン)を改行や ; などでつなげばリストになり、リストはそのままif文／for文などの構文の要素になれます。しかし、冒頭の例のように、リスト全体をまとめてファイルにリダイレクトしたり、パイプに通したりしたい場合、リスト全体をいったん1つのコマンドとしてまとめる必要があります。そこで使用するのが**グループコマンド**の{ }です。

リストは、そのままではあくまでリストですが、これをグループコマンドの{ }で囲むことにより、全体が1つの複合コマンドになります。シェルスクリプト上でコマンドとして記述できる個所には、単純コマンドなどの代わりにグループコマンドを記述することが可能です。

グループコマンドがないと……

仮に冒頭の例をグループコマンドを使わずに記述すると、**リストA**のようになります。このように、まず1つ目のuname -aコマンドの出力を>で「logfile」にリダイレクトし、2つ目のdateコマンド以降は>>でアペンドモードで同じ「logfile」にリダイレクトすることになります。この方法でも悪くはありませんが、同じ「logfile」を何度も指定しなければならない点が不便です[注23]。

そこで**リストB**のようにグループコマンドを使えば記述が簡潔になります。なお、リストBではグループコマンドを1行で記述しています。

リストA グループコマンドを使わずに記述した例

```
uname -a  > logfile ……………uname -aの出力をlogfileにリダイレクト
date     >> logfile ……………dateの出力をlogfileにアペンドモードでリダイレクト
who      >> logfile ……………whoの出力をlogfileにアペンドモードでリダイレクト
```

リストB グループコマンドを1行で記述

```
{ uname -a; date; who; } > logfile ………3つのコマンドをまとめてlogfileにリダイレクト
```

注意事項

{の直後にはスペースまたは改行が必要

サブシェルの( )の場合とは異なり、{の直後には、区切り文字としてのスペースまたは改行が必要です。次の誤った例のように{の直後にスペースを入れなかった場合、「{echo」という名前のコマンドを実行するものとみなされ、エラーになります。

ただし、zshの場合は{の直後のスペースを省略でき、さらに}の直前の;も省略できるため、「{echo Hello}」のように記述することもできます。

○正しい例

```
{ echo Hello;}
```

×誤った例

```
{echo Hello;}
```

変数の操作はすべて影響する

サブシェルの場合と異なり、{ }の中で変数に値を代入したり、exportしたり、unsetしたりといった操作を行った場合、それらは{ }を抜けてもすべて影響を及ぼしたままになります。これが不都合な場合は、グループコマンドではなくサブシェルを使う必要があります。

Memo

● グループコマンドは、シェル関数の定義での関数本体の記述に利用されます。シェル関数の項(p.77)も参照してください。

参照

リスト(p.35)　複合コマンド(p.30)　サブシェル(p.73)

注23 標準出力のリダイレクト>の項(p.255)や標準出力のアペンドモードでのリダイレクト>>の項(p.257)を参照してください。

シェル関数

Linux (bash) / FreeBSD (sh) / Solaris (sh) / BusyBox (sh) / Debian (dash) / zsh

一定の処理を関数としてまとめる

書式
定義　関数名() {　リスト;}
実行　関数名 [引数 ...]
リストの右端がすでに改行などで終端されている場合、その右の ; は不要

例

```
func() ……………………………………シェル関数funcの定義開始
{
  echo 'シェル関数が実行されました' ……………試しにメッセージを出力
} ……………………………………………シェル関数funcの定義終了

func ……………………………………………シェル関数funcを実行する
```

基本事項

冒頭の書式のようにシェル関数を**定義**すると、以降、関数名で指定した、そのシェル関数名を「コマンド名」として使用することができるようになります。冒頭の書式のようにシェル関数を**実行**すると定義されたリストが実行されます。

シェル関数の実行には引数を付けることができ、シェル関数内の位置パラメータは、一時的にシェル関数の引数で置き換えられます。これにともない、特殊パラメータ "$@"、$*、$# も変化します。シェル関数内の位置パラメータと特殊パラメータ "$@"、$*、$#は、シェル関数内でのみ有効です。

なお、zshではシェル関数実行時に$0にシェル関数名がセットされます。

終了ステータス

シェル関数の終了ステータスは、シェル関数内で最後に実行されたリスト(returnコマンドの場合を含む)の終了ステータスになります。シェル関数の定義の終了ステータスは、文法エラーがないかぎり「0」になります。

解説

シェル関数を使えば、一定の処理を**サブルーチン**としてまとめておくことができます。シェル関数には引数を渡せるため、シェル関数の呼び出しは、外部コマンドや組み込みコマンドの実行とほとんど同じ感覚で行えます。

また、シェルスクリプト内だけでなく、コマンドライン上でよく実行するコマンドやオプションの組み合わせをシェル関数として定義しておけば、シェル関数をaliasコマンドの感覚で使うことができます。

なお、いったん定義されたシェル変数は、unsetコマンドによって削除できます。

シェル関数の使用例

シェル関数を使って、ls -lを実行するll（エルエル）を定義している例を**リストA**に示します。シェル関数内では、引数のすべてを"$@"で受け取ってlsコマンドに渡しています。このように定義すれば、以降、単に「ll」または「ll ディレクトリ名」というコマンドを実行すると、それぞれ「ls -l」「ls -l ディレクトリ名」というコマンドが実行されることになります。

リストAが記述されたファイルをコマンドラインのシェル上に反映するには、.コマンドでファイルを読み込む必要があります。

なお、リストAにおいてシェル関数名自体をlsとすると、シェル関数内から自分自身の関数が呼び出されてしまい、再帰呼び出しが無限に発生してシェル関数が終了しなくなるため、注意してください。ただし、シェル関数の再帰呼び出し自体は可能です（詳しくは後述）。

再帰呼び出し

シェル関数内で、自分自身の関数を呼び出す**再帰呼び出し**を行うことは可能です。**リストB**は、再帰呼び出しによって階乗を求める例です。ここでは、「n」の階乗(n!)を求めるために、まず(n-1)!を再帰呼び出しによって求め、その値に「n」をかけて答を出しています。

このシェルスクリプトを「factorial」という名前でカレントディレクトリに保存すれば、**図A**のように階乗を求めることができます。ただし、あまり大きい値を指定するとexprがオーバーフローを起こすため、計算結果が正しくなくなります。

リストA ls -lを実行するシェル関数llを定義

```
ll() ………………………………………… シェル関数llの定義開始
{
  ls -l "$@" ……………………………… シェル関数の引数をそのまま引き継いでls -lを実行
} ……………………………………………… シェル関数llの定義終了
```

リストB 再帰呼び出しを使って階乗を求めるシェルスクリプト

```
#!/bin/sh

factorial() ………………………………… シェル関数factorialの定義開始
{
  if [ "$1" -le 1 ]; then ………… もし引数が1以下の数値なら
    echo 1 ……………………………………… 答として1を出力
    return ……………………………………… シェル関数からリターンする
  fi ……………………………………………… if文の終了
  n=`expr "$1" - 1` ……………………… 引数から1を引く
  n=`factorial "$n"` ………………… （引数-1）を引数としてfactorialを再帰呼び出し
  expr "$n" \* "$1" ……………………… その結果に元の引数をかけて答を出力
} ……………………………………………… シェル関数factorialの定義終了

factorial "$1" ……………………………… シェル関数factorialを実行する
```

図A　factorialを実行して階乗を求める

```
$ ./factorial 1 ………………………………1の階乗は
1 ……………………………………………………たしかに1
$ ./factorial 2 ………………………………2の階乗は
2 ……………………………………………………たしかに2
$ ./factorial 3 ………………………………3の階乗は
6 ……………………………………………………たしかに6
$ ./factorial 10 ……………………………10の階乗は
3628800 ……………………………………………たしかに3628800
```

シェル関数内の変数について

C言語とは異なり、シェル関数内の変数は**グローバル変数**のように扱われます。たとえば、シェル関数内で変数に値を代入すると、シェル関数からリターンした後も、その変数には値が代入されたままになります。ただし、位置パラメータについてはシェル関数内のみ有効となり、位置パラメータをsetやshiftコマンドなどで操作しても、シェル関数からリターンすると、シェル関数の呼び出し前の位置パラメータの状態に戻ります。

前述のリストBの再帰呼び出しの例では、使用しているシェル変数nの値が再帰呼び出しによって変化してもかまわない使い方だったため、問題が発生していなかったことに注意してください。

シェル関数内部で、シェル関数の呼び出し元からは独立した変数、つまり**ローカル変数**を使用したい場合は、**リストC**のようにシェル関数の本体を、{ }の代わりにサブシェルの( )を使って記述します。bashでは、シェル関数の本体には{ }や( )だけでなく、if文やwhile文などのシェル関数を除く複合コマンドを直接1つだけ記述することができます。bash以外のシェルでは、1個の単純コマンドや1個のシェル関数も、シェル関数の本体として直接記述することができます。

リストC　サブシェルを使ったローカル変数の実現

```
func() ………………………………………………シェル関数funcの定義開始
( …………………………………………………………サブシェルの開始
  i=3 ………………………………………………ローカル変数扱いのシェル変数iに値を代入
  echo "iの値は$iです" ……………………試しにiの値を表示
) …………………………………………………………サブシェルの終了とともにシェル関数funcの定義終了
```

localコマンドを使ったローカル変数の実現

○ Linux (bash)	○ FreeBSD (sh)
× Solaris (sh)	○ BusyBox (sh)
○ Debian (dash)	○ zsh

Solaris(sh)以外のシェルにはlocalという組み込みコマンドがあり、localという組み込みコマンドがあり、**リストD**のようにlocalコマンドで**ローカル変数**を宣言して使うこともできます。

リストD　localコマンドを使ったローカル変数の実現

```
func() ………………………………………………シェル関数funcの定義開始
{
  local i ……………………………………………シェル変数iをローカル変数として宣言する
  i=3 …………………………………………………ローカル変数扱いのシェル変数iに値を代入
  echo "iの値は$iです" ……………………試しにiの値を表示
} …………………………………………………………シェル関数funcの定義終了
```

functionをシェル関数の頭に付けて定義

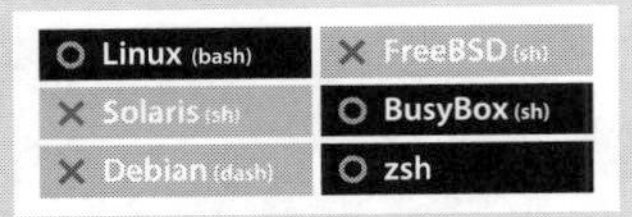

bash、BusyBox(sh)またはzshでは**リストE**のように、シェル関数の定義で「function」というキーワードを頭に付けられます。functionを付けた場合は関数名の直後の()を省略し、単に「function func」と記述することもできます。

リストE functionを使った例

```
function func() ……シェル関数funcの定義開始
{
  echo 'シェル関数が実行されました' ……試しにメッセージを出力
} ……シェル関数funcの定義終了
```

注意事項

実行する前に定義が必要

シェル関数の定義部分は、シェル関数を実行している部分よりも前になければなりません。シェル関数の定義よりも前に実行しようとすると、シェル関数名に該当するコマンドが見つからないというエラーになります。

{の直後にはスペースまたは改行が必要

シェル関数の定義では、{の記号が正しく認識されるように、{の直後には、区切り文字としてのスペースまたは改行が必要です。シェル関数を1行で定義し、かつ必要以外のスペースを取り除くと、次のようになります。

ただし、zshの場合は{の直後のスペースは不要です。

```
func(){ echo Hello;}
```

リストがない場合は:が必要

関数内のリストは必ず必要です。何も実行しない空の関数を定義する場合は、次のように、リストとして:コマンドを記述するか、またはreturn 0を記述するようにします。

ただし、FreeBSD(sh)またはzshの場合は、リストがない空の関数も定義できます。

```
func(){ :;}
```

シェル関数の本体部分にグループコマンド以外の複合コマンドを使う場合

シェル関数の定義の本体部分には、複合コマンドとしてif文も使えるため、次のような記述も文法的に可能です。

```
func() if :; then echo 'シェル関数が実行されました'; fi
```

Memo

- シェル関数は、複合コマンドの一つには含めないで考える場合があります。
- 古いbash 1.xではシェル関数の本体に{ }を使った記述しか行えません。

参照

位置パラメータ(p.168)　特殊パラメータ"$@"(p.173)　特殊パラメータ$*(p.175)
特殊パラメータ$#(p.177)　return(p.120)　unset(p.134)　.コマンド(p.92)
サブシェル(p.73)　local(p.160)　:コマンド(p.89)　グループコマンド(p.75)

算術式の評価 (( ))

- ○ Linux (bash)
- × FreeBSD (sh)
- × Solaris (sh)
- × BusyBox (sh)
- × Debian (dash)
- ○ zsh

算術演算を行いその結果によって終了ステータスを返す

((算術式))

```
((i = 1)) ………………………… シェル変数iを1に初期化
while ((i <= 10)) ………………… iの値が10以下であるかぎりループ
do ……………………………………… ループの開始
  echo "$i" ……………………………… iの値を表示
  ((i++)) ………………………………… iの値をインクリメント（1を加える）
done …………………………………… ループの終了
```

基本事項

(( )) で囲まれた部分は算術式とみなされ、**表A**(次ページを参照)の演算子を使った評価が行われます。算術式の中では、シェル変数は頭に$記号を付けずに参照でき、シェル変数の値が文字の場合はその文字がシェル変数名とみなされ、再度参照が行われます。数値は符号付きの整数として扱われます。算術式では、終了ステータスとは逆に、「0」以外の値を真とみなします。

終了ステータス

算術式の評価結果が真(「0」以外)なら、算術式の評価の終了ステータスは真(0)に、算術式の評価結果が偽(0)なら、算術式の評価の終了ステータスは偽(1)になります。

解説

算術式の評価では、表Aのような、ほぼC言語と同じ演算子が使え、これによってシェル自身で数値演算を行えます。この中には、累乗(**)という、C言語にはない演算子もあります。

算術式の評価は、その終了ステータスを利用してif文やwhile文の条件判断に使うことができるほか、シェル変数の代入やインクリメントなどのために用いることもできます。算術式の評価でのシェル変数への代入の場合、通常のシェル変数への代入とは異なり、=の前後にスペースを入れてもかまいません。

算術式中では、シェル変数の頭に$を付けずに変数名だけで参照できるほか、>、<、*、&その他のシェル上で特殊な意味を持つ記号がクォートなしで使えます。

表A　算術式の評価で使用できる演算子　……… 上から優先順位の高い順

演算子	内容
変数 ++	変数の値を評価したあとで変数に1を加える
変数 --	変数の値を評価したあとで変数から1を引く
++ 変数	変数に1を加えたあとで変数の値を評価する
-- 変数	変数から1を引いたあとで変数の値を評価する
-(符号)	負の数(2の補数)を表す
+(符号)	正の数を表す
!	論理的否定
~	ビットごとの否定(1の補数)
**	累乗
*	乗算
/	除算
%	剰余
+	加算
-	減算
<<	左ビットシフト
>>	右ビットシフト
<=	より小さいか等しければ真
>=	より大きいか等しければ真
<	より小さければ真
>	より大きければ真
==	等しければ真
!=	等しくなければ真
&	ビットごとのAND(論理積)
^	ビットごとのXOR(排他的論理和)
|	ビットごとのOR(論理和)
&&	論理的AND(論理積)
||	論理的OR(論理和)
式1 ? 式2 : 式3	式1が真なら式2を、式1が偽なら式3を評価する
=	代入
*=	乗算して代入
/=	除算して代入
%=	剰余をとって代入
+=	加算して代入
-=	減算して代入
<<=	左ビットシフトして代入
>>=	右ビットシフトして代入
&=	ビットごとのAND(論理積)をとって代入
^=	ビットごとのXOR(排他的論理和)をとって代入
|=	ビットごとのOR(論理和)をとって代入
式1 , 式2	式1、式2の順に評価し、式2の値を評価結果とする

算術式の評価を使わない記述

算術式の評価は便利ですが、使えないシェルもあるため、移植性のためには通常の記述方法も知っておく必要があります。

冒頭の例を算術式の評価を使わないで記述すると**リストA**のようになります。このように、シェル変数の代入は=の前後にスペースを入れず、条件判断はtestコマンドを使用し、数値演算はexprコマンドを使用することになります。

リストA 算術式の評価を使わない記述

```
i=1 ··························· シェル変数iを1に初期化
while [ "$i" -le 10 ] ········· iの値が10以下であるかぎりループ
do ···························· ループの開始
  echo "$i" ··················· iの値を表示
  i=`expr "$i" + 1` ··········· iの値に1を加える
done ·························· ループの終了
```

Memo

- 算術式の評価である((算術式))は、letコマンドを使って「let '算術式'」と記述したのと同じです。
- 算術式の評価の結果を、終了ステータスで判断するのではなく、演算結果の数値を受け取って利用したい場合は、$((算術式))の形の算術式展開を用います。
- FreeBSD(sh)やBusyBox(sh)やdashでは、算術式の評価は使えないものの算術式展開は使えるため、算術式展開を使って近い動作をさせることができます。たとえば、((i <= 3))の代わりにtestコマンドを併用して[$((i <= 3)) -ne 0]と記述したり、((i += 5))の代わりにi=$((i + 5))または:コマンドを併用して: $((i += 5))と記述できます。

参照

test(p.152)　expr(p.273)　let(p.158)　算術式展開$(( ))(p.242)

条件式の評価 [[ ]]

○ Linux (bash)
× FreeBSD (sh)
× Solaris (sh)
○ BusyBox (sh)
× Debian (dash)
○ zsh

条件式を評価し、その結果によって終了ステータスを返す

書式 [[条件式]]

例

```
if [[ "$i" -le 3 ]] ……………[[ ]]を使って、iの値が3以下かどうかを判断
then ……………thenのリストの開始
  echo 'iの値は3以下です' ……………メッセージを表示
fi ……………if文の終了
```

表A 算術式の評価で使用できる演算子

testコマンドと異なる点のみ掲示。その他の演算子についてはtestコマンドの項の表Aと同じ

条件式	内容
条件式1 && 条件式2	条件式1と条件式2の両方が真ならば真
条件式1 || 条件式2	条件式1と条件式2のどちらか真ならば真
条件式1 -a 条件式2	([[ ]]では使用不可)
条件式1 -o 条件式2	([[ ]]では使用不可)
文字列 == パターン	文字列がパターンに合致すれば真
文字列 != パターン	文字列がパターンに合致しなければ真

基本事項

[[ ]]で囲まれた部分は条件式とみなされ、testコマンドの項の表Aとほぼ同じ演算子を使った条件判断が行われ、その結果を終了ステータスとして返します。

testコマンドとは異なる演算子を**表A**(上記)に示します。testコマンドとは異なり、条件式の演算子として解釈される< >、( )、&&、||をクォートする必要はありません。

終了ステータス

条件式の評価結果が真なら終了ステータスは「0」に、条件式の評価結果が偽なら終了ステータスは「1」になります。

解説

条件式の評価の[[ ]]は、testコマンドの[ ]と似ていますが、testコマンドとは異なり、シェルの文法上で直接条件式を解釈します。

[[ ]]では、AND条件やOR条件を表す-aや-oの演算子がそれぞれ&&と||に改められました。シェル上では同じ記号が&&リストや||リストで使用されますが、[[ ]]の中では条件

式の演算子であると解釈されます。同様に、< >、( )の演算子についても、リダイレクトやサブシェルとは解釈されないため、クォートする必要はありません(BusyBoxのshではクォートが必要で、\< \>、\(\)のように記述する必要があります)。

testコマンドのほうにはない機能として、==と!=の演算子の右側の文字列に、パス名展開と同様のパターンが使え、*、?、[a-z]などのパターンで文字列の判定を行えます(ただし、BusyBox(sh)では、パターンをクォートして記述する必要があります)注24。

このように、[[ ]]を使った条件式の評価では、[[ ]]の中身をシェルが特別に解釈する必要があるため、[[という名前の外部コマンドを実装することは原理的にできません。

なお、シェルスクリプトの移植性のためには[[ ]]ではなく、testコマンドの[ ]を使って記述したほうがよいでしょう。

Memo

● zshのtestコマンドの[ ]では使えなかった演算子は、[[ ]]では使えるようになっています。

参照

test(p.152)

注24 パス名展開については10.2節を参照してください。

>第5章
組み込みコマンド 1

基本の組み込みコマンドについて

シェルスクリプトで使用される単純コマンドには、lsやcpコマンドのような**外部コマンド**と、cdやechoコマンドのような**組み込みコマンド**があります(**図A**)。シェルスクリプト中での使用頻度が高いtestやechoコマンドや、原理的に外部コマンドにはできないcdやexitコマンドなど、多くのコマンドがシェルの組み込みコマンドとして実装されています。

本章では、同名の外部コマンドが存在しない基本の組み込みコマンドを解説します。

図A 単純コマンドの種類

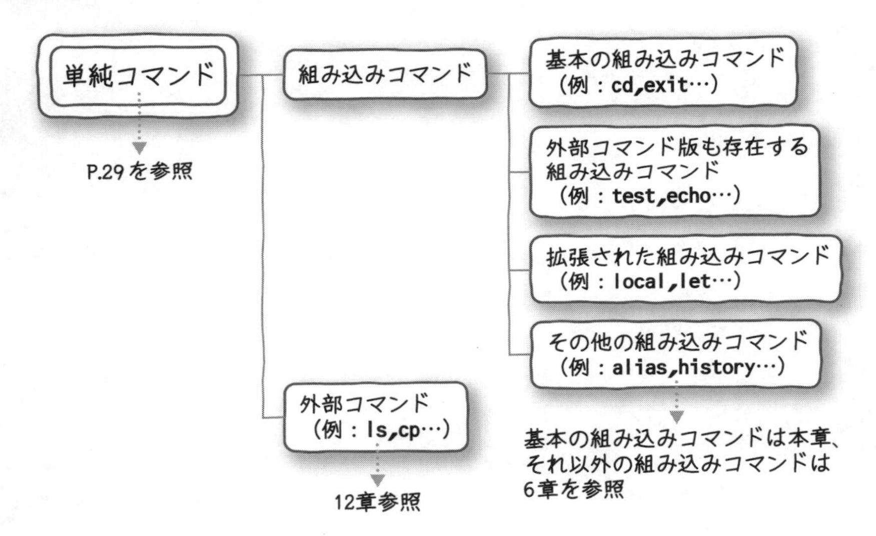

:コマンド

Linux (bash) / FreeBSD (sh) / Solaris (sh) / BusyBox (sh) / Debian (dash) / zsh

何もしないで 単に「0」の終了ステータスを返す

書式 : [引数 ...]

例

```
while : ·························:コマンドにより終了ステータス0が返り、無限ループになる
do ······························ループの開始
  echo hello ···················メッセージを出力
done ····························ループの終了
```

基本事項

:コマンドは、何もしないヌルコマンドです。ただし、:コマンドに対するリダイレクトや、引数のパラメータ展開、コマンド置換は通常通り行われ、その結果、ファイルがオープンされたり、シェル変数が変化したり、別のコマンドが起動されたりといった動作が行われる場合があります。

終了ステータス

:コマンドの終了ステータスは「0」になります。ただし、リダイレクトやパラメータ展開でエラーが発生した場合は、終了ステータスとして「0」以外のエラーコードが返されます。

解説

:コマンドは何もしないで単に終了ステータス「0」を返すだけのコマンドです。したがってtrueコマンドと等価であり、trueコマンドの代わりに使用できます。trueコマンドは、シェルのバージョンによっては外部コマンドとして実装されている場合がありますが、:コマンドは必ず組み込みコマンドとして実装されているため、「while true」と記述するよりも、例のように「while :」と記述したほうが効率がよいでしょう。

その他、:コマンドは、パラメータ展開やリダイレクトだけを行って、コマンドは実行したくない場合や、if／for／while文のリストで何もコマンドを実行したくない場合にも使用されます。

${パラメータ?値}形式のパラメータ展開

${パラメータ?値}という形のパラメータ展開を使って、所定のパラメータがセットされているかどうかをチェックすることができます。このとき、パラメータのチェックだけを行ってコマンドは実行したくないという場合、:コマンドが使えます[注1]。

リストAのように記述すると、位置パラメータ$1(このシェルスクリプト自体の第1引数)

注1　パラメータ展開については第7章、第8章を参照してください。

がセットされているかどうかがチェックされ、セットされていた場合は何も実行されず、セットされていなかった場合は「引数を指定してください」というエラーメッセージを表示してシェルスクリプトが終了します。

${パラメータ=値}形式のパラメータ展開

${パラメータ=値}という形のパラメータ展開を使って、パラメータが設定されていなかった場合のデフォルト値を設定できます。ここでも同様に:コマンドを使えば、パラメータのセットのみを行って、コマンドは実行しないようにすることができます[注2]。

リストBは、あらかじめシェル変数**CFLAGS**がセットされている場合は何もせず、**CFLAGS**がセットされていなかった場合には「'-O2 -fomit-frame-pointer'」という値を代入するという例です。

リダイレクトでサイズゼロのファイルを作成

:コマンドでも、標準入出力などのリダイレクトは行われます[注3]。そこで、**リストC**のように記述すると、:コマンドの標準出力が「flie」というファイルにリダイレクトされ、結果的にファイルサイズゼロの「file」という名前のファイルが作成されます。

この動作はtouchコマンドを使ってtouch *file*を実行した場合[注4]に似ており、touchコマンドの代わりに使用できます。ただし、touchコマンドとは違って、すでに同名のファイルが存在していた場合、そのファイルサイズがゼロになります。このことを利用して、ファイルを削除せずにファイルの中身を消去し、ファイルサイズをゼロにしたい場合にも使用されます。

なお、このようにリダイレクトを利用する場合、実は:コマンド自体を省略して**リストD**のように記述することもできます。

ただしzshでは、コマンド名を省略するとシェル変数**NULLCMD**にセットされているcatコマンドが起動され、「cat > file」というコマンドが実行されます。これは標準入力に入力した文字列をファイルに書き込む動作です。同様にzshで「< file」と記述すると、シェル変数**READNULLCMD**にセットされているmoreコマンドが起動され、「more < file」が実行され、ファイルの中身を読む動作になります。zshで通常のシェルと同じ動作をさせたい場合は、**リストC**のように:コマンドを省略しないようにするか、「set -o SH_NULLCMD」コマンドを実行しておくか、シェル変数を、NULLCMD=: READNULLCMD=: とセットしておくなどの方法が考えられます。

リストA パラメータの設定チェック

```
: ${1?'引数を指定してください'} ……………$1が未設定の場合エラーメッセージを表示
```

リストB シェル変数のデフォルト設定

```
: ${CFLAGS='-O2 -fomit-frame-pointer'} ……CFLAGSが未設定の場合デフォルト値を代入
```

リストC ファイルサイズゼロのファイルを作成

```
: > file ……………………fileという名前のファイルサイズゼロのファイルができる
```

注2 パラメータ展開については第7章、第8章を参照してください。

注3 リダイレクトについては11章を参照してください。

注4 touchはファイルのアクセス時刻、修正時刻を変更するコマンド。touch *file*で存在しないファイルを指定すると、そのファイルをサイズゼロで新規に作成します。

リストD：コマンド自体を省略し、リダイレクトのみを実行

```
> file ………………………………… fileという名前のファイルサイズゼロのファイルができる
```

構文中のヌルリストとして

if／for／while文では、構文中のリストには何らかのリストを必ず記述しなければなりません。このとき、たとえばif文でthenの直後のリストでは何も実行せず、elseでのみリストを実行したい場合があります。そのような場合に:コマンドを使えます。

構文中のヌルリストとして:コマンドを使う例は、それぞれif／for／while文の項目(p.43、p.56、p.64)を参照してください。

注意事項

パラメータ展開だけを行うには:が必要

:コマンドを省略してパラメータ展開を行おうとすると、置換されたパラメータがコマンド名と解釈され、そのコマンドが実行できないのでエラーになります。リダイレクトの場合とは違って:は省略できないので注意してください。

○正しい例

```
: ${TMPDIR=/tmp}
```

×誤った例

```
${TMPDIR=/tmp}
```

コメントアウトとは違う

すでにコマンドが記述された行の行頭に:を記述することにより、そのコマンドは実行されなくなりますが、これはコメントアウトとは違ってリダイレクトやパラメータ展開やコマンド置換は実行されてしまいます。コメントアウトが目的の場合は#を使ってコメントアウトしてください。

参照

true(p.155)　位置パラメータ(p.168)　コメントの書き方(p.23)
${パラメータ:?値}と${パラメータ?値}(p.197)
${パラメータ:=値}と${パラメータ=値}(p.195)

.コマンド

- Linux (bash)
- FreeBSD (sh)
- Solaris (sh)
- BusyBox (sh)
- Debian (dash)
- zsh

現在実行中のシェルに別のシェルスクリプトを読み込ませる

. ファイル名

`. "$HOME"/.profile` ………ホームディレクトリにある.profileを現在のシェルに読み込む

基本事項

.コマンドを実行すると、引数のファイル名で指定されたファイルが現在のシェルに読み込まれます。ファイルが/を含むパス(絶対パスまたはカレントディレクトリからの相対パス)で指定されていない場合は、**PATH**を使ってファイルが検索されます。.でシェルスクリプトを読み込む場合、通常のシェルスクリプトとは違ってファイルに実行属性は必要ありません。

終了ステータス

.コマンドの終了ステータスは、読み込んだファイル中で実行された最後のリストの終了ステータスになります。ただし、ファイル中にリストが1つもない場合は、終了ステータスは「0」になります。また、ファイルが見つからないなど.コマンドの実行自体がエラーになった場合は、「0」以外の終了ステータスが返されます。

解説

複数のシェルスクリプトに共通した、**シェル変数**の定義、**シェル関数**の定義やその他の前処理を、あらかじめ別ファイルに書き出しておき、このファイルをシェルスクリプトに読み込んで実行すると便利です。このような場合に.コマンドを使います。

なお、.コマンドを使わなくても、シェルスクリプトの中で別のシェルスクリプトを実行することは可能です。しかし、別のシェルスクリプトを実行する場合は、現在実行中のシェルとは別のプロセスのシェルが起動されてしまうため、シェル変数の定義やシェル関数の定義などについては、元のシェルスクリプト上の動作環境には反映されず、無意味な動作になってしまいます。そこで.コマンドを使い、別のシェルスクリプトを現在実行中のシェルに直接読み込むようにするのです。

なお、.コマンドで読み込むシェルスクリプトには、実行属性は必要なく、1行目の`#!/bin/sh`の行も必要ありませんが、これらがあったとしても単に無視されるだけなので問題ありません。

.コマンドと通常のシェルスクリプトとの比較

カレントディレクトリに、**リストA**のような「src_test」というファイルを作成し、これを**リストB**のように.コマンドで読み込んだ場合と、**リストC**のようにシェルスクリプトとして実行した場合で比較してみましょう。

すると、リストBでは「src_test」の中でのシェル変数**TEST_VAL**への代入が.コマンドの実行終了後も影響を及ぼし、echoで値を表示させるとたしかに値が代入されていることがわかります。

一方、リストCでは、「src_test」はシェルスクリプトとして別のシェルで実行されるため、**TEST_VAL**への値の代入は元のシェルとは関係なく、「src_test」の実行終了後に**TEST_VAL**の値を表示しても中には値が代入されていないことがわかります。

リストA **src_test**

```
#!/bin/sh ··········································直接実行もできるようにこの行も記述しておく
TEST_VAL=hello ·····································試しにシェル変数に値を代入
```

リストB **.コマンドで読み込んだ場合**

```
TEST_VAL= ··········································変数の値をクリア
. ./src_test ·······································src_testを.コマンドで読み込む
echo "$TEST_VAL" ···································helloという値が表示される
```

リストC **シェルスクリプトとして実行した場合**

```
TEST_VAL= ··········································変数の値をクリア
./src_test ·········································src_testをシェルスクリプトとして実行
echo "$TEST_VAL" ···································値は表示されない
```

引数の指定

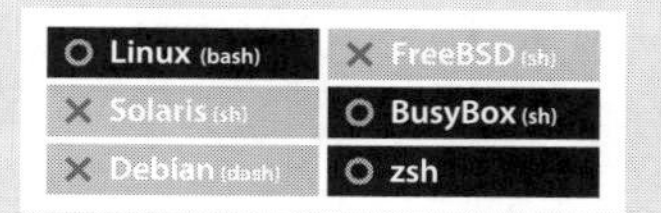

bash、BusyBox(sh)またはzshでは、.コマンドで読み込むファイルに対して引数を指定することができます。指定された引数は、シェル関数の呼び出し時と同様に、ファイルを読み込んでいる間のみ、一時的に位置パラメータにセットされます。

たとえば、**リストD**のような「src_arg_test」というファイルがカレントディレクトリにある場合、**リストE**のように「Hello World」という引数を付けて.コマンドを実行すると、「src_arg_test」の中のechoコマンドに引数が渡り、「Hello World」と無事表示されます。

リストD **src_arg_test**

```
echo "$1" "$2" ·····································渡された引数のうち、"$1"と"$2"を表示
```

リストE **引数付きで.コマンドを実行**

```
. ./src_arg_test Hello World ·······················引数を付けて.コマンドを実行
```

sourceコマンドで記述

○ Linux (bash)	× FreeBSD (sh)
× Solaris (sh)	○ BusyBox (sh)
× Debian (dash)	○ zsh

bash、BusyBox(sh)またはzshでは、**リストF**のように、コマンド名の.の代わりにsourceと記述することもできます。コマンド名が違うだけで、動作は.コマンドと同じです。このsourceという名前はcsh由来のものです。

リストF bash、BusyBox(sh)またはzshではsourceと書いても良い

```
source file
```

ファイル中でのreturnコマンド

○ Linux (bash)	○ FreeBSD (sh)
× Solaris (sh)	○ BusyBox (sh)
○ Debian (dash)	○ zsh

.コマンドで読み込まれているファイルの中で、**リストG**のようにreturnコマンドを実行すると、その時点で.コマンドによるファイルの読み込みが終了します。returnに引数を付けると、その値が.コマンド自体の終了ステータスになります。

returnコマンドは、本来はシェル関数からリターンするためのものですが、このように.コマンドで読み込まれるファイル中で使用すると、ファイルの読み込みの終了という意味になります。ただし、Solarisのshでは、このようなreturnコマンドはエラーとなってしまうため、注意してください。

リストG ファイル中でのreturnコマンド

```
if [ "$i" -lt 0 ]; then ……シェル変数"$i"の値が負の場合
  return 1 ……終了ステータス1でこのファイルを終了する
fi
```

注意事項

exitすると、元のシェルがexitしてしまう

.コマンドで読み込むファイル中でexitコマンドを実行すると、そのファイルの実行が終了するのではなく、.コマンドを実行している元のシェル自体がexitしてしまいます。これは、実行中のシェルがファイルを直接読み込んでいるという動作を考えれば当然の結果ですが、意図せずにシェルを終了してしまわないよう、注意してください。

Memo

- ログインシェルが **"$HOME"/.profile** や **"$HOME"/.bash_profile** などのファイルを読み込むのは、動作としては.コマンドで読み込んでいるのと同じです。

参照

シェル関数(p.77)　位置パラメータ(p.168)　return(p.120)　exit(p.105)

break

- Linux (bash)
- FreeBSD (sh)
- Solaris (sh)
- BusyBox (sh)
- Debian (dash)
- zsh

for文／while文のループを途中で抜ける

書式 **break** [数値]

例

```
found=0 ………………………… シェル変数foundを0に初期化
for file in * ……………… カレントディレクトリ上のすべてのファイルについてループ
do ……………………………… ループの開始
  if cmp -s "$file" /some/dir/myfile ……… もしそのファイルが/some/dir/
  then                                          myfileと同じならば
    found=1 …………………… シェル変数foundに、ファイルが見つかったことを示す1を代入
    break ……………………… for文のループを抜ける
  fi ……………………………… if文の終了
done …………………………… ループの終了
```

基本事項

breakコマンドを、for文またはwhile文のループ中で使用すると、その時点でループを終了し、ループの外に抜けます。breakコマンドに数値(N)の引数を付けると、for文またはwhile文のN重ループを一気に抜けることができます。数値を省略するとbreak 1と同じになります。

終了ステータス

breakコマンドによってループを抜けると、終了ステータスは「0」になります。

解説

for文やwhile文のループは、通常はその文自体のループ条件によってループが実行されますが、場合によってはループ中で一定の条件が成立すれば、その時点でループを終了したいことがあります。そのような場合にbreakコマンドを使います。

シェルスクリプトのbreakコマンドは、C言語のbreak文にない機能として、引数で数値を指定することができ、たとえばbreak 2で2重ループから抜けることができます。

Memo

- bashまたはzshの場合は、select文もbreakによって抜けられます。

参照

for文(p.56)　　while文(p.64)　　select文(p.70)

5-2 組み込みコマンド(基本)

continue

Linux (bash) / FreeBSD (sh) / Solaris (sh) / BusyBox (sh) / Debian (dash) / zsh

for文／while文のループを次の回に進める

書式 **continue** [数値]

例

```
i=0 ……………………………………………… シェル変数iを0に初期化
while ……………………………………………… while文の開始
  i=`expr "$i" + 1` ……………………… iに1を加える
  [ "$i" -le 10 ] ……………………………… iの値が10以下であればループ
do ……………………………………………… ループの開始
  if [ "$i" = 5 ]; then ……………… もしiが5であれば
    continue ……………………………… この回の実行を打ち切り、次の回のループに進む
  fi ……………………………………………… if文の終了
  echo "$i" ……………………………………… iの値の表示
done ……………………………………………… ループの終了
```

基本事項

continueコマンドを、for文またはwhile文のループ中で使用すると、その時点でその回のループの実行を終了し、次の回のループに進みます。continueコマンドに数値(N)の引数を付けると、for文またはwhile文のN重ループについてcontinueの動作が行われます。数値を省略するとcontinue 1と同じになります。

終了ステータス

continueコマンドによって次のループに進むと、終了ステータスは「0」になります。

解説

一定のループ条件によってfor文やwhile文を実行中に、特定の条件が成立した場合はその回のループの残りの部分を実行せずに次の回のループに進みたいことがあります。このような場合にcontinueコマンドを使用します。

シェルスクリプトのcontinueコマンドは、C言語のcontinue文にない機能として、引数で数値を指定でき、たとえばcontinue 2で2重ループをcontinueすることができます。

Memo

● bashまたはzshの場合は、select文でもcontinueが使えます。

参照

for文(p.56)　　while文(p.64)　　select文(p.70)

cd

Linux (bash)
FreeBSD (sh)
Solaris (sh)
BusyBox (sh)
Debian (dash)
zsh

別のディレクトリに移動する

cd [ディレクトリ名]

```
cd /usr/bin ……………………/usr/binディレクトリに移動
```

基本事項

cdコマンドを実行すると、シェル自身のカレントディレクトリが、引数の ディレクトリ名 で指定されたディレクトリに変更されます。引数の ディレクトリ名 を省略した場合は、"$HOME"が指定されたものとみなされます。

シェル変数**CDPATH**に:で区切られたディレクトリが設定されている場合は、引数で指定された ディレクトリ名 が**CDPATH**の中から検索されます。ただし、引数として/または.または..で始まる ディレクトリ名 が指定された場合はCDPATHは参照されません。

終了ステータス

カレントディレクトリの変更に成功した場合は、終了ステータスは「0」になります。ただし、ディレクトリが存在しないなどのエラーが発生した場合は、終了ステータスは「0」以外になります。

解説

シェルのコマンドライン上でcdコマンドでほかのディレクトリに移動するのと同じように、シェルスクリプト上でもcdコマンドでほかのディレクトリに移動することができます。引数なしでcdを実行するとホームディレクトリに戻るという動作も同じです。

ただし、UNIX系OSでは、カレントディレクトリの属性はプロセスごとに持っているため、シェルスクリプトの中でcdコマンドを実行しても、元の(コマンドラインの)シェル環境上のカレントディレクトリは一切変更されません。

ディレクトリを移動してから処理する例

シェルスクリプトの処理内容によっては、いったんディレクトリを移動したほうが処理がしやすい場合があります。たとえば、**リストA**は、**/some/dir**というディレクトリの下のすべてのファイル(.で始まるファイルを除きます)を、そのファイル名の頭に「backup-」という文字列を付けてコピーする例です。ここで、もしcdコマンドを使用していなかったとすると、ファイル名の先頭に**/some/dir/**というパスが付いてしまうため、その中に「backup-」という文字列を割り込ませるのが面倒になります。

リストA ディレクトリを移動してから処理する例

```
cd /some/dir ································/some/dirに移動
for file in * ·······························すべてのファイルについてループ
do ··········································ループの開始
  cp -p "$file" backup-"$file" ··············ファイル名の頭にbackup-を付けてコピー
done ········································ループの終了
```

サブシェル内でディレクトリ移動

シェルスクリプト内でcdコマンドで一時的にディレクトリを移動して処理を行ったあと、再び元のディレクトリに戻って別の処理を続行したい場合があります。このような場合は、**リストB**のように、cdコマンドを含むリストをサブシェルの( )で囲みます。すると、( )の内部のみカレントディレクトリが変更されるだけで、サブシェルを抜けると元のディレクトリに戻ります。

CDPATHが設定されている場合

シェル変数**CDPATH**が設定されている場合、cdコマンドで指定されたディレクトリが、**CDPATH**に設定されたディレクトリの中から検索されるようになります。たとえば、**CDPATH**に**/usr/local**が含まれている場合、単にcd binと実行しただけで**/usr/local/bin**に移動します。

CDPATHはコマンドラインのシェル上でディレクトリ移動を楽にするために使用すると、便利な場合があります。しかし、シェルスクリプト上では混乱を招くため、**CDPATH**は使わない方がいいでしょう。

リストB サブシェル内でディレクトリ移動

```
( ···········································サブシェルの開始
  cd /some/dir ······························/some/dirに移動
  for file in * ·····························すべてのファイルについてループ
  do ········································ループの開始
    cp -p "$file" backup-"$file" ············ファイル名の頭にbackup-を付けてコピー
  done ······································ループの終了
) ···········································サブシェルの終了(元のディレクトリに戻る)
echo 'バックアップ完了' > log ···············カレントディレクトリにログファイルを作成
```

cdコマンドの-Pオプション

○ Linux (bash)	○ FreeBSD (sh)
× Solaris (sh)	○ BusyBox (sh)
○ Debian (dash)	○ zsh

Solaris(sh)以外では、cdコマンドで指定したディレクトリがシンボリックリンクの場合、移動先のディレクトリが、シンボリックリンクを含むパス名のまま記憶されており、その後、親ディレクトリに移動した場合に、あたかもシンボリックリンクを逆にたどるように、元のディレクトリに戻ってくることができます。

この動作を禁止し、本来の物理的なファイルシステムのディレクトリ構造通り移動するには、cdコマンドに-Pオプションを付けます。**図A**に、-Pオプションを付けた場合と付けない場合の動作の違いがわかる使用例を示します。

なお、Solarisのshでは、ディレクトリ移動は常に物理的なディレクトリ構造を元に行われるため、cdコマンドに-Pオプションはありません。

図A　cdコマンドの-Pオプションの使用例

```
$ pwd ……………………………………カレントディレクトリを表示
/home/guest ……………………………現在/home/guestにいる
$ ln -s /usr/local/bin short ……/usr/local/binへの近道のシンボリックリンクを作る
$ cd short ………………………………シンボリックリンクをたどってディレクトリ移動
$ pwd ……………………………………カレントディレクトリを表示
/home/guest/short ……………………シンボリックリンクを含んだパス名が表示される
$ cd .. …………………………………親ディレクトリに移動
$ pwd ……………………………………カレントディレクトリを表示
/home/guest ……………………………/home/guestに戻ることができる
$ cd -P short …………………………今度は-Pオプションで物理的にディレクトリ移動
$ pwd ……………………………………カレントディレクトリを表示
/usr/local/bin ………………………/home/guest/shortではなく/usr/local/binになる
$ cd .. …………………………………親ディレクトリに移動
$ pwd ……………………………………カレントディレクトリを表示
/usr/local ……………………………/home/guestには戻らず、/usr/localに移動する
```

Memo

- bashまたはFreeBSD(sh)でcdコマンドの-Pオプションをデフォルトにするには、あらかじめset -Pコマンドを実行しておきます。この状態で一時的に-Pを無効にしてcdコマンドを実行するには、cd -Lとします。set -Pコマンドはpwdコマンドにも影響するため、同様に-Pを無効にするにはpwd -Lとします。
- BusyBox(sh)とdashではset -Pは使えませんが、cdとpwdコマンドでの-Pや-Lオプションは使えます。
- zshでは、set -Pではなくset -wコマンドを実行することにより、cd -Pとpwd -Pがデフォルトになります。
- Solaris(sh)以外では、cd -のようにディレクトリ名に「-」を指定すると、直前にいたディレクトリに戻れます。

参照

サブシェル(p.73)　　set(p.122)

5 2 組み込みコマンド(基本)

eval

- ○ Linux (bash)
- ○ FreeBSD (sh)
- ○ Solaris (sh)
- ○ BusyBox (sh)
- ○ Debian (dash)
- ○ zsh

引数を再度解釈しコマンドを実行する

書式 **eval** [引数 ...]

例

```
eval echo \"\$$var\"
```
……シェル変数varの値を変数名とするシェル変数の内容を表示

基本事項

evalコマンドは、その引数の文字列がシェルに入力されたものとみなして再度解釈を行い、その結果のコマンドを実行します。

終了ステータス

解釈の結果、実行されたコマンドの終了ステータスが、evalコマンドの終了ステータスになります。

解説

一般に、シェルは入力されたコマンドやその引数に対して、パラメータ展開やコマンド置換などの各種解釈を行った上で実際にコマンドを起動します。evalコマンドは、evalコマンドに渡された**引数**に対して、再度パラメータ展開やコマンド置換などの解釈を行い、その結果のコマンドを実行します。シェルがevalコマンドを実行する時点では、引数は一度解釈されているため、evalコマンドを使うと、結果的に引数の解釈が2回行われることになります。

シェル変数の間接参照

evalコマンドは、シェル変数の間接参照に利用することができます。**図A**のように、あらかじめday0〜day6というシェル変数に曜日名を入れておき、「today」というシェル変数にday0〜day6のいずれかとして、たとえば「day3」を代入したとすると、このシェル変数todayから曜日名に展開するには、図のようにevalコマンドを使えばいいのです。

ここで、「echo \"\$$today\"」の部分はまずシェルに1回評価されてecho "$day3"となり、この文字列のままevalコマンドに渡されます。evalコマンドはecho "$day3"を再度評価して、echo Wednesdayとなり、echoコマンドが実行されて「Wednesday」が表示されます。

シェル変数には原則的にダブルクォート(" ")を付けて、シェル変数の値の中に含まれているかもしれない*やスペースなどが再度評価されるのを防ぎますが、ここではevalによって評価される段階でダブルクォートが残るように、全体を\"と\"で囲んでいることに注意してください。ダブルクォートを問題にしない場合は、「\$$today」と書いてもかまいません。いずれにしても、2つの$のうちの左側の$は、シェルではなく、evalによって評価されるように、バックスラッシュ(\)でクォートする必要があります。

このようなevalコマンドの使い方は、配列変数を使わずに配列と同様の処理を行うのに有用です[注5]。

なお、bashの場合は、シェル変数の間接参照は、evalを使わずに「echo "${!today}"」というパラメータ展開を使っても行えます[注6]。

図A　シェル変数の間接参照

```
$ day0=Sunday day1=Monday day2=Tuesday day3=Wednesday
$ day4=Thursday day5=Friday day6=Saturday    シェル変数day0～day6に曜日名を代入
$ today=day3                                 シェル変数todayに、試しにday3を代入
$ eval echo \"\$$today\"                     シェル変数todayを2回解釈して曜日名を表示
Wednesday                                    たしかにWednesdayと表示される
```

参照

ダブルクォート" "(p.215)　　バックスラッシュ\(p.217)

注5　詳しくは「bashやzsh以外のシェルで配列を使う方法」(p.291)を参照してください。

注6　「間接参照${!パラメータ}」(p.210)を参照してください。

exec

- Linux (bash)
- FreeBSD (sh)
- Solaris (sh)
- BusyBox (sh)
- Debian (dash)
- zsh

新しいプロセスを作らずにコマンドを起動する

 **exec** [コマンド [引数 ...]]

例

```
exec myprog
```
……myprogというコマンドを起動（同時にシェルは終了）

基本事項

execコマンドを実行すると、execコマンドの引数で指定されたコマンド(**外部コマンド**)が、シェル自身のプロセスIDのままで実行され、以後、起動されたコマンドに制御が移ります。新しいプロセスは作成されません。コマンドが起動できなかった場合、シェルが対話シェルでなければシェルスクリプトは終了します(bash以外の場合は対話シェルの場合でもシェルは終了します)。

引数のコマンドを省略し、リダイレクトのみを行った場合は、現在のシェル自身に対するリダイレクトと解釈され、標準入出力などが変更されます。

終了ステータス

引数で指定したコマンドが正常に起動できた場合、シェルには戻らないため、終了ステータスはありません。コマンドが起動できなかった場合は終了ステータスは「0」以外になります。

引数を指定せず、リダイレクトのみを行った場合、正常にリダイレクトが行われれば終了ステータスは「0」になります。

解説

シェルに限らず、あるプロセス(たとえばシェル)が新しいコマンドを起動する際には、まず、OSのforkシステムコールで新しいプロセスを作成し、その新しいプロセスがexecシステムコールで新しいコマンドを起動するという動作になります(**図A**)。ここで、forkシステムコールを省略し、単にexecシステムコールだけを行うと、新しいプロセスが作成されず、現在実行中のプロセス自身が新しいコマンドに置き換わるという動作になります。

シェルのexecコマンドは、このようにforkシステムコールを行わずに、指定されたコマンドを直接execシステムコールで起動するコマンドです。execコマンドを実行すると、通常はシェルには戻りません。また、execコマンドでは原理的に、実行できるのは外部コマンドのみで、シェルの組み込みコマンドは実行できません。

図A　コマンドの起動

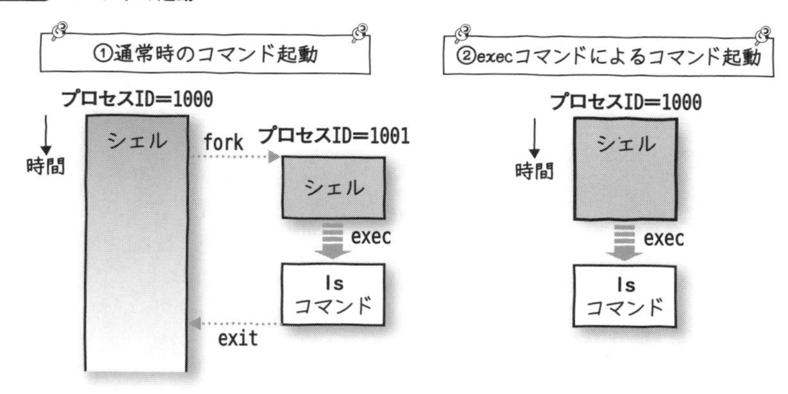

ラッパースクリプトでの利用例

環境変数の設定などの前処理を行ったあとでコマンドを起動するラッパースクリプト（*wrapper script*）では、最後のコマンドの起動時にexecを使うのが普通です。**リストA**は、環境変数**LANG**を設定する前処理のあと、execで「myprog」というコマンドを起動していますが、execを使うことによりシェルのプロセスがそのままmyprogに移行するので、余分なプロセスを消費しません。

現在のシェルの入出力をリダイレクト

execの引数でコマンドを指定せず、リダイレクトのみを行えます。

図B❶のように、exec > logを実行すると、現在のシェル自体の標準出力が「log」というファイルに変更され、以降、このシェルの標準出力はすべて「log」に書き込まれるようになります。図B❷のように、unameコマンドを実行しても画面には表示されず、「log」に出力されます。ただし、シェルのプロンプトの$は標準エラー出力なので、ここではリダイレクトされていません。

この状態を元に戻すには、図B❸のように画面である**/dev/tty**に再度リダイレクトしなおします。するとシェルの標準出力が画面に戻り、再び画面に表示されるようになります。

リストA　ラッパースクリプト

```
LANG=C; export LANG ……………………環境変数LANGをCに設定する
exec myprog "$@" ……………………すべての引数を引き継いでmyprogを実行する
```

図B　現在のシェルの標準出力をリダイレクト

```
$ exec > log ……………❶現在のシェルの標準出力を、logというファイルにリダイレクトする
$ uname -sm ……………❷試しにunameコマンドを実行すると画面には表示されずlogファイルに出力される
$ exec > /dev/tty ……❸シェルの標準出力を画面に戻す
$ uname -sm ……………再度unameコマンドを実行すると
Linux x86_64 …………画面に表示される
$ cat log ………………logファイルの中身を表示すると
Linux x86_64 …………同じunameコマンドの出力が出力されていた
```

引数0を変更して起動

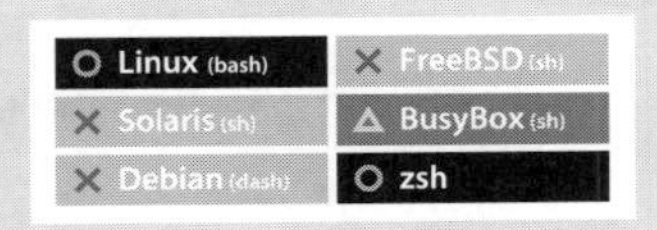

一般に、コマンドの起動時にはその**コマンド名**が「引数0」として渡されます。bashまたはzshのexecコマンドでは-lや-a *name*というオプションを使えば、「引数0」の内容を変更できます。

リストBのように-lオプションを指定すると、「引数0」の先頭に「-」が付けられ、-bashとして起動されます。シェルは、「引数0」の先頭に-があると、ログインシェルの動作となるため、bashの場合、**.bash_profile**ファイルの読み込みなどが行われます。

また、**リストC**のように、-aオプションで、「引数0」に任意の値を指定することもできます。リストCでは、「myprog」というコマンドを実行する際、「othername」という名前を「引数0」にした状態で起動しています。なお、前述のリストBは「exec -a -bash bash」と記述したのと同じことになります。

BusyBox(sh)では、バージョンによって-aオプションが使えます。

リストB ログインシェルとして起動

```
exec -l bash ……………………bashをログインシェルとして起動(引数0は-bash)
```

リストC 引数0を任意の名前に変更して起動

```
exec -a othername myprog
```

環境変数をすべて削除して起動

○ Linux (bash) / × FreeBSD (sh) / × Solaris (sh) / × BusyBox (sh) / × Debian (dash) / ○ zsh

bashまたはzshのexecコマンドには-cというオプションがあり、**リストD**のように-cを付けると、すべての環境変数が削除された状態でコマンドがexecされます。これは、-cオプションが使えないシェルでも、envコマンドを経由して「exec env - myprog」のようにすることで、同様の動作が可能です。

リストD -cオプションを付けて起動

```
exec -c myprog ……………………環境変数をすべて削除してmyprogをexecする
```

注意事項

サブシェル内のexecはシェルスクリプトを終了しない

execコマンドを含むリストがサブシェルの( )で囲まれている場合、実際にexecが行われるのはそのサブシェル自身となるため、シェルスクリプト自体は終了しません。したがって、次の例は、普通にコマンドを実行したのとほぼ同じになります。

```
(exec ls -l) ……………………サブシェル内でlsコマンドをexec
```

参照

標準出力のリダイレクト>(p.255)　　サブシェル(p.73)

exit

Linux (bash) / FreeBSD (sh) / Solaris (sh) / BusyBox (sh) / Debian (dash) / zsh

シェルスクリプトを終了する

exit [終了ステータス]

```
exit 1 ……………終了ステータス1でシェルスクリプトを終了
```

基本事項

exitコマンドを実行すると、その時点でシェルスクリプトが終了します。引数の終了ステータスで終了ステータスを指定できます。

終了ステータス

exitコマンドに付けられた引数の値(終了ステータス)が、シェルスクリプトの終了ステータスになります。引数を省略した場合は、最後に実行されたリストの終了ステータスがシェルスクリプトの終了ステータスになります。

解説

exitコマンドは、おもにエラーなどでシェルスクリプトの実行を途中で中断する場合などに用いられます。なお、明示的にexitコマンドを記述しなくても、シェルスクリプトの下端まで実行が終了した場合は、そこでシェルスクリプトは終了し、その終了ステータスは最後に実行したリストの終了ステータスになります。これは、シェルスクリプトの下端に、暗黙のexit $?というコマンドが記述されているものと考えられます。

エラーでexitする例

リストAは、あらかじめシェルスクリプトの「引数1」で指定されたファイルが、通常ファイルとして存在するかどうかをチェックし、存在しない場合はエラーメッセージのあと、exit 1で終了ステータス「1」を返してシェルスクリプトを中断するようにしたものです。なお、リストの最後のexit 0は必ずしも必要ありませんが、シェルスクリプトの最後で正常終了する場合にはexit 0と記述しておくとわかりやすいでしょう。

リストA　エラーでexitする例

```
if [ ! -f "$1" ]; then ……………引数1で指定されたファイルの存在をチェック
  echo "$1"'ファイルが存在しません' ……………存在しなければエラーメッセージを出す
  exit 1 ……………終了ステータス1でシェルスクリプトを中断
fi ……………if文の終了
cp -p "$1" "$1".bak ……………メインの処理を行う
exit 0 ……………最後に終了ステータス0で終了
```

注意事項

サブシェル内のexitはサブシェルを抜けるだけ

exitコマンドを含むリストがサブシェルの( )で囲まれている場合、exitコマンドを実行するとそのサブシェルを抜けますが、シェルスクリプト自体は終了しません。したがって、次の例はそれぞれtrueコマンド、falseコマンドと等価になります。

```
(exit 0) ……………………………trueコマンドと等価
(exit 1) ……………………………falseコマンドと等価
```

このことを利用して、以下のように0から255までの任意の終了ステータスを返すコマンドを作ることができます。

```
(exit 12) ……………………………終了ステータス12を返すコマンド
(exit 255) ……………………………終了ステータス255を返すコマンド
```

パイプ中のexitは暗黙のサブシェル

特殊な例ですが、パイプ(|)を1つ以上使用したパイプラインは内部的にサブシェル扱いになるため、次の例ではシェルスクリプトは終了せず、単に終了ステータス「2」が返るのみになります。

```
true | exit 2
```

ただしzshの場合は動作が異なり、上の例ではシェルが終了します。パイプの順序を逆にして「exit 2 | true」とすると、zshでもシェルは終了しません。

参照

コマンドの終了ステータス(p.25)　特殊パラメータ$?(p.179)　サブシェル(p.73)

export

- ○ Linux (bash)
- ○ FreeBSD (sh)
- ○ Solaris (sh)
- ○ BusyBox (sh)
- ○ Debian (dash)
- ○ zsh

シェル変数を環境変数としてエクスポートする

export [変数名 ...]

```
LANG=ja_JP.eucJP ························ シェル変数LANGにja_JP.eucJPを代入
export LANG ································ シェル変数LANGを、環境変数LANGとしてエクスポート
```

基本事項

exportコマンドを実行すると、引数の変数名で指定されたシェル変数が**環境変数**としてエクスポートされます。exportコマンドを引数なしで実行した場合は、現在エクスポート中の環境変数の一覧が表示されます。

終了ステータス

exportコマンドの終了ステータスは「0」になります。ただし、変数名の指定が正しくないなどexportコマンド自体がエラーになった場合は、終了ステータスは「0」以外になります。

解説

シェルでは、環境変数はエクスポートされたシェル変数として扱われます。したがって、環境変数を設定するには、**シェル変数に値を代入**し、exportコマンドで**環境変数としてエクスポート**するという2段階の動作が必要です。以後、エクスポートされたシェル変数の値を更新すると、同時に環境変数の値も更新されます。

シェル変数を環境変数にエクスポート

実際にシェル変数を環境変数にエクスポートしている例を**図A**に示します。printenvコマンドを使用すると、現在設定されている環境変数を確認できます。シェル変数**TEXT**に値を代入した直後は、printenv TEXTで値が表示されず、export TEXTを実行してはじめてprintenv TEXTで値が表示されていることがわかります。

図A　シェル変数を環境変数にエクスポート

```
$ TEXT=hello ······································ シェル変数TEXTにhelloという文字列を代入
$ echo "$TEXT" ···································· 試しにechoコマンドでシェル変数の値を表示
hello ············································· たしかにhelloと表示される
$ printenv TEXT ··································· しかし、環境変数TEXTは設定されていない
$ export TEXT ····································· シェル変数TEXTを環境変数にエクスポート
$ printenv TEXT ··································· 再度、環境変数TEXTの値を表示してみる
hello ············································· たしかにhelloと表示される
```

exportは代入の前でもよい

リストAのように、変数のexportを先に行い、あとから変数に値を代入してもかまいません。exportコマンドの実行時にシェル変数が未定義であっても問題ありません。

複数の変数を同時にエクスポート

リストBのように、exportの引数に複数の変数を記述し、同時にエクスポートすることもできます。多数の環境変数を設定する場合に便利でしょう。

unsetでエクスポートの取り消し

いったんエクスポートした環境変数を取り消し、エクスポート前の状態に戻すには、**図B**のようにunsetコマンドを使います。ただし、unsetによってシェル変数自体が**未設定**の状態に戻るため、シェル変数が必要な場合は、もう一度シェル変数を設定しなおす必要があります。

リストA exportは代入の前でもよい

```
export LANG ……………………先にシェル変数LANGを環境変数にエクスポート
LANG=ja_JP.eucJP ……………LANGに値を代入
```

リストB 複数の変数を同時にexportしてもよい

```
CFLAGS='-O2 -fomit-frame-pointer' ……シェル変数CFLAGSに値を代入
LANG=ja_JP.eucJP ……………………シェル変数LANGに値を代入
export CFLAGS LANG …………………CFLAGSとLANGをまとめてエクスポート
```

図B unsetでexportの取り消し

```
$ TEXT=hello; export TEXT ………シェル変数TEXTに値を代入し、エクスポートする
$ printenv TEXT ……………………環境変数TEXTの値を表示してみる
hello ……………………………………たしかにhelloと表示される
$ unset TEXT ………………………変数TEXTをunsetする
$ printenv TEXT ……………………環境変数TEXTは未設定になる
$ echo "$TEXT" ……………………同時にシェル変数も未設定になる
```

変数に代入と同時にエクスポート

○ Linux (bash)	○ FreeBSD (sh)
× Solaris (sh)	○ BusyBox (sh)
○ Debian (dash)	○ zsh

Solaris(sh)以外のシェルでは、**リストC**のように、シェル変数に値を代入すると同時にエクスポートすることもできます。ただし、互換性のためには、なるべく「LANG=ja_JP.eucJP; export LANG」という2段階の記述方法を用いたほうがよいでしょう。

リストC 変数に代入と同時にexport

```
export LANG=ja_JP.eucJP ………シェル変数LANGに値を代入すると同時にエクスポートする
```

export -nでエクスポートの取り消し

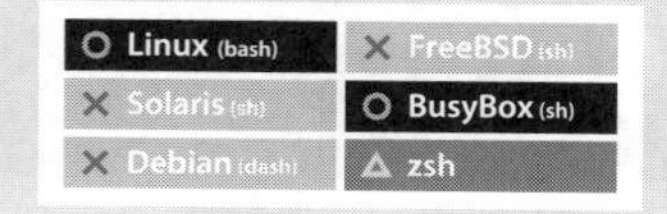

bashまたはBusyBox(sh)では、エクスポートした環境変数を取り消すために、**図C**のようにexport -nというコマンドが使えます。

export -nは、unsetとは違ってシェル変数はセットされたまま残り、環境変数のみが未設定状態に戻ります。

なお、zshでは「typeset +x」または「declare +x」でエクスポートを取り消せます。これらのコマンドはbashでも使えます。

図C　export -nでexportの取り消し

```
$ TEXT=hello; export TEXT ……… シェル変数TEXTに値を代入し、エクスポートする
$ printenv TEXT ……… 環境変数TEXTの値を表示してみる
hello ……… たしかにhelloと表示される
$ export -n TEXT ……… 環境変数TEXTのエクスポートを取り消す
$ printenv TEXT ……… 環境変数TEXTは未設定になる
$ echo "$TEXT" ……… シェル変数のほうのTEXTを表示してみる
hello ……… シェル変数は値がセットされたままになっている
```

exportの-pオプション

○ Linux (bash)　○ FreeBSD (sh)
× Solaris (sh)　○ BusyBox (sh)
○ Debian (dash)　○ zsh

エクスポートされている変数の一覧は、exportコマンドを引数なしで実行すれば表示されますが、Solaris(sh)以外では、ここでexport -pとオプションを付けることもできます。この-pオプションを付けると、**図D**のように、実際にエクスポートを行う際のコマンドラインを使った表示になります。ただし、bash、BusyBox(sh)またはdashの場合はexport -pとexportは同じで、常にコマンドライン形式の表示になり、さらにbashの場合は、exportに相当するdeclare -xコマンドを使った表示になります。

図D　export -pの実行例(bashでの表示)

```
$ export -p
declare -x HOME="/home/guest"
declare -x LANG="ja_JP.eucJP"
declare -x PATH="/home/guest/bin:/usr/local/bin:/usr/X11R6/bin:/usr/bin:/bin"
declare -x TERM="kterm"
```

Memo

● bashでは、export -fで、シェル関数もエクスポートできます。

参照

環境変数の設定(p.185)　シェル変数の代入と参照(p.165)　unset(p.134)

getopts

- ○ Linux (bash)
- ○ FreeBSD (sh)
- ○ Solaris (sh)
- ○ BusyBox (sh)
- ○ Debian (dash)
- ○ zsh

シェルスクリプトの引数に付けられたオプションを解析する

getopts オプション文字列 変数名 [引数 ...]

getopts cvi:o: option ……………-c、-v、-i、-oをオプションとして位置パラメータを解釈

基本事項

getoptsコマンドは位置パラメータにセットされている、-で始まる1文字オプションを解釈し、最初に見つかったオプション文字の1文字を変数名で指定したシェル変数に代入します。この時、シェル変数**OPTIND**には、次にgetoptsが実行された時に解釈するべき位置パラメータの番号が代入されます。オプション文字列には、getoptsが解釈するべき1文字オプションを並べて指定します。オプション文字の直後に:がある場合は、そのオプションが引数を必要するものと解釈され、その引数はシェル変数**OPTARG**に代入されます。

オプションではない引数まで解釈が進んだ場合は、オプションではない引数のセットされている位置パラメータの番号を**OPTIND**にセットして、「0」以外の終了ステータスで終了します。

オプションではない引数または不正なオプションが見つかった場合、指定のシェル変数には「?」という文字が代入されます。

位置パラメータ中に--という引数がセットされている場合は、それ以降の位置パラメータはオプションではないと解釈されます。

OPTINDは、初期状態では「1」がセットされていますが、新たな位置パラメータを最初から解釈させなおす場合は、**OPTIND**に再度「1」を代入する必要があります。

位置パラメータを解釈する代わりに、getoptsコマンド自体に引数を付けて、その引数を解釈させることもできます。

終了ステータス

解釈の結果、オプションが見つかった場合は終了ステータスは「0」になります。オプションではない引数まで解釈が進んだ場合は終了ステータスは「0」以外になります。

解説

シェルスクリプトの起動時にシェルスクリプトに付けられた「-v -o *file arg*」のような形式のオプションを解釈するには、getoptsコマンドが便利です。とくに、-vのような1文字オプションや、「-o *file*」のような1文字オプションとその引数の形に形式化している場合はgetoptsが使いやすいでしょう。ただし、オプション解釈にはgetoptsが必須というわけではなく、getoptsを使わないで独自に位置パラメータを解釈してもかまいません。

getoptsコマンドの記述例

getoptsコマンドを使用したシェルスクリプトの記述例を**リストA**に示します。getoptsは、オプション解釈が終了するまで繰り返し呼び出して使用するため、このようにwhile文と組み合わせて使うのが普通です。

getoptsのオプション文字列にはcvi:o:と指定しています。したがって、-c、-vのオプションと、-i *file*および-o *file*の形のオプションを扱うことになります。

getoptsの実行後、指定のシェル変数であるoptionにはオプション文字1文字が代入されているので、これをcase文を使って場合分けします。cやvの場合は単にメッセージを表示します。-iや-oの場合は、その後の引数が**OPTARG**に代入されているため、これも含めて表示します。それ以外のオプションが指定された場合はoptionには?が代入されているため、「Usage」のメッセージを表示してエラーで終了します。この時、case文のパターンとしての?は\でクォートする必要があります。

以上の処理を、位置パラメータのオプションが続くかぎり繰り返したあと、オプションでない引数に達したところでgetoptsコマンドの終了ステータスが偽になるため、while文が終了します。

リストA getopts_test(getoptsの記述例)

```
while getopts cvi:o: option ……………………オプション解釈が続くかぎりwhile文でループする
do ……………………………………………………………………while文のループの開始
  case $option in ………………………………………case文で得られたオプション名で分岐
    c) ………………………………………………………………-cオプションだった場合
      echo '-cオプションが指定されました';; ………その旨を表示
    v) ………………………………………………………………-vオプションだった場合
      echo '-vオプションが指定されました';; ………その旨を表示
    i) ………………………………………………………………-iオプションだった場合
      echo '-iオプションで'"$OPTARG"'が指定されました';; …………
                                              オプション引数も含めその旨を表示
    o) ………………………………………………………………-oオプションだった場合
      echo '-oオプションで'"$OPTARG"'が指定されました';; …………
                                              オプション引数も含めその旨を表示
    \?) ……………………………………………………………不正なオプションが指定された場合
      echo "Usage: $0 [-c] [-v] [-i file] [-o file] [args...]" 1>&2…………
                                              Usageのエラーメッセージを表示
      exit 1;; ……………………………………………………エラーで終了
  esac ……………………………………………………………case文の終了
done ………………………………………………………………while文のループの終了
shift `expr "$OPTIND" - 1` ……………………OPTINDから1を引いた数だけ位置パラメータをshift
if [ $# -ge 1 ]; then ……………………………………位置パラメータが1つ以上残っている場合
  echo 'オプション以外の引数は'"$@"'です' …………残りの位置パラメータを表示
else ………………………………………………………………位置パラメータが残っていない場合
  echo 'オプション以外の引数はありません' …………その旨を表示
fi ……………………………………………………………………if文の終了
```

while文を抜けたところで、解釈済みのオプションが入った位置パラメータをshiftコマンドで追い出します。ここで、**OPTIND**には、オプションではない最初の位置パラメータの番号が入っているため、**OPTIND**から「1」を引いた数だけshiftします。「1」を引くにはexprコマンドの結果をコマンド置換で取り込みます。

ここで、特殊パラメータ$#の値が「1」以上で位置パラメータが残っている場合は、オプション以外の引数が付けられていたことになるので、残りの引数をまとめて表示します。位置パラメータが残っていない場合は、その旨を表示します。

getopts_testの実行例

作成した「getopts_test」を実行している様子を**図A**に示します。図のように、各オプションや引数が正しく解釈されていることがわかります。なお、-c -vの代わりに-cvと、まとめてオプション指定しても正しく解釈されます。

図A getopts_testの実行例

```
$ ./getopts_test -c -o file arg1 arg2 ……オプションを付けgetopts_testを実行
-cオプションが指定されました ……-cオプションが解釈されている
-oオプションでfileが指定されました ……-oオプションとその引数のfileが解釈されている
オプション以外の引数はarg1 arg2です ……オプション以外の引数が解釈されている
$ ./getopts_test -a arg1 ……存在しないオプションを付けると
getopts_test: illegal option -- a ……getopts自体からのエラーメッセージ
Usage: ./getopts_test [-c] [-v] [-i file] [-o file] [args...] ……Usageが表示される
$ ./getopts_test -cv arg1 ……-c -vを-cvとまとめて指定してみる
-cオプションが指定されました ……-cオプションが解釈されている
-vオプションが指定されました ……-vオプションが解釈されている
オプション以外の引数はarg1です ……オプション以外の引数が解釈されている
$ ./getopts_test -c -i file -- -o arg ……オプションの終わりに--を付けてみる
-cオプションが指定されました ……-cオプションが解釈されている
-iオプションでfileが指定されました ……-iオプションとその引数のfileが解釈されている
オプション以外の引数は-o argです ……-o argは、オプションではない引数と解釈されている
```

Memo

- getoptsと同様にオプション解析を行うgetoptという外部コマンドが存在しますが、getoptの動作や使用方法はgetoptsとは異なります。

参照

位置パラメータ(p.168)　while文(p.64)　shift(p.125)
特殊パラメータ$#(p.177)

read

Linux (bash) / FreeBSD (sh) / Solaris (sh) / BusyBox (sh) / Debian (dash) / zsh

標準入力からの入力をシェル変数に読み込む

書式 **read** 変数名 [変数名 ...]

```
echo -n 'prompt> ' 1>&2 ·························· プロンプトを表示
read input ······················································ 標準入力をシェル変数inputに読み込む
```

基本事項

readコマンドは、標準入力から文字列を1行分、読み込みます。入力された文字列は、スペースなどの、シェル変数**IFS**にセットされている文字で単語分割され、引数の変数名で指定されたシェル変数に順に代入されます。指定したシェル変数の個数が足りない場合は最後のシェル変数に残りの文字列すべてが代入され、シェル変数の個数が余る場合は余ったシェル変数には空文字列が代入されます。入力文字列中では、バックスラッシュ(\)を使って行の継続を行えます。

終了ステータス

標準入力がEOF(*End Of File*)にならないかぎり、終了ステータスは「0」になります注7。

解説

readコマンドは、シェルスクリプト中でユーザからキー入力を受け付けたい場合などに使用します。readの実行後には、指定のシェル変数にキー入力内容が入っているため、このシェル変数を参照して入力内容を知ることができます。また、readコマンドを実行すると、ユーザがEnterを入力する(またはEOFになる)まではコマンドが終了しないため、シェルスクリプト中で単にキー入力待ちの一時停止を入れたい場合にも使用できるでしょう。

readコマンドの使用例

readコマンドを使ってキー入力を読み込み、それに応じてメッセージを表示するシェルスクリプトの例を**リストA**に示します。これは、select文の項の冒頭の例(p.70)とほぼ同じ動作をするシェルスクリプトを、readコマンドを使って書き直したものです。

リストAは、全体が1つのwhile文になっており、まずechoコマンドで選択メニューとプロンプトを表示してからreadコマンドでキー入力を読み込んでいます。ここで、whileの直後のリストとして、echoとreadの2つのコマンドを記述していることに注意してください。また、echoコマンドには、複数行に渡る選択メニューとプロンプト全体をシングルクォート(' ')で囲んで1つの引数にして与えています。readコマンドは、入力がEOFにならないか

注7　標準入力がキーボードの場合、通常はCtrl+Dを入力すると標準入力がEOFになります。

ぎり真の値を返すため、キー入力が続くかぎり、whileループが繰り返し実行されることになります。

リストAの実行例はselect文の項の実行例と同じになります。実際にシェルスクリプトを起動し、メニューを見て適当な数字を入力すれば、動作が確認できるでしょう。

なお、Solarisのshではechoコマンドの-nオプションが使えないため、プロンプトを表示しているecho -nをechoに変更し、代わりにプロンプトの文字列の最後に\cを付けて改行を抑制してください。

リストA ユーザからの入力に応じてメッセージを表示

```
while ························while文の開始
  echo -n \ ··················echoコマンドで選択メニューとプロンプト（改行なし）を表示
'1) up ·······················シングルクォートで囲まれた選択メニューとプロンプト
2) down
3) left
4) right
5) look
6) quit
コマンド? ' 1>&2 ···························全体を標準エラー出力にリダイレクト
  read cmd ·································シェル変数cmdに標準入力を読み込む
do ·········································while文のループの開始
  case $cmd in ·····························case文を使ってシェル変数cmdの内容で分岐
    1) ·····································入力が1だった場合
      echo '上に移動しました';; ············対応するメッセージを表示
    2) ·····································入力が2だった場合
      echo '下に移動しました';; ············対応するメッセージを表示
    3) ·····································入力が3だった場合
      echo '左に移動しました';; ············対応するメッセージを表示
    4) ·····································入力が4だった場合
      echo '右に移動しました';; ············対応するメッセージを表示
    5) ·····································入力が5だった場合
      echo 'アイテムが落ちています';; ······対応するメッセージを表示
    6) ·····································入力が6だった場合
      echo '終了します' ····················終了メッセージを表示
      break;; ······························while文のループを抜けて終了する
    *) ·····································入力がそれ以外の文字列だった場合
      echo "$cmd"'というコマンドはありません';; ·····
                                            入力文字列を含めてエラーメッセージを表示
  esac ·····································case文の終了
  echo ·····································1行改行
done ·······································while文のループの終了
```

readの-pオプションでプロンプトを表示

○ Linux (bash)	○ FreeBSD (sh)
× Solaris (sh)	○ BusyBox (sh)
○ Debian (dash)	△ zsh

Solaris(sh)とzshを除いて、readコマンドには、プロンプトを指定する-pオプションがあり、echoコマンドを使わずにプロンプトを表示できます。プロンプトは標準エラー出力に出力されます。前述のリストAをread -pを使って書き直すと**リストB**のようになります。

なお、zshでは-pオプションではなく、「read '?プロンプト'」の形式でプロンプトを指定します。?がパス名展開として解釈されないように、クォートが必要です。

リストB read -pでプロンプトを表示

```
while ……………………………… while文の開始
  read -p \ ……………………… read -pで選択メニューとプロンプト（改行なし）を表示
'1) up ……………………………… シングルクォートで囲まれた選択メニューとプロンプト
2) down
3) left
4) right
5) look
6) quit
コマンド? ' cmd ……………………… シェル変数cmdに標準入力を読み込む
do ………………………………………… while文のループの開始
  case $cmd in …………………………case文を使ってシェル変数cmdの内容で分岐
    1) ………………………………………入力が1だった場合
      echo '上に移動しました';; ………対応するメッセージを表示
    2) ………………………………………入力が2だった場合
      echo '下に移動しました';; ………対応するメッセージを表示
    3) ………………………………………入力が3だった場合
      echo '左に移動しました';; ………対応するメッセージを表示
    4) ………………………………………入力が4だった場合
      echo '右に移動しました';; ………対応するメッセージを表示
    5) ………………………………………入力が5だった場合
      echo 'アイテムが落ちています';; ……対応するメッセージを表示
    6) ………………………………………入力が6だった場合
      echo '終了します' ………………終了メッセージを表示
      break;; ……………………………while文のループを抜けて終了する
    *) ………………………………………入力がそれ以外の文字列だった場合
      echo "$cmd"'というコマンドはありません';; …………
                                    入力文字列を含めてエラーメッセージを表示
  esac ………………………………………case文の終了
  echo ………………………………………1行改行
done …………………………………………while文のループの終了
```

readの-rオプションで行の継続の無効化

○ Linux (bash)	○ FreeBSD (sh)
× Solaris (sh)	○ BusyBox (sh)
○ Debian (dash)	○ zsh

Solaris(sh)以外のreadコマンドでは、バックスラッシュ(\)による行の継続を行わず、\を普通の文字として入力する-rオプションが使えます。

readの-tオプションでタイムアウト

○ Linux (bash)	○ FreeBSD (sh)
× Solaris (sh)	○ BusyBox (sh)
× Debian (dash)	○ zsh

Solaris(sh)とdashを除いて、一定時間入力がなかった場合にreadコマンドを偽の終了ステータスで終了する-tオプションが使えます。-tオプションは待ち時間の秒数を引数で指定し、たとえば5秒待ちならば`read -t 5`と指定します。

readの-nオプションで文字数指定

○ Linux (bash)	× FreeBSD (sh)
× Solaris (sh)	○ BusyBox (sh)
× Debian (dash)	△ zsh

bashまたはBusyBoxのshのreadコマンドでは、-nオプションで最大入力文字数(バイト数)を指定することができます。たとえば`read -n 5`の場合、標準入力から5バイト入力したところで、行の途中であってもreadの入力動作を終了します。なお、zshの場合は「`read -k` 文字数」の形式で文字数を指定します。

readの-sオプションでエコーバック禁止

○ Linux (bash)	× FreeBSD (sh)
× Solaris (sh)	○ BusyBox (sh)
× Debian (dash)	○ zsh

bash、BushBox(sh)またはzshのreadコマンドでは、-sオプションを指定すると、端末からの入力の際に入力文字をエコーバックしません。簡単なパスワードを入力するような用途などに便利でしょう。

Memo

- bash、BusyBox(sh)、zshでは、readコマンドの引数の 変数名 を省略することができ、その場合、シェル変数**REPLY**に入力行が代入されます。
- bashやzshのreadコマンドには、ほかにもオプションが存在します。

参照

while文(p.64)　単語分割(p.248)

readonly

Linux (bash) / FreeBSD (sh) / Solaris (sh) / BusyBox (sh) / Debian (dash) / zsh

シェル変数を読み込み専用にする

書式 **readonly** [変数名 ...]

例

```
DIR=/usr/local ……………… シェル変数DIRに/usr/localを代入
readonly DIR ……………… シェル変数DIRを読み込み専用にする
```

基本事項

readonlyコマンドを実行すると、引数の変数名で指定されたシェル変数が読み込み専用となり、以後、値の代入もunsetもできなくなります。readonlyコマンドを引数なしで実行した場合は、読み込み専用になっている変数の一覧が表示されます。

終了ステータス

readonlyコマンドの終了ステータスは「0」になります。ただし、変数名の指定が正しくないなど、readonlyコマンド自体がエラーになった場合は終了ステータスは「0」以外になります。

解説

readonlyコマンドは、シェル変数を読み込み専用にするだけであり、とくにreadonlyを使用しなくてもシェルスクリプトは記述できます。しかし、**特定のシェル変数を定数**として使用したい場合は、readonlyを実行しておいたほうがよいでしょう。定数扱いの変数が読み込み専用に設定されていれば、誤って値を変更したりunsetするといったプログラムミスを防げます。なお、いったん読み込み専用に設定された変数を元に戻す方法はありません。ただし、zshの場合は、「typeset +r」または「declare +r」コマンドで元に戻すこともできます。

代入もunsetもできなくなる

readonlyコマンドが実行されると、**図A**のように、その変数に対して代入やunsetを実行しようとするとエラーになります。

図A 代入もunsetもできない

```
$ DIR=/usr/local ……………………………… DIRに値を代入する
$ readonly DIR ……………………………… DIRを読み込み専用にする
$ DIR=/tmp ……………………………………… DIRに値を代入しようとすると
bash: DIR: readonly variable ………… エラーになる
$ unset DIR …………………………………… DIRをunsetしようとすると
bash: unset: DIR: cannot unset: readonly variable …… エラーになる
```

複数の変数を同時に読み込み専用に

リストAのように、readonlyの引数に複数の変数を記述し、同時に読み込み専用にすることもできます。多数の変数を読み込み専用に設定する場合に便利でしょう。

代入の前に読み込み専用にした場合

図Bのように、まだ設定していないシェル変数に対してreadonlyを実行することも、文法的には可能です。すると、以降この変数を設定することすらできなくなります。

リストA readonlyで、複数の変数を同時に指定

```
DIR=/usr/local ......................シェル変数DIRに値を代入
PROG=myprog .........................シェル変数PROGに値を代入
readonly DIR PROG ...................DIRとPROGをまとめて読み込み専用に
```

図B 設定していないシェル変数を読み込み専用に

```
$ unset DIR .........................念のためシェル変数DIRをunsetする
$ readonly DIR ......................未設定のDIRを読み込み専用にする
$ DIR=/usr/local ....................DIRに値を代入しようとすると
bash: DIR: readonly variable ........エラーになる
```

変数に代入と同時にreadonlyにする

○ Linux (bash)	○ FreeBSD (sh)
× Solaris (sh)	○ BusyBox (sh)
○ Debian (dash)	○ zsh

Solaris(sh)以外では、**リストB**のように、シェル変数に値を代入すると同時に読み込み専用にすることもできます。ただし、互換性のためには、なるべく「DIR=/usr/local; readonly DIR」という2段階の記述方法を用いたほうがよいでしょう。

リストB 変数に代入と同時にreadonlyにする

```
readonly DIR=/usr/local ............シェル変数DIRに値を代入すると同時に読み込み専用にする
```

readonlyの-pオプション

○ Linux (bash)	○ FreeBSD (sh)
× Solaris (sh)	○ BusyBox (sh)
○ Debian (dash)	○ zsh

読み込み専用に設定されている変数の一覧は、readonlyコマンドを引数なしで実行すれば表示されますが、Solaris(sh)以外では、ここでreadonly -pとオプションを付けることもできます。この-pオプションを付けると、**図C**のように、実際にreadonlyに設定する際のコマンドラインを使った表示になります。ただし、bash、BusyBox(sh)またはdashの場合はreadonly -pとreadonlyは同じで、常にコマンドライン形式の表示になり、さらにbashの場合は、readonlyに相当するdeclare -rコマンドを使った表示になります。

図C readonly -pの実行例(bashでの表示)

```
$ readonly -p
declare -r BASHOPTS="checkwinsize:cmdhist:complete_fullquote:expand_aliases:
extquote:force_fignore:globasciiranges:hostcomplete:interactive_comments:pro
gcomp:promptvars:sourcepath"
declare -ar BASH_VERSINFO=([0]="5" [1]="0" [2]="17" [3]="1" [4]="release" [5
]="x86_64-pc-linux-gnu")
declare -ir EUID="1000"
declare -ir PPID="7236"
declare -r SHELLOPTS="braceexpand:emacs:hashall:histexpand:history:interacti
ve-comments:monitor"
declare -ir UID="1000"
```

注意事項

位置パラメータ、特殊パラメータはreadonlyにできない

readonlyコマンドの引数に指定できるのは、パラメータのうちの「シェル変数」のみです。位置パラメータ($1、$2など)や特殊パラメータ($@、$#など)はreadonlyの引数には指定できません。

サブシェル内でのreadonlyはサブシェル内でのみ有効

readonlyコマンドが( )で囲まれたサブシェル内で実行されている場合、読み込み専用になるのはそのサブシェルのみになります。シェル本体の変数は影響を受けないため注意してください。

Memo

- bashのreadonlyには、配列やシェル関数に関連した-aや-fのオプションもあります。

参照

シェル変数の代入と参照(p.165)　unset(p.134)　サブシェル(p.73)

return

- ○ Linux (bash)
- ○ FreeBSD (sh)
- ○ Solaris (sh)
- ○ BusyBox (sh)
- ○ Debian (dash)
- ○ zsh

シェル関数を終了する

書式 **return** [終了ステータス]

例

```
func() ……………………………………シェル関数の定義開始
{
  return 1 ……………………………終了ステータス1でシェル関数を終了
} …………………………………………シェル関数の定義終了
```

基本事項

returnコマンドを実行すると、実行中のシェル関数を終了し、シェル関数の呼び出し元に戻ります。引数の終了ステータスで終了ステータスを指定できます。

終了ステータス

returnコマンドに付けられた引数の値が、シェル関数の終了ステータスになります。引数を省略した場合は、シェル関数内で最後に実行されたリストの終了ステータスがシェル関数の終了ステータスになります。

解説

returnコマンドは、おもにエラーなどでシェル関数の実行を途中で中断する場合に用いられます。なお、明示的にreturnコマンドを記述しなくても、シェル関数の最後まで実行が終了した場合は、そこでシェル関数は終了し、その終了ステータスは最後に実行したリストの終了ステータスになります。これは、シェル関数の最後に、暗黙の`return $?`というコマンドが記述されているものと考えられます[注8]。

エラーでreturnする例

リストAは、あらかじめシェル関数の「引数1」で指定されたファイルが、通常ファイルとして存在するかどうかをチェックし、存在しない場合はエラーメッセージのあと、`return 1`で終了ステータス「1」を返してシェル関数を中断するようにしたものです。なお、リストの最後の`return 0`は必ずしも必要ありません。

注8　「コマンドの終了ステータス」(p.25)と「特殊パラメータ$?」(p.179)も合わせて参照してください。

リストA エラーでreturnする例

```
func() ·····································シェル関数funcの定義開始
{
  if [ ! -f "$1" ]; then ················引数1で指定されたファイルの存在をチェック
    echo "$1"'ファイルが存在しません' ·····存在しなければエラーメッセージを出す
    return 1 ····························終了ステータス1でシェル関数を中断
  fi ····································if文の終了
  cp -p "$1" "$1".bak ···················メインの処理を行う
  return 0 ······························最後に終了ステータス0で終了
} ·······································シェル関数funcの定義終了
```

.コマンドで読み込んだファイル中でのreturn

○ Linux (bash)	○ FreeBSD (sh)
× Solaris (sh)	○ BusyBox (sh)
○ Debian (dash)	○ zsh

Solaris(sh)以外のシェルでは、.コマンドで読み込んだファイル中でreturnコマンドを実行すると、読み込んだファイルの実行を終了することができます。

注意事項

サブシェル内のreturnはサブシェルを抜けるだけ

シェル関数内でreturnコマンドを含むリストがサブシェルの( )で囲まれている場合、returnコマンドを実行してもそのサブシェルを抜けるだけになり、シェル関数は終了しません。したがって、次の例ではreturnの後のechoコマンドまで実行されてしまい、終了ステータスもechoによって「0」が返されます。

```
func() { (return 3); echo message; }
```

パイプ中のreturnは暗黙のサブシェル

特殊な例ですが、パイプ(|)を1つ以上使用したパイプラインは内部的にサブシェル扱いになるため、次の例ではシェル関数は終了せず、returnの後のechoコマンドまでが実行されます。

```
func() { true | return 3; echo message; }
```

ただしzshの場合は、上記の例ではreturnでシェル関数が終了します。パイプの順序を逆にして「return 3 | true」とすると、returnでシェル関数は終了しません。

参照

シェル関数(p.77)　コマンドの終了ステータス(p.25)　特殊パラメータ $?(p.179)
. コマンド(p.92)　サブシェル(p.73)

set

Linux (bash)
FreeBSD (sh)
Solaris (sh)
BusyBox (sh)
Debian (dash)
zsh

シェルにオプションフラグをセットする、または位置パラメータをセットする

書式 set [-オプションフラグ | +オプションフラグ] [引数 ...]

例

```
set -a ........................ シェルに-aのオプションフラグをセット
set one two ................... 位置パラメータ$1、$2に、それぞれone twoをセット
```

表 setコマンドでセットできるオプションフラグ

フラグ	意味	bash	Free BSD	Solaris	Busy Box	dash	zsh※6
-a	変数に代入すると自動的にエクスポートされる	○	○	○	○	○	○
-b	バックグラウンドジョブが終了したらすぐに報告	○	×※3	×	×※3	×※3	-5
-e	コマンドが偽の終了ステータスならシェルを終了	○	○	○	○	○	○
-f	パス名展開を行わない	○	○	○	○	○	-F
-h	コマンド実行時にハッシュテーブルを使う	○	×※3	△※4	×	×	×※7
-k	コマンド名の右側でも環境変数に代入できる	○	×	○	×	×	×※8
-m	ジョブコントロールを有効にする	○	○	○	○	○	○
-n	コマンドを読み込むのみで、実際には実行しない	○	○	○	○	○	△※9
-o	各種拡張オプションをセットする	○	○	×	○	○	○
-p	特権モードを有効にする	○	○	×	×	○※5	○
-t	コマンドを1つだけ実行してシェルを終了する	○	×	○	×	×	△※9
-u	未設定のパラメータの参照をエラーとして扱う	○	○	○	○	○	○
-v	コマンド入力時にコマンド入力行をそのまま表示	○	○	○	○	○	○
-x	コマンド実行時に、展開後のコマンド行を表示	○	○	○	○	○	○
-B	ブレース展開を有効にする	○	×	×	×	×	+I※10
-C	リダイレクト時に、ファイルの上書きを禁止	○	○	×	○	○	○
-H	!によるヒストリ置換を有効にする	○	×	×	×	×	+K※10
-P	cdやpwdコマンドで、常に-Pオプションを使用	○	○	×	×	×	-w
-※1	-vと-xを削除し、引数を位置パラメータに代入	○	○	○	○	○	△※11
--※2	残りの引数を位置パラメータに代入	○	○	○	○	○	○

※1　「set -」で残りの引数を指定しなかった場合、すでにセットされていた 位置パラメータはそのままになる

※2　Solaris(sh)以外では、「set --」で残りの引数を指定しなかった場合、すでにセットされていた位置パラメータは削除される

※3　このオプションを使用してもエラーにはならないが、その動作は実装されていない

※4　「set -h」は、シェル関数の中で使われている外部コマンドを、シェル関数の定義の時点でハッシュテーブルに登録するという動作になる

※5　dashのバージョンによっては「set -p」は使えない
※6　zshで、オプションフラグがほかのシェルと異なる場合は、そのオプションフラグを表に直接記載する
※7　「set -h」は、連続する同一コマンドをヒストリに記録しないという動作になる
※8　「set -k」は、対話シェルでの#のコメントを有効にするという動作になる
※9　「set -n」や「set -t」は使えないが、シェルの起動時に「zsh -n」や「zsh -t」としてオプションフラグをセットすることができる
※10　bashの「set -B」「set -H」は、zshではそれぞれ「set +I」「set +K」に相当し、オプションフラグの+と-の論理が逆になっているので注意
※11　zshでは、エミュレーション時を除いて「set -」は「set --」と同じ動作をする

基本事項

setコマンドを[-オプションフラグ]の形式で実行すると、該当のオプションフラグがセットされます。setコマンドを[+オプションフラグ]の形式で実行すると、該当のオプションフラグはリセットされます。オプションフラグとしては前ページの**表**のものが使用できます。

setコマンドに、-や+で始まらない[引数]を付けて実行した場合、あるいは、-または--のオプションフラグに続いて[引数]を指定した場合は、それらの[引数]が順に位置パラメータにセットされます。

setコマンドを引数なしで実行した場合は、すべてのシェル変数とその値が一覧表示されます。

終了ステータス

エラーが発生しないかぎり、終了ステータスは「0」になります。

解説

setコマンドには「オプションフラグのセット／リセット」「位置パラメータのセット」「シェル変数の一覧表示」という、異なる3種類の使用法があります。これらを順に説明します。

オプションフラグのセット

オプションフラグとしては前ページの**表**の各オプションフラグが使用できます。シェルによって使用できるフラグに若干の違いがあるため、移植性には注意してください。オプションフラグをセットすると、そのフラグによってシェルの動作が一部変更されます。

図Aは、-fをセットして、パス名展開を禁止する実行例です。なお、現在シェルに設定されているオプションフラグの状態は、特殊パラメータ$-で参照できます。また、setで設定できるオプションフラグは、シェル自身の起動時のオプションとしても指定できます。たとえばシェルスクリプトの冒頭でset -fを実行する代わりに、1行目に#!/bin/sh -fと記述しておくことができます。

位置パラメータのセット

setコマンドを使って、位置パラメータをセットしている例を**図B**に示します。このように、setコマンドの引数として、-や+で始まらない「one two three」のような文字列を直接引数にする場合は、これらがオプションフラグと誤認されることはないため、そのまま位置パラメータに代入されます。

一方、-aなどのように、先頭に-が付いている文字列を位置パラメータにセットしたい場合は、set -- -aとして、-aがオプションフラグとはみなされないようにする必要があります。とくに、図Bのように、シェル変数の値を位置パラメータに代入する場合には、setではなくset --を使うように注意してください。

シェル変数の一覧表示

setコマンドを引数なしで実行し、シェル変数の一覧を表示している例を**図C**に示します。このように、すべてのシェル変数がその値とともに表示されることがわかります。

図A オプションフラグのセットの例

```
$ echo * ……………………………………*をechoしてみる
bin memo.txt src tmp ………………カレントディレクトリのファイル名に展開される
$ set -f ……………………………………-fオプションフラグで、パス名展開を禁止する
$ echo * ……………………………………再び*をechoする
* ………………………………………………*のまま展開されないことがわかる
$ set +f ……………………………………+fで、-fオプションフラグをリセットし、パス名展開を有効にする
$ echo * ……………………………………再び*をechoする
bin memo.txt src tmp ………………元通りパス名展開される
```

図B 位置パラメータのセットの例

```
$ set one two three ………………位置パラメータに"$1"から順にone two threeをセット
$ echo "$2" …………………………試しに"$2"を表示
two ……………………………………………たしかにtwoと表示される
$ opt=-a ……………………………………シェル変数optに-aという文字列を代入
$ set -- "$opt" ……………………"$opt"を位置パラメータにセット（set --を使う）
$ echo "$1" …………………………"$1"の内容を表示
-a ………………………………………………無事-aという文字列が表示される
```

図C シェル変数の一覧表示の例

```
$ set ………………………………………setコマンドを引数なしで実行
BASH=/bin/sh ……………………………以下、シェル変数とその値が一覧表示される
BASHOPTS=checkwinsize:cmdhist:complete_fullquote:expand_aliases:extquote:force_f
ignore:globasciiranges:hostcomplete:interactive_comments:progcomp:promptvars:sou
rcepathSH_ALIASES=()
BASH_ARGC=([0]="0")
BASH_ARGV=()
BASH_CMDS=()
BASH_LINENO=()
BASH_SOURCE=()
BASH_VERSINFO=([0]="5" [1]="0" [2]="17" [3]="1" [4]="release" [5]="x86_64-pc-lin
ux-gnu")
     ⋮
<以下略>
```

参照

位置パラメータ（p.168）　特殊パラメータ $-（p.183）

shift

Linux (bash) / FreeBSD (sh) / Solaris (sh) / BusyBox (sh) / Debian (dash) / zsh

位置パラメータをシフトする

shift [シフト回数]

例

```
while [ $# -gt 0 ] ……………………残りの引数があるかぎりループ
do ……………………………………ループの開始
  echo "$1" ……………………………引数1を表示する
  shift ………………………………引数をシフトする
done ……………………………………ループの終了
```

基本事項

shiftコマンドを引数なしで実行すると、位置パラメータ"$2"が新たに"$1"に、"$3"が新たに"$2"に、というように順にシフトされます。引数でシフト回数を指定した場合は、その回数分だけシフトされます。シフト回数が「0」の場合は位置パラメータは変化しません。

終了ステータス

shiftコマンドの終了ステータスは「0」になります。ただし、シフト回数が引数の個数を超えていてシフトできない場合は終了ステータスは「0」以外になります。

解説

shiftコマンドは、おもにwhile文で、引数(位置パラメータ)を順に解釈しながらループする場合に使用されます。"$1"に対する解釈が終わった時点でshiftを実行すれば、次の引数が"$1"のところにシフトしてくるので、効率よく処理が行えます。

引数シフトの例

setコマンドを使って適当な位置パラメータをセットし、それをシフトしながら位置パラメータの様子を表示させた例を**図A**に示します。

すべての引数をシフトするには

特殊パラメータ$#には、位置パラメータの個数が入っています。したがって、すべての引数をシフトして、引数が何もセットされていない状態にするには、**図B**のようにshift $#と記述すればよいのです。シフトの結果、$#の値は「0」になります[注9]。

注9　Solaris(sh)以外では、set --でも位置パラメータを**未設定**状態にできます。

図A 引数シフトの例

```
$ set one two three four five ……setコマンドで適当な引数を5個セットする
$ echo "$@" ……現在の位置パラメータを表示
one two three four five ……たしかに5個そのまま表示される
$ shift ……1回シフト
$ echo "$@" ……現在の位置パラメータを表示
two three four five ……"$1"がなくなり、"$2"から先がシフトしている
$ shift 2 ……さらに2回シフト
$ echo "$@" ……現在の位置パラメータを表示
four five ……たしかに2回シフトしている
```

図B すべての引数をシフトする例

```
$ set 1 2 3 4 5 6 7 8 9 0 1 2 3 4 5 ……setコマンドで適当な引数を15個セットする
$ echo $# ……念のため$#の値を表示
15 ……たしかに15と表示される
$ shift $# ……すべての引数をシフトする
$ echo $# ……再度$#の値を表示
0 ……引数がなくなり、$#の値は0となる
```

引数の個数以上にシフトしようとした場合

シフト回数が実際の引数の個数を超えている場合、たとえば位置パラメータが3個の状態でshift 4を実行した場合の動作は、シェルによって違いがあり、Solaris(sh)以外では、位置パラメータの状態は変化しません。一方、Solaris(sh)では、すべての位置パラメータがシフトし、位置パラメータ未設定の状態になります。

注意事項

サブシェル内やシェル関数内でのshiftは、それらの中でのみ有効

shiftコマンドが( )で囲まれたサブシェル内やシェル関数内で実行された場合、位置パラメータがシフトするのはそのサブシェルやシェル関数内のみになります。シェル本体の位置パラメータはシフトされないため、注意してください。

Memo

- shift 0は結果的に:コマンドと同じですが、:コマンドとは違ってshift 0の右側に余分な引数を付けると、bashではエラーになります。

参照

位置パラメータ(p.168)　while文(p.64)　set(p.122)
特殊パラメータ $#(p.177)　サブシェル(p.73)　シェル関数(p.77)

trap

- ○ Linux (bash)
- ○ FreeBSD (sh)
- ○ Solaris (sh)
- ○ BusyBox (sh)
- ○ Debian (dash)
- ○ zsh

シグナルを受け取った時に指定のリストを実行させる

書式 **trap** [リスト] [シグナル番号 | シグナル名 ...]

例

```
trap 'echo 割り込みシグナル受信' 2
```
……SIGINT受信時にメッセージを表示

基本事項

trapコマンドを実行すると、シェルが引数のシグナル番号またはシグナル名で指定したシグナルを受信した際に、指定のリストを実行するように設定されます[注10]。引数のリストとして空文字列('')を指定した場合は、指定のシグナルはシェルによって無視されるようになります。引数のリストを省略した場合は、指定のシグナルのtrapの設定が解除されます[注11、注12]。trapコマンドを引数なしで実行した場合は、現在のtrapの設定が表示されます。

シグナル番号として「0」、またはシグナル名としてEXITを指定すると、シェルの終了時に指定のリストが実行されます。trapの引数のリストは、1つの引数として通常はシングルクォート(' ')などで囲んで与える必要があり、trapコマンドの実行時に一度解釈されたあと、シグナル受信後のリストの実行時に再度解釈されます。

終了ステータス

エラーが発生しないかぎり、終了ステータスは「0」になります。

解説

シェルスクリプトを起動後、通常は、キーボードからCtrl+Cを入力して2番のシグナル(**SIGINT**)を発生させたり、ほかの端末エミュレータなどからkillコマンドでシグナルを送ることによってシェルスクリプトを中断させたりできます。trapコマンドは、この、シグナル受信時の動作を変更し、シグナル受信時に何らかのコマンドを実行させたり、あるいはシグナルを無視させたりすることが可能です。たとえば、あらかじめtrap '' 2というコマンド

注10　シグナルの指定にシグナル名を使う場合には、**SIGHUP**、**SIGINT**…などのシグナル名の頭のSIGを省略した**HUP**、**INT**…などの名前を使うのが標準ですが、シェルによってはSIGを省略しないシグナル名や、小文字のシグナル名も使える場合があります。

注11　bashをshの名前で起動した場合(set -o posixの状態の場合)、またはFreeBSD(sh)では、trapの設定を解除するためにシグナル名を使って「trap INT」などを実行しても、INTがシグナル名とは解釈されず、trapの設定が解除できないという問題があります。この場合、「trap 2」のようにシグナル番号で指定するか、または「trap - INT」という書式を使って解除します。 ただし逆に、「trap - INT」という書式はSolaris(sh)では使えず、「-」という名前のリストがtrapに登録されてしまうため注意が必要です。

注12　複数のシグナルのtrap設定を同時に解除する場合、たとえば「trap HUP INT」のように記述すると、Solaris(sh)とzshを除いて、**INT**というシグナル名に対して**HUP**というリストを登録するものと解釈され、意図通りに動作しません。この場合は「trap 1 2」のようにシグナル番号で記述するか、または「trap - HUP INT」と記述します。

を実行しているシェルスクリプトは、Ctrl+Cを入力しても終了しません。ただし、9番のSIGKILLのように、無視することができないシグナルもあります。なお、シグナル一覧はkill -lを実行して表示できます注13。

シグナル受信の例

図Aは、コマンドライン上でtrapを設定したあと、自分自身のシェルにkillコマンドでシグナルを送っている例です。ここでは、シグナル番号「2」(SIGINT)に対し、シェル変数messageの内容を表示するというtrapを設定した上で、killコマンドで、シェル自身のプロセスID番号の入った特殊パラメータ$$を参照してシグナルを送っています。

すると、図A❶❷のように、シグナル受信時にメッセージが表示されます。また、シェル変数messageの内容は、実際にシグナルを受信したあとに参照されていることもわかります。なお、図A❸で最後にtrap 2を実行してtrapを解除し、元の状態に戻しています。

シグナル受信時にテンポラリファイルを削除

テンポラリファイルを使用するシェルスクリプトの場合、シグナルを受信してシェルスクリプトを中断する際に、そのテンポラリファイルを削除する必要があります。そのような場合、**リストA**のようなtrapコマンドを、シェルスクリプトのはじめのほうに書いておけば、シグナルの受信時にテンポラリファイルが削除できます。ここでは、念のため終了時にメッセージも表示するようにしています。

リストでは、trapコマンドの第1引数としてrm、echo、exitの3つのコマンドを、全体をシングルクォート(' ')で囲んで1つの引数として与え、さらに、わかりやすいようにシングルクォート中で改行していることに注意してください。なお、シェル変数**TMPFILE**には、シェルスクリプト中で適切なテンポラリファイル名が代入されているものとします。

また、trapを設定するシグナル番号は、1(**SIGHUP**)、2(**SIGINT**)、3(**SIGQUIT**)、15(**SIGTERM**)としていますが、大抵の場合これで十分でしょう。

図A シグナル受信の例

```
$ trap 'echo "$message"' 2 ············ 2番のシグナル（SIGINT）にtrapを設定
$ trap ································ 現在のtrapの一覧を表示
trap -- 'echo "$message"' SIGINT ······ たしかにSIGINTが設定されている
$ message='trap test' ················· シェル変数messageに、適当なメッセージを代入
$ kill -2 $$ ·························· シェル自身のプロセス（$$）に2番のシグナルを送る
trap test ····························· ❶シェル変数messageの内容が表示される
$ message='hello   world' ············· シェル変数messageの内容を変更
$ kill -2 $$ ·························· 再び2番のシグナルを送る
hello   world ························· ❷変更されたメッセージが、スペースも保存されて表示される
$ trap 2 ······························ ❸2番のシグナルのtrapを解除
$ trap ································ trapコマンドで一覧を表示させても何も表示されない
```

注13 kill -lの実行例は、「kill」の項目(p.146)を参照してください。

リストA　シグナル受信時にテンポラリファイルを削除

```
trap ' ······································ trapコマンドの開始（シングルクォートの途中で改行）
  rm -f "$TMPFILE" ·························· テンポラリファイルを削除
  echo シグナルにより終了します ····· メッセージを表示
  exit 1 ···································· 終了ステータス1で終了
' 1 2 3 15 ································ 以上のコマンドを、シグナル番号1 2 3 15に対して設定
```


Memo

- bashのtrapコマンドには-l、-pのオプションも存在します。
- サブシェルの中で［シグナル番号］0または［シグナル名］EXITのtrapを設定した場合は、サブシェルを抜ける際にその［リスト］が実行されます。
- SunOS 4.xのshでは、trapコマンドで［シグナル名］は使えません。

参照

kill(p.146)

type

- Linux (bash)
- FreeBSD (sh)
- Solaris (sh)
- BusyBox (sh)
- Debian (dash)
- zsh

外部コマンドのフルパスを調べたり、組み込みコマンドかどうかをチェックしたりする

type [コマンド名 ...]

基本事項

typeコマンドは、引数のコマンド名で指定されたコマンドが外部コマンドか、シェルの組み込みコマンドか、あるいはシェル関数かを判断し、その旨を表示します。外部コマンドの場合は**PATH**から検索され、そのコマンドのフルパスが表示されます注14。

終了ステータス

引数で指定されたコマンドが存在する場合は「0」、存在しない場合は「0」以外になります注15。

解説

typeコマンドは、与えられたシェルやOSの環境において、各種コマンドが実装されているかどうか、また、外部コマンドの場合は**PATH**上のどのディレクトリのものが使用されているかをチェックするために使います。実際には、シェルスクリプト中ではなく、おもにコマンドライン上で使用されます。コマンドの状況を調べている様子を**図A**に示します。

図A 各種コマンドの状況を調べる

```
$ type cp ································ cpコマンドについて調べる
cp is /bin/cp ···························· cpは/bin/cpに存在する外部コマンド
$ type echo ······························ echoコマンドについて調べる
echo is a shell builtin ·················· echoはシェル組み込みコマンド
$ type func ······························ funcというコマンドについて調べる
bash: type: func: not found ·············· funcというコマンドはない
$ func() { echo Hello;} ·················· funcというシェル関数を定義
$ type func ······························ 再びfuncコマンドについて調べる
func is a function ······················· funcはシェル関数
func () ·································· シェル関数の中身が表示される
{                                            bashまたはSolaris(sh)では、
    echo Hello                               シェル関数の中身も表示される
}
```

Memo

- bashでは、typeコマンドに-a、-f、-t、-p、-Pというオプションも存在します。
- typeコマンドは、csh系でのwhichコマンドに相当します。

注14 シェルによっては、aliasやshell keywordといった表示になる場合もあります。

注15 SunOS 4.xのshなどでは、終了ステータスは常に「0」になります。

umask

Linux (bash)
FreeBSD (sh)
Solaris (sh)
BusyBox (sh)
Debian (dash)
zsh

シェル自体のumask値を設定／表示する

umask [マスク値(8進数)]

例
```
umask 027 ……………………………………umask値を027に設定する
```

基本事項

umaskコマンドを実行すると、引数で指定された マスク値(8進数) がシェル自身の**umask値**として設定されます。umaskコマンドを引数なしで実行すると、現在のumask値を表示します。

終了ステータス

umaskコマンドの終了ステータスは「0」になります。ただし、umask値の指定が正しくないなど、umaskコマンド自体がエラーになった場合は終了ステータスは「0」以外になります。

解説

UNIX系OSでは、各プロセスが**umask値**と呼ばれる属性値を持っており、新規にファイルやディレクトリを作成する場合、そのパーミッションはumask値の影響を受けます。たとえば、新たなファイルが8進数表記の「777」(rwxrwxrwx)のパーミッションで作成されようとした時、umask値が「027」(----w-rwx)なら、これらのビットがマスクされ、その結果、作成されるファイルのパーミッションは「750」(rwxr-x---)になります。

umaskコマンドは、シェル自体のumask値を設定するためのもので、設定したumask値はシェル自身からその子プロセスにも受け継がれます。シェルスクリプトでは、たとえば**/tmp**ディレクトリ以下などにテンポラリファイルを作成する際に、そのファイルが他人から読めてしまうなどの危険を回避するため、あらかじめumask 027またはumask 077を実行しておくとよいでしょう。

umaskの使用例

umaskの使用例を**図A**に示します。このように、umask値「022」では、作成されるディレクトリのパーミッションがrwxr-xr-xになりますが、umask値「027」ではrwxr-x---に、umask値「077」ではrwx------になります[注16]。

注16　ディレクトリではなく、ファイルを作成した場合は実行属性がつかないため、たとえば、umask値「027」でrw-r-----になります。

図A umaskの使用例

```
$ umask ··········································· 現在のumask値を表示
0022 ·············································· umask値は022
$ mkdir work ······································ 新規ディレクトリを作成
$ ls -ld work ····································· パーミッションを表示してみる
drwxr-xr-x   2 guest guest    4096 Jun 21 14:23 work ··· rwxr-xr-xになった
$ rmdir work ······································ いったんディレクトリを削除
$ umask 027 ······································· umask値を027に変更
$ mkdir work ······································ 再度ディレクトリを作成
$ ls -ld work ····································· パーミッションを表示してみる
drwxr-x---   2 guest guest    4096 Jun 21 14:23 work ··· 今度はrwxr-x---になった
$ rmdir work ······································ いったんディレクトリを削除
$ umask 077 ······································· umask値を077に変更
$ mkdir work ······································ 再度ディレクトリを作成
$ ls -ld work ····································· パーミッションを表示してみる
drwx------   2 guest guest    4096 Jun 21 14:23 work ··· 今度はrwx------になった
```

chmodコマンド風のumask値の指定

○ Linux (bash)	○ FreeBSD (sh)
× Solaris (sh)	○ BusyBox (sh)
○ Debian (dash)	○ zsh

Solaris(sh)以外では、umask値として8進数の値を使用する代わりに、**図B**のようにchmodコマンド風のo-rxのような表記を用いることもできます。

図B chmod風にumask値を指定した実行例

```
$ umask ································· 現在のumask値を表示
0022 ···································· umask値は022
$ umask o-rx ···························· otherのrとxのパーミッションを落とす
$ umask ································· 再びumask値を表示
0027 ···································· たしかに027に変わっている
$ umask g-rx ···························· さらにgroupのrとxのパーミッションを落とす
$ umask ································· 再びumask値を表示
0077 ···································· たしかに077に変わっている
```

umaskの-Sオプション

○ Linux (bash)	○ FreeBSD (sh)
× Solaris (sh)	○ BusyBox (sh)
○ Debian (dash)	○ zsh

Solaris(sh)以外では、**図C**のように、umaskコマンドに-Sオプションを付け、umask値をchmodコマンド風に表示することもできます。

図C umask -Sの実行例

```
$ umask 027 ····························· umask値を027に設定
$ umask -S ······························ umaskを-Sオプション付きで実行
u=rwx,g=rx,o= ··························· umask値がchmodコマンド風に表示される
```

umaskの-pオプション

○ Linux (bash)	× FreeBSD (sh)
× Solaris (sh)	× BusyBox (sh)
× Debian (dash)	× zsh

umask値は、umaskコマンドを引数なしで実行すれば表示されますが、bashでは、ここでumask -pとオプションを付けることもできます。この-pオプションを付けると**図D**のように、実際にumask値を設定する際のコマンドラインを使った表示になります。

umask -pSと、-Sオプションも同時に使用することもできます。

図D　umask -pの実行例

```
$ umask 027 ································ umask値を027に設定
$ umask ···································· umask値を表示
0027 ······································· umask値027が表示される
$ umask -p ································· umask -pでumask値を表示
umask 0027 ································· コマンドライン形式でumask値が表示される
$ umask -pS ································ 今度は-Sオプションも付けてみる
umask -S u=rwx,g=rx,o= ····················· chmod風のコマンドラインで表示される
```


注意事項

サブシェル内でのumaskはサブシェル内でのみ有効

umaskコマンドが( )で囲まれたサブシェル内で実行されている場合、umask値はそのサブシェルのみに設定されます。シェル本体のumask値は変更されないので注意してください。

参照

サブシェル(p.73)

unset

○ Linux (bash)
○ FreeBSD (sh)
○ Solaris (sh)
○ BusyBox (sh)
○ Debian (dash)
○ zsh

シェル変数またはシェル関数を削除する

unset [変数名 | 関数名 ...]

unset TEXT ……シェル変数TEXTを削除する

基本事項

unsetコマンドを実行すると、引数で指定されたシェル変数(変数名)またはシェル関数(関数名)が削除されます。シェル変数がexportされていた場合はその環境変数も削除されます。なお、readonlyが実行されているシェル変数／シェル関数は削除できません。

終了ステータス

unsetコマンドの終了ステータスは「0」です。ただし、変数名／関数名の指定が正しくないなど、unsetコマンド自体がエラーになった場合は終了ステータスは「0」以外になります。

解説

unsetコマンドは、すでに設定されているシェル変数／環境変数やシェル関数を取り消したい場合に使用します。シェル変数のexportを取り消すためにもunsetを使用しますが、readonlyについてはunsetでも取り消せません。

シェル変数／環境変数の削除

シェル変数に値を代入し、さらに環境変数にexportしたものをunsetしている様子を**図A**に示します。このように、unsetを実行するとシェル変数と環境変数が削除されます。

unsetコマンドの引数に複数のシェル変数またはシェル関数を指定して、これらを同時に削除することもできます。**図B**はシェル変数とシェル関数を同時に削除している例です。

図A シェル変数と環境変数の削除

```
$ DIR=/usr/local ……シェル変数DIRに値を代入する
$ echo "$DIR" ……シェル変数DIRの値を表示してみる
/usr/local ……たしかに表示される
$ export DIR ……シェル変数DIRを環境変数にエクスポート
$ printenv DIR ……環境変数DIRの値を表示してみる
/usr/local ……たしかに表示される
$ unset DIR ……シェル変数／環境変数DIRをunsetする
$ echo "$DIR" ……シェル変数DIRの値を表示してみる
 ◀……改行以外なにも表示されない
$ printenv DIR ……環境変数DIRの値も表示されない
```

図B 複数のシェル変数／シェル関数を同時に削除

```
$ TEXT=Hello ······························シェル変数TEXTに値を代入
$ func() { echo World;} ···················echoを実行するシェル関数funcを定義
$ echo "$TEXT" ····························シェル変数TEXTの値を表示
Hello ·····································たしかに表示される
$ func ····································シェル関数funcを実行
World ·····································たしかに実行される
$ unset TEXT func ·························TEXTとfuncを同時にunsetする
$ echo "$TEXT" ····························シェル変数TEXTの値を表示してみる
   ◀·······································改行以外なにも表示されない
$ func ····································シェル関数funcを実行してみる
bash: func: command not found ·············コマンドが見つからないというエラーになる
```

unsetの-vオプション／-fオプション

○ Linux (bash)	○ FreeBSD (sh)
× Solaris (sh)	○ BusyBox (sh)
○ Debian (dash)	○ zsh

Solaris(sh)以外では、unsetコマンドに-vや-fのオプションがあり、unsetの対象として、それぞれシェル変数またはシェル関数を明示できます。

bashでは、シェル変数と同名のシェル関数が同時に設定されている場合、unsetコマンドを-vや-fのオプションなしで実行すると、**シェル変数➡シェル関数**の順で先に見つかった一方のみがunsetされます。

FreeBSD(sh)、BusyBox(sh)、dash、またはzshでは、オプションなしのunsetはunset -vと同じで、シェル変数のみがunsetされます。シェル関数をunsetするには、unset -fとする必要があります。

Solaris(sh)では、シェル変数と同名のシェル関数を定義しようとすると、あとから定義したほうで上書きされ、同じ名前のシェル変数とシェル関数は同時には存在できません。したがってunsetコマンドに-vや-fのオプションはなく、その時点で定義されているシェル変数またはシェル関数をunsetするだけという動作になります。

なお、そもそもシェル変数と同名のシェル関数を定義することは混乱の元となるため、避けたほうがいいでしょう。

注意事項

位置パラメータ、特殊パラメータはunsetできない

unsetコマンドの引数に、位置パラメータ($1、$2など)や特殊パラメータ($@、$#など)を指定することはできません。

サブシェル内でのunsetはサブシェル内でのみ有効

unsetコマンドが( )で囲まれたサブシェル内で実行されている場合、シェル変数やシェル関数が削除されるのはそのサブシェルのみになります。シェル本体のほうは影響を受けないため注意してください。

参照

シェル変数の代入と参照(p.165)　シェル関数(p.77)　export(p.107)
環境変数の設定(p.185)　readonly(p.117)　サブシェル(p.73)

wait

Linux (bash) / FreeBSD (sh) / Solaris (sh) / BusyBox (sh) / Debian (dash) / zsh

バックグラウンドで起動したコマンドの終了を待つ

wait [プロセスID]

```
wait 4321 ………………………………………… プロセスID=4321番のプロセスの終了を待つ
```

基本事項

waitコマンドは、現在のシェルからバックグラウンドで実行されたコマンドのうち、引数のプロセスIDで指定されたプロセスの終了を待ちます。引数のプロセスIDが省略された場合は、現在バックグラウンドで実行中のすべてのプロセスの終了を待ちます。

終了ステータス

引数で指定したプロセスの終了ステータスがwaitコマンドの終了ステータスになります。ただし、引数を指定しなかった場合は終了ステータスは「0」になります。

指定したプロセスが存在しない、または現在のシェルの子プロセスではない場合は、終了ステータスは「0」以外になります。

解説

シェルがコマンドを起動する際には、通常はリストの区切り文字や終端に&を付けないため、コマンドは**フォアグラウンド**で起動されます。シェルは、フォアグラウンドで起動されたコマンドの終了を待ち、1つのコマンドが終了してから次のコマンドの実行に移ります。一方、リストの区切り文字や終端に&が付けられた場合はコマンドは**バックグラウンド**で起動され、シェルはバックグラウンドで起動されたコマンドの終了を待たずに次のコマンドの実行に移ります。

ここで、いったんバックグラウンドで起動されたコマンドの終了を待つためにwaitコマンドを使用します。waitコマンドを実行すると、バックグラウンドで起動中のコマンドが終了するまでwaitコマンドは終了しません。waitコマンドにプロセスIDの引数を指定した場合は、そのバックグラウンドで起動中のコマンドの終了ステータスを取得できます。

なお、waitコマンドの引数には、プロセスIDのほか、%1、%2などの「ジョブ番号」を使ってもかまいません。

waitコマンドの使用例

waitコマンドの使用例を**図A**に示します。ここでは、sleepコマンドで10秒待ってから終了ステータス「25」を返すという動作を行うサブシェルを、バックグラウンドで起動しています。バックグラウンドのプロセスIDは、シェルによって「2687」と表示されています。特殊パラメータ$!には、直近にバックグラウンドで起動されたコマンドのプロセスID（この場合は

「2687」)がセットされているので、これを引数に利用してwait $!としてサブシェルの終了を待ちます。

すると10秒後、シェルのメッセージとともにwaitコマンドが終了し、シェルのプロンプトに戻ります。ここで、waitコマンドの終了ステータスにはサブシェルの終了ステータスがセットされているはずなので、試しに特殊パラメータ$?の値を表示してみると、たしかに、はじめにセットした「25」になっていることがわかります。

図A　waitコマンドの使用例

```
$ (sleep 10; exit 25) & ………… 10秒間待って終了ステータス25を返す。
                                 サブシェルをバックグラウンドで起動
[1] 2687 ………………………………… バックグラウンドのプロセスIDが表示される
$ wait $! ……………………………… バックグラウンドのプロセスを指定してwaitする
[1]+  Exit 25    ( sleep 10; exit 25 ) …10秒後、シェルのメッセージとともにwaitが終了する
$ echo $? ……………………………… 試しにwaitコマンドの終了プロセスを表示
25 ……………………………………………… たしかに、バックグラウンドのプロセスの
                                 終了ステータスになっている
```

注意事項

終了ステータスを取得したい場合は引数を指定

たとえバックグラウンドで実行しているコマンドが1つしかない場合でも、waitコマンドで終了ステータスを取得したい場合は、プロセスIDを明示的に指定する必要があります。これには、特殊パラメータ$!を利用するとよいでしょう。

```
wait $! ……………………終了ステータスを取得できる
wait ………………………終了ステータスは常に0になる
```

参照

リスト(p.35)　　特殊パラメータ$!(p.181)

5
2
組み込みコマンド(基本)

>第6章

組み込みコマンド 2

外部コマンド版も存在する組み込みコマンドと、拡張された組み込みコマンドについて

シェルスクリプトの組み込みコマンドには、testやechoコマンドのように、外部コマンド版も存在するものの、その使用頻度や重要度が高く、組み込みコマンドとして実装されているものがあります(**図A**)。本章では、testやechoのような外部コマンド版もあるコマンドに加えて、localやletなどの、あとから追加されたコマンドや、シェルスクリプト上ではなく、おもにコマンドラインで使用するコマンド(alias、history、jobsなど)についてもまとめて紹介します。

図A 外部コマンド版も存在する組み込みコマンド

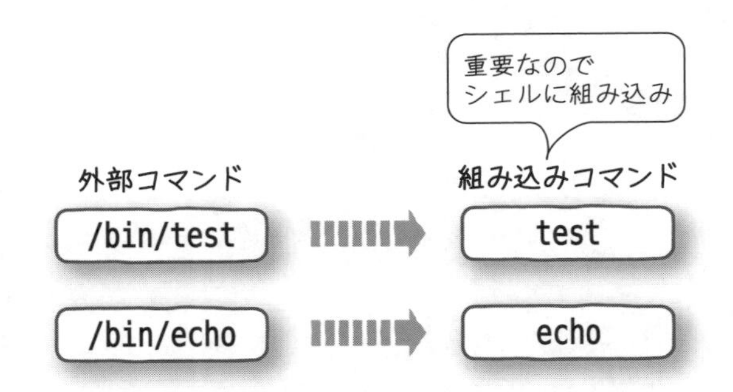

echo

○ Linux (bash)
○ FreeBSD (sh)
○ Solaris (sh)
○ BusyBox (sh)
○ Debian (dash)
○ zsh

任意のメッセージを標準出力に出力する

書式 echo [-n | -e | -E] [文字列 ...]

シェルによって-n -e -Eオプションの対応状況やデフォルト状態でのechoコマンドの動作が異なる

例

```
echo 'Hello World' ……画面にHello Worldと表示する
```

基本事項

echoコマンドは、引数で指定された文字列を標準出力に出力します。複数の引数が指定された場合は、各引数をスペースで区切って連結します。いずれも、最後に**改行コード**が付けられます。

-nオプションが指定された場合は、最後の改行が出力されません。

-eオプションが指定された場合は、文字列の中に**表A**に示す**エスケープ文字**が使用できます。-Eオプションは、-eオプションの効果を取り消します。シェルによって各オプションの対応状況やデフォルト状態でのechoコマンドの動作が異なり、これをまとめると**表B**のようになります。

終了ステータス

終了ステータスは「0」になります。

表A　echoコマンドの-eオプションで使えるエスケープ文字

表記	意味	bash	Free BSD	Solaris	Busy Box	dash	zsh
\a	ビープ音	○	○	×	○	○	○
\b	バックスペース	○	○	○	○	○	○
\c	改行の抑制	○	○	○	○	○	○
\e	エスケープコード	○	○	×	○※2	○※3	○
\E	エスケープコード(\eと同じ)	○	×	×	×	×	×
\f	フォームフィード(FF)	○	○	○	○	○	○
\n	改行(LF)	○	○	○	○	○	○
\r	キャリッジリターン(CR)	○	○	○	○	○	○
\t	タブ	○	○	○	○	○	○
\v	垂直タブ	○	○	○	○	○	○
\\	バックスラッシュ	○	○	○	○	○	○
\0nnn	3桁の8進数でASCII文字を指定	○	○	○	○	○	○
\xnn	2桁の16進数でASCII文字を指定	○	×※1	×	○	×	○
\unnnn	4桁の16進数でUnicode文字を指定	○	×※1	×	×	×	○
\Unnnnnnnn	8桁の16進数でUnicode文字を指定	○	×※1	×	×	×	○

※1 FreeBSD(sh)では、$付きシングルクォートを用いて、echo $'\xnn'、echo $'\unnnn'、echo $'\Unnnnnnnn'とすることにより同様の動作が可能

※2 BusyBox(sh)の$付きシングルクォートでは\eが使えないことに注意

※3 dashのバージョンによっては\eが使えない

表B echoコマンドの-n、-e、-Eオプションの対応状況

意味	bash	FreeBSD (sh)	Solaris (sh)	BusyBox (sh)	dash	zsh
-nオプション	○	○	×	○	○	○
-eオプション	○	○	×	○	×	○
-Eオプション	○	×	×	○	×	○
デフォルト状態※1	-E	-E	-e	-E	-e	-e
オプションの複数指定	○※2	×※3	×※3	○※4	×※3	○※4

※1 -eまたは-Eのオプションがないシェルについても、デフォルトで-eまたは-E相当の動作になるという意味で、それぞれ-eまたは-Eと表示

※2 bashで-eと-Eを同時に指定すると、最後(オプション中で最も右側)に指定したオプションによって-eまたは-Eの動作が決定される

※3 オプションの複数指定が×のシェルでは、オプションとはみなされなかった引数は文字列の引数と解釈され、その文字列がechoコマンドによって表示される

※4 BusyBox(sh)やzshで-eと-Eを同時に指定すると、オプションの順序にかかわらず-eオプションの動作になる

解説

echoコマンドは、シェルスクリプト中で任意のメッセージを表示するために広く使用されます。使用頻度が高いため、echoコマンドは組み込みコマンドとして実装されています。

画面表示だけでなく、echoコマンドの標準出力をファイルにリダイレクトして、ファイルを作成することもできます[注1]。

なお、エラーなどでエラーメッセージを表示したい場合は、echoコマンドの出力を1>&2で標準エラー出力にリダイレクトするとよいでしょう[注2]。

引数は1つに

図A❶のように、echoで表示するメッセージが連続する2つ以上のスペースを含んでいる場合、これらはシェルによって単なる引数の区切りとして解釈され、echoコマンドには複数の引数として渡されます。その後、echoコマンドは複数の引数を単に1個のスペースで連結して表示するため、結果的に表示されるメッセージのスペースの数が変わってしまいます。

これを防ぐため、図A❷のように、メッセージは基本的にシングルクォート(' ')で囲み、echoコマンドには全体で1つの引数として渡るようにしたほうがよいでしょう。

改行の抑制

echoコマンドでは、メッセージの後に自動的に改行が行われます。この改行を行いたくない場合は、-nオプションを使います。**リストA**は、-nオプション付きのechoコマンドをwhile文のループで実行するもので、これを実行すると1秒に1個ずつ、*の記号が「****…」のように改行なしで1行で表示されます。

改行の抑制は-eオプションでもできます。-eオプションを使う場合は**リストB**のように、

注1 標準出力のリダイレクト>の項(p.255)も合わせて参照してください。

注2 ファイル記述子を使ったリダイレクト>&の項(p.260)も合わせて参照してください。

メッセージ(この場合は*)の後ろに\cというエスケープ文字を付けると、echoコマンドによって改行を行わないものと解釈されます。

図A　引数は1つに

```
$ echo Hello   World ··········· ❶HelloとWorldの間にスペースが3つ空けてある
Hello World ···················· しかし、スペース1つで表示される
$ echo 'Hello   World' ········· ❷メッセージ全体をシングルクォートで囲むと
Hello   World ·················· そのままスペース3つで表示される
```

リストA　改行の抑制例1

```
while : ························ while文による無限ループ
do ····························· ループの開始
  echo -n '*' ·················· 改行なしで*を表示 (-nオプション利用)
  sleep 1 ······················ 1秒間待つ
done ··························· ループの終了
```

リストB　改行の抑制例2

```
while : ························ while文による無限ループ
do ····························· ループの開始
  echo -e '*\c' ················ 改行なしで*を表示(-eオプションと\cを利用)
  sleep 1 ······················ 1秒間待つ
done ··························· ループの終了
```

-nや-e自体の出力

echoコマンドで「-n」や「-e」や「-E」という文字列自体を出力する必要がある場合、そのままではオプションと解釈されてしまい、うまく出力できません。さらに、シェルによってechoコマンドの仕様が異なるため、統一的な記述が難しくなっています。ひとつの方法として、「-」を8進数で「\055」と記述する方法を含め、各シェルのechoコマンドで-n、-e、-Eを出力する方法をまとめると**表C**のようになります。

表C　-nや-eや-E自体を出力する方法

出力文字列	-n	-e	-E
bash	echo -e '\055'n	echo -e '\055'e	echo -e '\055'E
FreeBSD(sh)	echo -e -n	echo -e -e	echo -E
Solaris(sh)	echo -n	echo -e	echo -E
BusyBox(sh)	echo -e '\055'n	echo -e '\055'e	echo -e '\055'E
dash	echo '\055'n	echo -e	echo -E
zsh	echo '\055'n	echo '\055'e	echo '\055'E

Memo

- FreeBSDの外部コマンドのechoや、SunOS 4.xのshのechoなど、-nオプションのみが使えて-eオプションが使えないechoも存在します。
- -nオプションはBSD系UNIX由来、-eオプションで使えるエスケープ文字はSystemV系UNIX由来です。

6
2
組み込みコマンド(外部コマンド版もあり)

参照

標準出力のリダイレクト>(p.255)
ファイル記述子を使ったリダイレクト>&(p.260)
シングルクォート' '(p.213)
$付きシングルクォート$''(p.225)

false

- ○ Linux (bash)
- ○ FreeBSD (sh)
- △ Solaris (sh)
- ○ BusyBox (sh)
- ○ Debian (dash)
- ○ zsh

単に偽の終了ステータスを返す

Solarisではfalseは外部コマンドとして実装されている

書式 false [引数 ...]

例

```
until false ………… falseコマンドにより終了ステータス1が返り、無限ループになる
do ………… ループの開始
  echo hello ………… メッセージを出力
done ………… ループの終了
```

基本事項

falseコマンドは、偽の終了ステータスを返すだけのコマンドです。引数を付けてもすべて無視されます。ただし、falseコマンドに対するリダイレクトや、引数中のパラメータ展開、コマンド置換は通常通り行われ、その結果、ファイルがオープンされたり、シェル変数が変化したり、別のコマンドが起動されたりといった動作が行われる場合があります。

終了ステータス

falseコマンドの終了ステータスは「0」以外になります。通常は「1」になりますが、falseコマンドのバージョンや状況によって「0」「1」以外の偽の終了ステータスが返る場合もあります。

解説

falseコマンドは、trueコマンドとは逆に、常に終了ステータス「1」(偽)を返すコマンドです。冒頭の例のように、while文とは条件判断が逆のuntil文の条件判断に使用すれば無限ループになります。

Memo

- falseコマンドとは逆に、常に終了ステータス「0」を返すにはtrueコマンドを使います。
- サブシェルを使って(exit 1)と記述すると、falseコマンドと同じことになります。

参照

true(p.155)　while文(p.64)　サブシェル(p.73)　exit(p.105)

kill

- Linux (bash)
- FreeBSD (sh)
- Solaris (sh)
- BusyBox (sh)
- Debian (dash)
- zsh

プロセスにシグナルを送る

kill [- シグナル名 | - シグナル番号] プロセスID [プロセスID ...]
kill -l

`kill -HUP 4321` ………… プロセスID=4321のプロセスにHUP（ハングアップシグナル）を送る

基本事項

killコマンドは、引数の プロセスID で指定されたプロセスに対して、シグナル名 または シグナル番号 で指定されたシグナルを送ります。シグナルの指定が省略された場合は**SIGTERM**（15番）が送られます。シグナル名 の指定では、頭の「SIG」は省略するのが標準ですが、シェルやkillコマンドによってはSIGを付けた名前や、小文字の名前も使える場合があります。シグナルの一覧は、kill -lを実行すると表示されます（**図A**）。

終了ステータス

シグナルが正常に送信できた場合、またはkill -lを実行した場合は、終了ステータスは「0」になります。

図A シグナルの一覧表示の例

```
$ kill -l ………………………………シグナルの一覧を表示させる-lオプションを付けて実行
 1) SIGHUP       2) SIGINT       3) SIGQUIT      4) SIGILL       5) SIGTRAP
 6) SIGABRT      7) SIGBUS       8) SIGFPE       9) SIGKILL     10) SIGUSR1
11) SIGSEGV     12) SIGUSR2     13) SIGPIPE     14) SIGALRM     15) SIGTERM
16) SIGSTKFLT   17) SIGCHLD     18) SIGCONT     19) SIGSTOP     20) SIGTSTP
21) SIGTTIN     22) SIGTTOU     23) SIGURG      24) SIGXCPU     25) SIGXFSZ
26) SIGVTALRM   27) SIGPROF     28) SIGWINCH    29) SIGIO       30) SIGPWR
31) SIGSYS      34) SIGRTMIN    35) SIGRTMIN+1  36) SIGRTMIN+2  37) SIGRTMIN+3
38) SIGRTMIN+4  39) SIGRTMIN+5  40) SIGRTMIN+6  41) SIGRTMIN+7  42) SIGRTMIN+8
43) SIGRTMIN+9  44) SIGRTMIN+10 45) SIGRTMIN+11 46) SIGRTMIN+12 47) SIGRTMIN+13
48) SIGRTMIN+14 49) SIGRTMIN+15 50) SIGRTMAX-14 51) SIGRTMAX-13 52) SIGRTMAX-12
53) SIGRTMAX-11 54) SIGRTMAX-10 55) SIGRTMAX-9  56) SIGRTMAX-8  57) SIGRTMAX-7
58) SIGRTMAX-6  59) SIGRTMAX-5  60) SIGRTMAX-4  61) SIGRTMAX-3  62) SIGRTMAX-2
63) SIGRTMAX-1  64) SIGRTMAX
```

解説

killコマンドは指定のプロセスにシグナルを送ります。シグナルを受け取ったプロセスの動作は、デフォルトではプロセスの終了となるため、killコマンドは、おもに現在起動中のコマンドを終了させる目的で使用されます。なお、ジョブコントロールが有効なシェル上で**組み込みコマンド版**のkillを使う場合は、プロセスIDの代わりに、%1、%2などの「ジョブ番号」でも指定できます。

シグナル名とシグナル番号の一覧表示

先ほどの図Aのように、kill -lとオプションを付けて実行すると、使用可能なシグナルの一覧が表示されます。具体的な表示内容はOSによって異なります。おもに使用されるのは、**SIGHUP**、**SIGINT**、**SIGQUIT**、**SIGKILL**、**SIGTERM**などです。

シグナルの送信例

シグナルを実際に送信している例を**図B**に示します。このように、sleepなどの適当なコマンドをバックグラウンドで起動し、そのプロセスIDに対してkillを実行すると、シグナルが送信され、プロセスが終了します。なお、ここでのプロセスIDの指定の際に、最後に実行したバックグラウンドプロセスのIDを保持している特殊パラメータの$!を使ってもかまいません。

図B　シグナルの送信例

```
$ sleep 100 & ……………………試しにsleepコマンドをバックグラウンドで起動する
[1] 2614 …………………………sleepコマンドのプロセスIDは2614番と表示される
$ kill -INT 2614 ………………プロセスID=2614に対してINTシグナルを送る
$ ……………………………………いったんシェルのプロンプトに戻るが、ここで再度Enterを押す
[1]+  Interrupt               sleep 100 ……INTシグナルによってsleepが終了した旨が表示される
```

Memo

- FreeBSD 8.x以前のshでは、killは外部コマンドのみ実装されていました。
- bash組み込みのkillコマンドでは、さらにいくつかの別のオプションも用意されています。

参照

trap(p.127)

printf

○ Linux (bash)
○ FreeBSD (sh)
△ Solaris (sh)
○ BusyBox (sh)
○ Debian (dash)
○ zsh

メッセージを一定の書式に整形して標準出力に出力する

Solarisのprintfは外部コマンド版のみ

printf フォーマット文字列 [引数 ...]

```
i=123 ……………………………………………シェル変数iに値を代入
printf '合計%d個です\n' "$i" …………iの値を10進数として、メッセージに含めて表示
```

基本事項

printfコマンドは、C言語の標準ライブラリ関数のprintf()関数と同様に、フォーマット文字列の中の%で始まる**書式指定文字列**と、それに対応する引数と、\による**エスケープ文字**を解釈して文字列を整形し、結果を標準出力に出力します。

C言語のprintf()にはない、%bと%qの書式指定も使えます。

%bでは、対応する引数の文字列中の\によるエスケープ文字を解釈します。

%qでは、対応する引数の文字列に、シェルへの入力時の解釈を避けるために必要なクォートを付加して出力します[注3]。

終了ステータス

エラーが発生しないかぎり終了ステータスは「0」になります。

解説

printfコマンドを使えば、数値や文字列を含むメッセージを一定の書式に整形して表示することができます。printfコマンドで使える書式指定文字列の例を**表A**に示します。このほか、詳しくはprintfのオンラインマニュアルを参照してください。

また、\によるエスケープ文字は、echoコマンドの-eオプションで使用できるものと基本的には同じです(p.141のechoコマンドの表A参照)。ただし、3桁の8進数については頭に0は付けません。たとえば、「echo -e '\0123'」に相当するのは「printf '\123\n'」となります。また、FreeBSD(sh)では、「echo -e '\e'」は使えるのに「printf '\e\n'」は使えないなどの差異があります。

フォーマット文字列の中には、\nなどのバックスラッシュを含む文字が含まれていることが多いため、通常はシングルクォート(' ')で囲んで、シェルの解釈を避ける必要があります。

printfコマンドは、シェル環境によっては外部コマンド版しかない場合があります(FreeBSD 5.xからFreeBSD 8.xまでのshでは、printfは外部コマンド版のみとなっていました)。したがって、とくに書式の整形が必要なく、単にメッセージを表示したいだけの場合は、echoコマンドを使ったほうが効率がよいでしょう。たとえば、冒頭の例についても、echoコマンドを

注3　%qは、bashとzshの組み込みコマンド版のprintfおよびLinuxの外部コマンド版のprintfで使用できます。

使って「echo'合計'"$i"'個です'」と記述できます。

表A　書式指定文字列の例

書式指定文字列	動作
%d	10進数値を表示
%x	16進数値を表示
%f	123.456789のような普通の表現で実数を表示
%e	1.234567e+02のような指数表現で実数を表示
%s	文字列を表示
%c	1文字を表示
%8d	8文字分のスペースを確保し、10進数値を右詰めで表示
%-8d	8文字分のスペースを確保し、10進数値を左詰めで表示
%+d	正の数の場合、+の符号を付けて10進数値を表示
%04x	4桁に満たない場合は頭に0を付けて、4桁の16進数値を表示
\nnn	3桁の8進数で文字を指定
\xnn	2桁の16進数で文字を指定（bash、BusyBox(sh)、zshで使用可能）

IPアドレスの10進／16進変換

printfコマンドを利用して、10進／16進の変換を行えます。**図A❶❷**は、IPアドレスの4バイトの数値を、10進表記から16進表記へ、およびその逆の変換を行っている例です。図A❷のように、16進数値をprintfコマンドの引数に付ける場合は、頭に「0x」を付けて16進数であることを明示する必要があります。

図A　IPアドレスの10進／16進変換

```
$ printf '%02x %02x %02x %02x\n' 192 168 10 21 ……… ❶10進表記の引数を16進に変換
c0 a8 0a 15 ……… 16進表記に変換されて表示される
$ printf '%d.%d.%d.%d\n' 0xc0 0xa8 0x0a 0x15 ……… ❷16進表記の引数を10進に変換
192.168.10.21 ……… 10進表記に変換されて表示される
```

参照

echo(p.141)　　シングルクォート' '(p.213)

pwd

- Linux (bash)
- FreeBSD (sh)
- Solaris (sh)
- BusyBox (sh)
- Debian (dash)
- zsh

カレントディレクトリの絶対パスを表示する

pwd

pwd ……………………………………カレントディレクトリを表示

基本事項

pwdコマンドを実行すると、カレントディレクトリの絶対パスを表示します。

終了ステータス

コマンドの実行がエラーにならないかぎり、終了ステータスは「0」になります。

解説

シェルのコマンドライン上での作業中、カレントディレクトリ名を知りたい場合にpwdコマンドを使いますが、pwdコマンドはもちろんシェルスクリプト上でも使用できます。なお、cdコマンドでの移動先ディレクトリがシンボリックリンクを含んでいる場合、その後のpwdコマンドの表示もシンボリックリンクを含む場合があります。

pwdコマンドの使用例

pwdコマンドの使用例を**図A**に示します。このように、カレントディレクトリの絶対パスをシェル変数に代入したい場合、バッククォート(\` \`)などによるコマンド置換を用いります[注4]。

図A pwdコマンドの使用例

```
$ pwd ………………………………カレントディレクトリの絶対パスを表示
/usr/local/bin ……………………/usr/local/binにいることがわかる
$ dir=`pwd` ……………………カレントディレクトリの絶対パスをシェル変数に代入
$ echo "$dir" ……………………そのシェル変数の値を表示
/usr/local/bin ……………………正しく/usr/local/binと表示される
```

注4　コマンド置換\` \`の項(p.219)を参照してください。

pwdコマンドの-Pオプション

○ Linux (bash)	○ FreeBSD (sh)
× Solaris (sh)	○ BusyBox (sh)
○ Debian (dash)	○ zsh

Solaris(sh)以外の組み込みコマンドのpwdには-Pというオプションがあり、カレントディレクトリが元々シンボリックリンクをたどってcdコマンドで移動してきたディレクトリであっても、強制的に本来の物理的なディレクトリの絶対パスを表示させることができます。

図Bに、-Pオプションを付けた場合と付けない場合の動作の違いがわかる実行例を示します。

なお、Solaris(sh)のpwdコマンドでは引数自体が無視されるため、-Pオプションを付けてもエラーにはなりませんが、カレントディレクトリの表示は変化しません。

図B　pwdコマンドの-Pオプションの使用例

```
$ pwd ……………………………………………… カレントディレクトリを表示
/home/guest ………………………………… 現在/home/guestにいる
$ ln -s /usr/local/bin short …… /usr/local/binへの近道のシンボリックリンクを作る
$ cd short ………………………………… シンボリックリンクをたどってディレクトリ移動
$ pwd ……………………………………………… カレントディレクトリを表示
/home/guest/short …………………… シンボリックリンクを含んだパス名が表示される
$ pwd -P ………………………………………… -Pオプション付きでカレントディレクトリを表示
/usr/local/bin ……………………………… /home/guest/shortではなく/usr/local/binになる
```

Memo

- bashまたはFreeBSD(sh)でpwdコマンドの-Pオプションをデフォルトにするには、あらかじめset -Pコマンドを実行しておきます。この状態で一時的に-Pを無効にしてpwdコマンドを実行するには、pwd -Lとします。set -Pコマンドはcdコマンドにも影響します。
- BusyBox(sh)とdashではset -Pは使えませんが、pwdとcdコマンドでの-Pや-Lオプションは使えます。
- zshでは、set -Pではなくset -wコマンドを実行することにより、pwd -Pとcd -Pがデフォルトになります。

参照

cd(p.97)　　set(p.122)

test

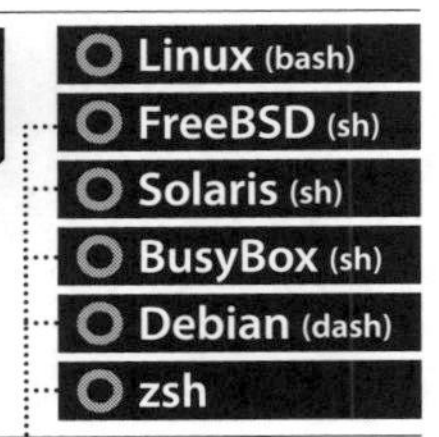

シェルスクリプトにおいて各種条件判断を行う

シェルによっては一部使用できないオプションがある

書式 **test** [条件式]
[[条件式] **]**

例

```
if [ "$i" -le 3 ] ………… testコマンドで、iの値が3以下かどうかを判断
then ………… thenのリストの開始
  echo 'iの値は3以下です' ………… メッセージを表示
fi ………… if文の終了
```

基本事項

testコマンドは、**表A**の演算子を解釈して条件式を評価し、その結果を終了ステータスとして返します。testコマンドが、コマンド名[で呼び出された場合は、コマンドの最後の引数が]である必要があります。

終了ステータス

条件式の評価結果が真ならば終了ステータスは「0」に、偽ならば終了ステータスは「1」になります。

解説

testコマンドは、if文やwhile文での条件判断に使用される重要なコマンドです。シェルスクリプトでは、**文字列の比較**、**数値の比較**、**ファイルの存在**や**属性のチェック**といった条件判断を行うには、基本的にtestコマンドを使用します。このためtestコマンドは使用頻度が高く、外部コマンドだけでなく、シェルの組み込みコマンドとしても実装されています。

testコマンドは、「test」という名前でも「[」という名前でも起動でき、[で起動した場合は最後の引数を]にするため、そのコマンドラインは[ ]という角カッコで囲んだ状態になります。testコマンドは、echoコマンドなどと同じく、あくまで単純コマンドの1つですが、コマンド名[のほうを使って、if [条件式]やwhile [条件式]の形で記述すれば、testコマンドがあたかもif文やwhile文の構文の一種であるかのように見えるでしょう。

なお、testコマンドを&&リストや||リストに使ったり、testコマンドの直後に終了ステータスを特殊パラメータ$?で参照する使い方もできます。

表A testコマンドの条件式で使用できる演算子

条件式	内容	bash	FreeBSD	Solaris	BusyBox	dash	zsh
-a ファイル	(-eと同じ)	○	×	×	×	×	×
-b ファイル	ファイルがブロック特殊ファイルならば真	○	○	○	○	○	○
-c ファイル	ファイルがキャラクタ特殊ファイルならば真	○	○	○	○	○	○
-d ファイル	ファイルがディレクトリならば真	○	○	○	○	○	○
-e ファイル	ファイルが存在すれば真	○	○	×	○	○	○
-f ファイル	ファイルが通常ファイルならば真	○	○	○	○	○	○
-g ファイル	ファイルがセットグループIDされていれば真	○	○	○	○	○	○
-h ファイル	ファイルがシンボリックリンクならば真	○	○	○	○	○	○
-k ファイル	ファイルのstickyビットが立っていれば真	○	○	○	○	○	○
-p ファイル	ファイルが名前付きパイプ(FIFO)ならば真	○	○	○	○	○	○
-r ファイル	ファイルが読み込み可能ならば真	○	○	○	○	○	○
-s ファイル	ファイルサイズが0よりも大きければ真	○	○	○	○	○	○
-t 番号	ファイル記述子番号が端末ならば真	○	○	○	○	○	○
-u ファイル	ファイルがセットユーザIDされていれば真	○	○	○	○	○	○
-w ファイル	ファイルが書き込み可能ならば真	○	○	○	○	○	○
-x ファイル	ファイルが実行可能ならば真	○	○	○	○	○	○
-O ファイル	ファイルの所有者が実効ユーザと同じなら真	○	○	×	○	○	○
-G ファイル	ファイルのグループが実効グループと同じなら真	○	○	×	○	○	○
-L ファイル	(-hと同じ)	○	○	○	○	○	○
-S ファイル	ファイルがソケットならば真	○	○	×	○	○	○
-N ファイル	ファイルの更新時刻がアクセス時刻以降ならば真	○	×	×	×	×	○
ファイル1 -nt ファイル2	ファイル1の更新時刻がファイル2より新しければ真	○	○	×	○	○	○
ファイル1 -ot ファイル2	ファイル1の更新時刻がファイル2より古ければ真	○	○	×	○	○	○
ファイル1 -ef ファイル2	ファイル1とファイル2のiノードが同じならば真	○	○	×	○	○	○
-o オプション名	指定のシェルオプションが有効になっていれば真	○	×	×	×	×	×
-z 文字列	文字列が空文字列ならば真	○	○	○	○	○	○
-n 文字列	文字列が空文字列でなければ真	○	○	○	○	○	○
文字列	(「-n 文字列」と同じ)	○	○	○	○	○	○
文字列1 = 文字列2	文字列1と文字列2が同じならば真	○	○	○	○	○	○
文字列1 == 文字列2	(「文字列1 = 文字列2」と同じ)	○	○※	×	○	×	×
文字列1 != 文字列2	文字列1と文字列2が異なれば真	○	○	○	○	○	○
文字列1 < 文字列2	文字列1が辞書順で文字列2よりも前にあれば真	○	○	×	○	○	×
文字列1 > 文字列2	文字列1が辞書順で文字列2よりも後にあれば真	○	○	×	○	○	×
数値1 -eq 数値2	数値1と数値2が等しければ真	○	○	○	○	○	○
数値1 -ne 数値2	数値1と数値2が等しくなけれければ真	○	○	○	○	○	○
数値1 -lt 数値2	数値1が数値2より小さければ真	○	○	○	○	○	○
数値1 -le 数値2	数値1が数値2より小さいか等しければ真	○	○	○	○	○	○
数値1 -gt 数値2	数値1が数値2より大きければ真	○	○	○	○	○	○
数値1 -ge 数値2	数値1が数値2より大きいか等しければ真	○	○	○	○	○	○
! 条件式	条件式が偽ならば真	○	○	○	○	○	○
条件式1 -a 条件式2	条件式1と条件式2の両方が真ならば真	○	○	○	○	○	○
条件式1 -o 条件式2	条件式1と条件式2のどちらか真ならば真	○	○	○	○	○	○
(条件式)	条件式が真ならば真(演算優先順位のためのカッコ)	○	○	○	○	○	○

※ FreeBSD 9.x以降のshでは==も使える

注意事項

各引数はスペースで区切る

testコマンドでは、引数1個につき1個の文字列、数値、演算子を与える必要があります。したがって、各引数はすべてスペースなどで区切らなければなりません。同様に[の直後や、]の直前にもスペースが必要です。

○正しい例

```
[ "$var1" = "$var2" ]
```
……シェル変数var1とvar2の内容が等しければ真

×誤った例

```
[ "$var1"="$var2" ]
```
……"$var1"="$var2"という文字列全体が空文字列かどうかという判断が行われてしまう

文字列の比較は==ではなく=で

本来testコマンドでは、2つの文字列が同じならば真になる演算子は=です。一部のシェルでは、=の代わりにC言語風に==も使えるようになっていますが、移植性を考えて=で記述したほうがよいでしょう。なお、=はあくまで文字列の比較であり、数値を比較したい場合は-eqを使います。

●一般的な記述例

```
[ "$str" = hello ]
```
……シェル変数strの内容がhelloならば真

●bashなどでの記述例

```
[ "$str" == hello ]
```
……シェル変数strの内容がhelloならば真（一部のシェルではエラー）

演算子の< >や( )はクォートが必要

testコマンドの演算子にある「< >」や「( )」を使用する際には、これらの記号がシェルに解釈されないように、頭に\を付けて、それぞれ「\< \>」「\(\)」とする必要があります。とくに、>のクォートを忘れるとファイルへのリダイレクトとみなされ、意図せずにファイルが作成されてしまうため、注意してください。なお、\<や\>はあくまで文字列の比較であり、数値を比較したい場合はそれぞれ-ltや-gtを使います。

○正しい例

```
[ "$str" \> paaa ]
```
……シェル変数strの内容が辞書順でpaaaより後ならば真

×誤った例

```
[ "$str" > paaa ]
```
……paaaというファイルが作成され、"$str"のみがtestコマンドの引数になる

Memo

●bash、BusyBox（sh）、zshでは、[ ]の代わりに複合コマンドの[[ ]]を使うこともできます。[ ]と[[ ]]とでは一部文法が異なります。

参照

if文（p.43）　while文（p.64）　&&リスト（p.37）　||リスト（p.39）
特殊パラメータ $?（p.179）　条件式の評価[[ ]]（p.85）

true

- ○ Linux (bash)
- ○ FreeBSD (sh)
- △ Solaris (sh)
- ○ BusyBox (sh)
- ○ Debian (dash)
- ○ zsh

単に「0」の終了ステータスを返す

Solarisではtrueは外部コマンドとして実装されている

書式 true [引数 ...]

例

```
while true ·····················trueコマンドにより終了ステータス0が返り、無限ループになる
do ·············································ループの開始
  echo hello ···································メッセージを出力
done ···········································ループの終了
```

基本事項

trueコマンドは、終了ステータス「0」を返すだけのコマンドです。引数を付けてもすべて無視されますが、trueコマンドに対するリダイレクトや、引数中のパラメータ展開、コマンド置換は通常通り行われ、その結果、ファイルがオープンされたり、シェル変数が変化したり、別のコマンドが起動されたりといった動作が行われる場合があります。

終了ステータス

trueコマンドの終了ステータスは「0」になります。ただし、リダイレクトやパラメータ展開でエラーが発生した場合は、終了ステータスとして「0」以外のエラーコードが返されます。

解説

trueコマンドは、冒頭の例のように、while文の条件判断などで固定的に真の値を得たい場合に使用されます。trueコマンドの動作は:コマンドと同じです。Solarisのshなどのように、trueが組み込みコマンドではなく、外部コマンドのみで実装されている環境も存在するため、trueコマンドの代わりに組み込みコマンドの:コマンドを使ったほうが効率がよいでしょう。

Memo

- trueコマンドとは逆に、常に終了ステータス「1」を返すにはfalseコマンドを使います。
- サブシェルを使って(exit 0)と記述すると、trueコマンドと同じことになります。

参照

while文(p.64)　:コマンド(p.89)　false(p.145)
サブシェル(p.73)　exit(p.105)

builtin

- ○ Linux (bash)
- ○ FreeBSD (sh)
- × Solaris (sh)
- × BusyBox (sh)
- × Debian (dash)
- ○ zsh

シェル関数と同名の組み込みコマンドを優先的に実行する

書式 **builtin** [コマンド名] [[引数] ...]

例

```
echo() ………………………………echoという名前のシェル関数の定義の開始
{
  builtin echo 'echo output: ' "$@" ……引数を追加し、組み込みコマンドのechoを呼び出す
} ………………………………シェル関数の定義の終了
```


基本事項

builtinコマンドは[コマンド名]で指定されたコマンドがたとえシェル関数として定義されていても、シェル関数ではなく、**組み込みコマンドを実行**します。builtinコマンドに付けられた[引数]は、そのまま組み込みコマンドに渡されます。

終了ステータス

実行された組み込みコマンドの終了ステータスが、builtinコマンドの終了ステータスになります。

解説

シェルスクリプトでシェル関数を定義する際に、echo、cdなどの組み込みコマンドと同名のシェル関数を定義することができます。シェル上でのコマンド実行時には、組み込みコマンドよりもシェル関数が優先されて実行されるため、実質的に組み込みコマンドをシェル関数で再定義するようなことが可能です。

ここで、シェル関数内から元の組み込みコマンドを呼び出す際に、そのままコマンド名を記述すると、それは自分自身のシェル関数の呼び出しになり、**無限に再帰呼び出し**が発生し、シェルスクリプトが正常に動作しません。そこで、builtinコマンドを使い、組み込みコマンドを優先的に指定して実行するようにするのです。

冒頭の例では、組み込みコマンドのechoをシェル関数で再定義し、echoが実行された時にメッセージの先頭に「echo output: 」という文字列が付くようにしています。なお、この例ではecho -eやecho -nのオプションは考慮していません。

参照

シェル関数(p.77)　command(p.157)　特殊パラメータ"$@"(p.173)

command

- ○ Linux (bash)
- ○ FreeBSD (sh)
- × Solaris (sh)
- ○ BusyBox (sh)
- ○ Debian (dash)
- ○ zsh

シェル関数と同名の組み込みコマンドまたは外部コマンドを優先的に実行する

書式 **command** コマンド名 [引数 ...]

例

```
ls() ………………………… lsという名前のシェル関数の定義の開始
{
  command ls -F "$@" ………… -Fオプションを追加し、外部コマンドのlsを呼び出す
} ………………………… シェル関数の定義の終了
```

基本事項

commandコマンドは、コマンド名で指定されたコマンドがたとえシェル関数として定義されていても、シェル関数ではなく、**組み込みコマンドまたは外部コマンドを実行**します。commandコマンドに付けられた引数は、そのまま実行されるコマンドに渡されます。

終了ステータス

実行されたコマンドの終了ステータスが、commandコマンドの終了ステータスになります。

解説

シェルスクリプトでシェル関数を定義する際に、ls、cpなどの外部コマンドと同名のシェル関数を定義することができます。シェル上でのコマンド実行時には、外部コマンドよりもシェル関数が優先されて実行されるため、実質的に外部コマンドをシェル関数で再定義するようなことが可能です。

ここで、シェル関数内から元の外部コマンドを呼び出す際に、そのままコマンド名を記述すると、それは自分自身のシェル関数の呼び出しになり、**無限に再帰呼び出し**が発生し、シェルスクリプトが正常に動作しません。そこで、commandコマンドを使い、外部コマンドを優先的に指定して実行するようにするのです。冒頭の例では、外部コマンドのlsをシェル関数で再定義し、lsが実行された時に常に-Fオプションが付くようにしています。

なお、commandコマンドでは、組み込みコマンド→外部コマンドの優先順位でコマンドが検索されて実行されますが、FreeBSD 8.x以前のshと、zshのデフォルト状態では、外部コマンドのみが実行されます。

Memo

- commandコマンドには、-p、-V、-vのオプションも存在します。

参照

シェル関数(p.77)　builtin(p.156)　特殊パラメータ"$@"(p.173)

let

- ○ Linux (bash)
- △ FreeBSD (sh)
- × Solaris (sh)
- ○ BusyBox (sh)
- × Debian (dash)
- ○ zsh

算術式を評価するのにletコマンドを使う方法もある

FreeBSD(sh)のletコマンドは演算結果の数値が標準出力に出力されるなど、一部仕様が異なる

書式 let 算術式 [算術式 ...]

例

```
let 'i >= 3' ……………………シェル変数iの値が3以上ならば真(終了ステータス0)になる
```

基本事項

letコマンドは、引数で指定された算術式を評価し、その結果を終了ステータスとして返します。算術式の評価方法は、(( ))を使った算術式の評価と同じです。

引数に算術式を複数指定した場合は、各算術式が評価され、最後の算術式の評価結果が終了ステータスになります。

終了ステータス

最後の算術式の評価結果が真(「0」以外)なら、letコマンドの終了ステータスは真(0)に、最後の算術式の評価結果が偽(0)なら、letコマンドの終了ステータスは偽(1)になります。

解説

letコマンドは、複数の算術式を引数にすることもできる点を除いて(( ))を使った算術式の評価と同じです。letコマンドの終了ステータスをif文やwhile文の条件判断に用いたり、あるいは代入などのシェル変数の変化をともなう演算を行うために使用することができます。

注意事項

算術式はシングルクォートで囲む

letコマンドでは、1つの算術式を1つの引数として与える必要があります。したがって、算術式は通常、シングルクォートで囲むことになります。シングルクォートで囲まないと、算術式中のスペースで分割され、別の引数とみなされてしまうため、正しく動作しません。

○正しい例

```
let 'b = a + 3' …………算術式全体をシングルクォートで囲む
```

×誤った例

```
let b = a + 3 ……………シングルクォートで囲まないと別引数とみなされ、エラーになる
```

Memo

- FreeBSD(sh)では、算術式の演算結果の数値が標準出力に出力されますが、これを/dev/nullにリダイレクトするなどして無視し、終了ステータスのみを利用することにより、他のシェルのletコマンドに近い使い方ができます。
- FreeBSD(sh)では、算術式全体をシングルクォートで囲まずに、数値、変数、演算子をletコマンドの別々の引数として与えてもかまいません。ただし、複数の算術式を同時に引数に指定することはできず、演算子の記号がシェルに解釈されることを防ぐためのクォートは必要です。

参照

算術式の評価(( ))(p.82)　　シングルクォート' '(p.213)

local

○ Linux (bash)
○ FreeBSD (sh)
× Solaris (sh)
○ BusyBox (sh)
○ Debian (dash)
○ zsh

シェル関数内でローカル変数を使う

書式 local 変数名 [= 値] …

例

```
func() ……………………………… シェル関数funcの定義開始
{
  local i ……………………………… シェル変数iをローカル変数として宣言
  i=3 ……………………………… ローカル変数になったシェル変数iに値を代入
  echo "$i" ……………………………… 試しにシェル変数iの値を表示
  :
} ……………………………… シェル関数funcの定義終了
```

基本事項

シェル関数内で**localコマンド**を使用すると、以降、引数の変数名で指定したシェル変数が**ローカル変数**として扱われ、値を変更してもシェル関数の呼び出し元のシェル変数には影響を与えないようになります。localコマンドでシェル変数に同時に値を代入したり、複数のシェル変数を同時に指定することもできます。

シェル関数内以外でlocalコマンドを実行するとエラーになります[注5]。

終了ステータス

コマンド文法にエラーがないかぎり、終了ステータスは「0」になります。

解説

シェル関数では、位置パラメータを除き、シェル変数は**基本的にはグローバル変数**として扱われます。シェル関数内でシェル変数に値を代入すると、シェル関数からリターンしたあとも、そのシェル変数には値が代入されたままになります。

そこで、シェル関数内だけで有効な**ローカル変数**がほしい場合、localコマンドを使用してシェル変数をローカル変数として宣言します。localを使えば、シェル変数内でのローカル変数への代入は、シェル関数の呼び出し元の同名のシェル変数に影響しません。

ただし、Solarisのshなど、localコマンドが使えないシェルも存在するため、移植性のためには、シェル関数内で**サブシェル**を使う方法でローカル変数を実現したほうがよいでしょう。

注5 zshでは、localコマンドはtypesetコマンドと同様の動作になっており、シェル関数内以外で実行してもエラーにはなりません。

注意事項

local宣言は先に

シェル関数内でlocalコマンドを実行する前にシェル変数に値を代入すると、その代入については呼び出し元に影響を与えてしまいます。通常、localコマンドはシェル関数の宣言直後に、少なくともシェル変数への代入よりも前に行う必要があります。

○正しい例

```
func() ……………………………………シェル関数funcの宣言の開始
{
  local i ……………………………シェル変数iをローカル変数として宣言
  i=3 …………………………………ローカル変数iに3を代入
  i=4 …………………………………ローカル変数iに4を代入
} ………………………………………シェル関数の宣言の終了
```

×誤った例

```
func() ……………………………………シェル関数funcの宣言の開始
{
  i=3 …………………………………ローカル変数になっていないので、
                                    呼び出し元のシェル変数iも3に書き換わる
  local i ……………………………後でローカル宣言
  i=4 …………………………………これはローカル変数への代入として扱われる
} ………………………………………シェル関数の宣言の終了
```

参照

サブシェル(p.73)　　シェル関数(p.77)

その他の組み込みコマンド

解説

シェルには、前述のコマンド以外にも、**表A**のようにたくさんの組み込みコマンドが存在します。しかし、これらは、エイリアス関連、ディレクトリスタック関連、ヒストリ／行編集／補完関連、ジョブコントロール関連のコマンドや、そのほかの情報などの表示設定コマンドなどで、おもに**コマンドライン上**や、**特定のシェル限定環境**で使用されるコマンドです。これらのコマンドは通常はシェルスクリプト中では使用しないため、ここではコマンドの紹介にとどめます。詳しくは、各シェルのオンラインマニュアルを参照してください。

表A その他の組み込みコマンド

コマンド	分類※	概説	bash	FreeBSD	Solaris	BusyBox	dash	zsh
alias	A	エイリアスの設定と参照	○	○	×	○	○	○
bg	J	ジョブをバックグラウンドで再開	○	○	○	○	○	○
bind	H	行編集キーの割り当て	○	○	×	×	×	×
compgen	H	補完リストの生成	○	×	×	×	×	×
complete	H	補完機能の設定	○	×	×	×	×	×
declare		シェル変数の宣言と属性の設定	○	×	×	×	×	○
typeset		シェル変数の宣言と属性の設定	○	×	×	×	×	○
dirs	D	ディレクトリスタックを表示	○	×	×	×	×	○
disown	J	ジョブテーブルから削除	○	×	×	×	×	○
enable		組み込みコマンドの有効無効設定	○	×	×	×	×	○
fc	H	ヒストリの編集	○	○	×	×	×	○
fg	J	ジョブをフォアグラウンドで再開	○	○	○	○	○	○
hash		ハッシュテーブルの表示とクリア	○	○	○	○	○	○
help		組み込みコマンドのhelpの表示	○	×	×	○	×	×
history	H	ヒストリの表示	○	×	×	○	×	○
jobs	J	ジョブの表示	○	○	○	○	○	○
logout		ログインシェルをexitする	○	×	×	×	×	○
popd	D	ディレクトリスタックからPOPする	○	×	×	×	×	○
pushd	D	ディレクトリスタックにPUSHする	○	×	×	×	×	○
shopt		シェルのオプションの表示と設定	○	×	×	×	×	×
suspend	J	シェルをサスペンドする	○	×	○	×	×	○
times		合計プロセス時間の表示	○	○	○	○	○	○
ulimit		リソース制限の表示と設定	○	○	○	○	○	○
unalias	A	エイリアスの解除	○	○	×	○	○	○

※ 分類欄の記号について：
A：エイリアス　H：ヒストリ／行編集／補完
D：ディレクトリスタック　J：ジョブコントロール

>第7章
パラメータ

シェルにおけるパラメータ

シェル上では**シェル変数**によって変数を扱えます。さらにシェル変数以外に、**位置パラメータ**や**特殊パラメータ**と呼ばれる、一種の変数が存在し、シェル変数、位置パラメータ、特殊パラメータをまとめて**パラメータ**といいます(**図A**)。

パラメータのうち、シェル変数は環境変数としてエクスポートすることが可能です。シェル変数の中にはPATHやHOMEなどのように特別な意味を持つシェル変数もあります。位置パラメータは$1、$2……などの数字のパラメータで、シェルスクリプトやシェル関数の引数の受け渡しに使用します。特殊パラメータは$?や$$などのパラメータで、シェルの属性値などが参照できるほか、位置パラメータすべてをまとめて参照できる特殊パラメータ"$@"もあります。本章では、これらのパラメータについて解説します。

図A **パラメータ**

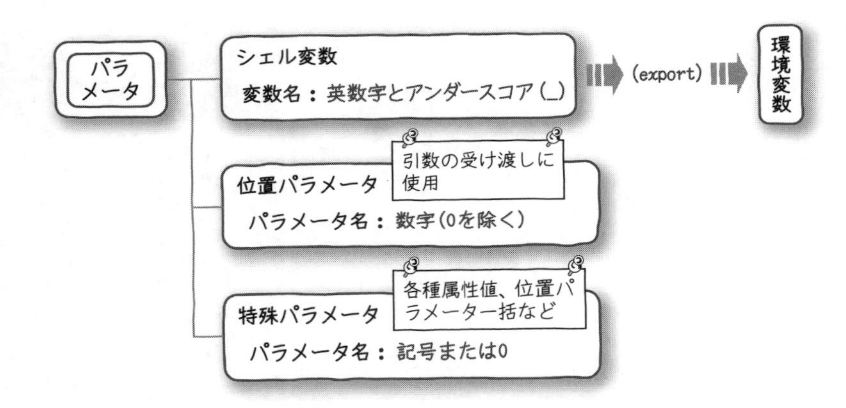

シェル変数の代入と参照

- Linux (bash)
- FreeBSD (sh)
- Solaris (sh)
- BusyBox (sh)
- Debian (dash)
- zsh

変数や定数を使うにはシェル変数を使う

書式

代入　変数名=[値]

参照　$変数名 | ${変数名}

例

```
message='Hello World'  ……シェル変数messageに値を代入
echo "$message"        ……シェル変数messageの値を表示
```

基本事項

シェルスクリプト上で、変数や定数を使うにはシェル変数を使います。冒頭の代入の書式により、任意の**シェル変数**(変数名)に値を**代入**することができます。値を省略すると値が空文字列になりますが、シェル変数自体は定義されます。定義されたシェル変数の値は、冒頭の参照の書式によって**参照**できます。

変数名には、英数字とアンダースコア(_)が使えます。変数名の1文字目は数字以外である必要があります。

解説

シェルスクリプトでは、任意の変数名のシェル変数を用いて値を代入したり、参照したりして使用することができます。C言語などとは違って、使用する変数をあらかじめ宣言する必要はありません。変数の値は基本的に文字列として扱われます。

シェル変数は、exportコマンドでエクスポートすると**環境変数**になります。環境変数の代入／参照方法もシェル変数と同じです。

また、シェルの起動時にすでに設定されている環境変数については、同名のシェル変数にその値が代入されます。

シェルスクリプト中で使用する定数をシェル変数に代入して、シェル変数を定数ラベルのようにして使用することもできます。この場合、readonlyコマンドを実行してシェル変数を読み出し専用にしておくと確実です。

readonlyが設定されていないシェル変数は、unsetコマンドによって削除することができます。

シェル変数の代入と参照の例

シェル変数に代入し、その値を参照している実例を**図A❶〜❺**に示します。代入時には=の前後にスペースを入れてはいけません。代入する値は、スペースや特殊記号などがシェルによって解釈されるのを防ぐため、基本的にシングルクォート(' ')で囲むようにします。

シェル変数の参照は、変数名の頭に$を付けることによって行います。ただし、この際にシェル変数の値に含まれるスペース等で単語分割されたり、*や?などの記号がパス名展開されてしまうのを防ぐため、基本的に全体をダブルクォート(" ")で囲みます。

図A❸のように、シェル変数の参照時に、変数名を{ }で囲んでもかまいません。これは${パラメータ:-値}などの形式のパラメータ展開を行う場合や、変数名の直後に別の文字列が続く場合の区切りとして必要ですが、通常は省略してかまいません。通常は全体をダブルクォートで囲むため、{ }がなくても変数名の区切りは明確です。

なお、シェル変数はコマンドの引数のほか、**コマンド名自体**としても使用できます。図A❹❺では、シェル変数cmdに「echo」という値を代入して、シェル変数経由でechoコマンドを実行しています。

zshの場合の単語分割とパス名展開の注意点

zshでは他のシェルとは異なり、パラメータの参照の際にパラメータの値に対して単語分割とパス名展開は行われません。このためzshでは、シェル変数(var)の参照時にダブルクォートで囲まずに$varと記述しても、"$var"と記述したのとほぼ同じ動作になります。逆に、zshにおいてパラメータの参照時に単語分割を行わせたい場合は、あらかじめ「set -o SH_WORD_SPLIT」コマンドを、パス名展開を行わせたい場合は「set -o GLOB_SUBST」コマンドを、実行しておく必要があります。ほかに、「emulate sh」コマンドを実行してsh互換モードにしたり、zshをshの名前で起動した場合も単語分割とパス名展開は行われるようになります。あるシェル変数(var)の参照時に、その参照のみ臨時で単語分割をさせる場合は、${=var}または$=varとして参照します。その参照のみ臨時でパス名展開させる場合は、${~var}または$~varとして参照します。単語分割もパス名展開も両方臨時で行いたい場合は${~=var}または$~=varとします。なお、シェル変数(var)の値が空文字列、またはシェル変数自体が未設定の場合は、zshであっても$varと"$var"の展開結果は異なり、$varはその存在自体が消えるのに対して、"$var"は空文字列に展開されます。

シェル変数からシェル変数への代入

シェル変数の参照時には"$変数名"のようにダブルクォートで囲むのが基本ですが、シェル変数の値を別のシェル変数に直接代入する場合には、ダブルクォートがなくてもこれ以上解釈は行われません。

図Bのように、連続するスペースや特殊記号を含んだ文字列をいったんシェル変数aに代入し、これをそのままシェル変数bに代入してもちゃんと値が保存されていることがわかります。ただし、最後にシェル変数の値を参照する際にダブルクォートを忘れると、文字列が解釈されてしまい、値通りの表示ではなくなってしまいます。

このほか、a=`cmd`のようにコマンド置換の文字列を直接シェル変数に代入する場合も、ダブルクォートは必要ありません。

図A シェル変数の代入と参照の例

```
$ message='Hello World' ········ ❶シェル変数messageに値を代入
$ echo "$message" ·············· ❷シェル変数messageの値を表示
Hello World ···················· たしかにHello Worldと表示される
$ echo "${message}" ············ ❸変数名を{ }で囲んでもよい
Hello World ···················· 同じくHello Worldと表示される
$ cmd=echo ····················· ❹シェル変数cmdにechoというコマンド名を代入
$ "$cmd" "$message" ············ ❺シェル変数cmdとmessageを使ってコマンドを実行
Hello World ···················· これでもHello Worldと表示される
```

図B　シェル変数からシェル変数への代入

```
$ a='***  Hello  World !! ***' ……………スペースや特殊記号を含んだ文字列を代入
$ b=$a ………………………………………………ダブルクォートなしで別のシェル変数に代入
$ echo "$b" ………………………………………その値を表示すると
***  Hello  World !! *** ……………………正しく値が代入されていることがわかる
$ echo $b ……………………………………………参照時のダブルクォートを省略すると
bin doc memo.txt src Hello World !! bin doc memo.txt src …
                                            カレントディレクトリのファイル名に展開されたり、
                                            連続するスペースが1個だけになったりしてしまう
```

注意事項

=の前後にスペースを入れてはいけない

C言語その他の言語とは異なり、シェル変数の代入の場合は=の前後にスペースを入れてはいけません。次の例のようにスペースを入れてしまうと、変数名がコマンド、=と値がそのコマンドの引数とみなされてしまい、エラーになります。

×誤った例

```
$ var = 3………………………………………………= の前後にスペースを入れる
bash: var: command not found …………varというコマンドを実行するものと
                                        見なされてエラーになる
```

サブシェル内でのシェル変数への代入はサブシェル内でのみ有効

シェル変数への代入が( )で囲まれたサブシェル内で実行されている場合、そのシェル変数はそのサブシェル内のみで有効です。シェル本体の変数は影響を受けないため注意してください。

Memo

- シェル変数の中にはPATH、HOMEなど、シェル上で特別な意味を持つシェル変数があります。
- 未定義のシェル変数を参照してもエラーにはならず、空文字列として展開されます。ただし、あらかじめset -uというコマンドを実行しておくと、未定義のシェル変数の参照はエラーになります。
- bashまたはzshの場合は、declareまたはtypesetという組み込みコマンドを使って明示的にシェル変数の型を宣言することも可能です。
- bashまたはzshの場合は算術式の評価を使って((var = 3))のように記述することにより、=の前後にスペースを入れることも可能です。ただし、代入する値は数値に限ります。

参照

export(p.107)　readonly(p.117)　unset(p.134)　シングルクォート' '(p.213)
ダブルクォート" "(p.215)　サブシェル(p.73)　PATH(p.187)
HOME(p.190)　単語分割(p.248)　パス名展開(10.2節)　コマンド置換(9.3節)

位置パラメータ

- Linux (bash)
- FreeBSD (sh)
- Solaris (sh)
- BusyBox (sh)
- Debian (dash)
- zsh

シェルスクリプトやシェル関数の引数を参照する

$1 | $2 | …… | $9

```
echo "$1" ………………第1引数を表示する
```

基本事項

シェルスクリプトやシェル関数の引数を参照するには**位置パラメータ**を用います。シェルスクリプトやシェル関数の実行時には、その引数が順に位置パラメータにセットされます。位置パラメータの値は、$1、$2、$3…のように1以上の数値の頭に$を付けることによって参照できます。

解説

シェルスクリプトでは、引数は**位置パラメータ**によって受け渡されます。位置パラメータの$1、$2…は、C言語のmain()関数におけるargv[1]、argv[2]…に相当します。シェルスクリプト内では、位置パラメータを参照することによってユーザがどういう引数を付けてシェルスクリプトを起動したかを知ることができます。さらに、位置パラメータはシェル関数呼び出し時にも引数の受け渡しのために使用されます。

なお、位置パラメータの参照時には、その値に含まれる*や?などの**パス名展開の記号**やスペースなどの**区切文字**がシェルによって解釈されないように、基本的にはダブルクォート(" ")で囲んで"$1"のようにして参照するのがよいでしょう。

位置パラメータの表示の例

リストAのようなシェルスクリプト「paramtest」をカレントディレクトリに保存し、**図A**のように適当な引数を付けてこのparamtestを実行すると、その引数の文字列が順に表示されることがわかります。

リストA paramtest

```
#!/bin/sh

echo "$1" ………………1番目の位置パラメータを表示
echo "$2" ………………2番目の位置パラメータを表示
echo "$3" ………………3番目の位置パラメータを表示
```

setコマンドによる位置パラメータのセット

位置パラメータの値は、シェルスクリプトやシェル関数の引数によってセットされる場合のほか、**図B**のように、setコマンドを使って再設定できます。

10番目以降の位置パラメータを参照する方法

位置パラメータはいくつでもセットすることができますが、$1、$2などの形で参照できるのは、従来のシェルでは$1〜$9までの9個のみです。10番目以降の位置パラメータを参照するには、**図C**のように、shiftコマンドでいったん$1〜$9の範囲にシフトしてから参照するようにします。

ただし、shiftコマンドを実行すると、元の位置パラメータは失われてしまいます。

図A　位置パラメータの表示テスト

```
$ ./paramtest one two three ·········引数を付けてシェルスクリプトを起動
one ·································1番目の引数が表示される
two ·································2番目の引数が表示される
three ·······························3番目の引数が表示される
```

図B　setコマンドによる位置パラメータのセット

```
$ set one two three ·················setコマンドで位置パラメータをセット
$ echo "$1" ·························試しに1番目の位置パラメータを表示
one ·································たしかにoneと表示される
$ echo "$2" ·························試しに2番目の位置パラメータを表示
two ·································たしかにtwoと表示される
```

図C　10番目以降の位置パラメータを表示

```
$ set Jan Feb Mar Apr May Jun Jul Aug Sep Oct Nov Dec ····12個の位置パラメータをセット
$ echo "$1" ·························試しに1番目の位置パラメータを表示
Jan ·································たしかにJanと表示される
$ shift 9 ···························位置パラメータを9回シフトする
$ echo "$1" ·························元10番目の位置パラメータを表示
Oct ·································たしかにOctと表示される
$ echo "$2" ·························元11番目の位置パラメータを表示
Nov ·································たしかにNovと表示される
```

10番目以降の位置パラメータを参照する方法

○ Linux (bash)	○ FreeBSD (sh)
× Solaris (sh)	○ BusyBox (sh)
○ Debian (dash)	○ zsh

Solaris(sh)以外では、10番目以降の位置パラメータについては、**図D**のように、${10}、${11}…という書式を使って参照できます。2桁以上になる数値部分は、bashでは必ず{ }で囲む必要があります。ここで$10と記述してしまうと、位置パラメータ$1の後に、単純に文字「0」が並んでいるだけとみなされ、図Dの例では「Jan0」という意図しない表示になってしまうため、注意してください。

なお、シェルの種類やバージョンによっては、{ }を付けずに単に$10や$11などのように記述しても10番目以降の位置パラメータを参照することができる場合があります。

図D　10番目以降の位置パラメータを表示

```
$ set Jan Feb Mar Apr May Jun Jul Aug Sep Oct Nov Dec ……12個の位置パラメータをセット
$ echo "${10}" ……………………………………10番目の位置パラメータを表示
Oct ………………………………………………………たしかにOctと表示される
$ echo "${11}" ……………………………………11番目の位置パラメータを表示
Nov ………………………………………………………たしかにNovと表示される
```

注意事項

位置パラメータに直接代入はできない

位置パラメータは、シェル変数とは異なり、値を直接代入することはできません。位置パラメータの値を変更するにはsetコマンドを使います。

Memo

- すべての引数をまとめて受け継ぐには、位置パラメータをすべて並べるのではなく、特殊パラメータ"$@"を使います。
- 位置パラメータの総個数は、特殊パラメータ$#に保持されています。
- シェルスクリプト名がセットされる$0は、位置パラメータに似ていますが、特殊パラメータに分類されています。

参照

シェル関数(p.77)　ダブルクォート" "(p.215)　set(p.122)　shift(p.125)
サブシェル(p.73)　特殊パラメータ"$@"(p.173)　特殊パラメータ$#(p.177)
特殊パラメータ$0(p.173)

特殊パラメータ $0

Linux (bash)
FreeBSD (sh)
Solaris (sh)
BusyBox (sh)
Debian (dash)
zsh

起動されたシェルスクリプト名（第0引数）を参照する

```
echo "$0" ……………… シェルスクリプト名（第0引数）を表示する
```

基本事項

シェルスクリプトの起動時には、その**シェルスクリプト名**(第0引数)が特殊パラメータ**$0**にセットされます。

解説

シェルスクリプトの引数は位置パラメータ($1、$2…)によって受け渡されますが、その**シェルスクリプト名**自体は**$0**にセットされます。これは、C言語のmain()関数におけるargv[0]に相当します。シェルスクリプト内では、$0を参照することによって、自分自身のコマンド名を知ることができます。なお、位置パラメータとは違って、$0はシェル関数の呼び出し時には変化しません。

位置パラメータと同様、$0の参照の際にも、その値に*や?などのパス名展開の記号やスペースなどの区切り文字が含まれていてもかまわないように、基本的にはダブルクォート(" ")で囲んで"$0"として参照するのがよいでしょう。

特殊パラメータ$0の表示の例

リストAのようなシェルスクリプト「param0test」をカレントディレクトリに保存し、**図A**のように引数を付けずにparam0testを実行すると、$0にセットされたシェルスクリプト名を使って「Usage:」のメッセージが表示されます。なお$0には、状況により、そのシェルスクリプトの絶対パスまたは./などで始まる相対パスが含まれます。パス名を削除し、シェルスクリプト名のみを表示したい場合は、さらにbasenameコマンドを使います。

リストA param0test

```
if [ $# -lt 1 ]; then ……………………引数の個数が1未満ならば
  echo "Usage: $0 ファイル名" ……………$0を使ってUsage:メッセージを表示
  exit 1 ……………………………………終了ステータス1で終了
fi ……………………………………………if文の終了
```

図A 特殊パラメータ$0の表示テスト

```
$ ./param0test ……………………………param0testを引数なしで実行
Usage: ./pamam0test ファイル名 ………$0が展開されてUsage:メッセージが表示される
```

7
4
特殊パラメータ

シェルの-cオプションの場合の$0の値の変更

やや特殊な例ですが、シェルを-cオプション付きで起動(-cの次の引数が直接コマンドとして解釈される)した場合、コマンドの引数の後にさらに引数を付けると、これが$0の値としてセットされます。**図B**の例では、$0に「name」という値がセットされるため、echoコマンドによって「name」と表示されます。

図B シェルに-cオプションを付け、$0の値を変更した例

```
$ sh -c 'echo "$0"' name ……………… 「-c コマンド引数」の後にnameを指定
name ………………………………………………… $0としてnameが表示される
```

注意事項

特殊パラメータ$0に代入はできない

$0に値を代入することはできません。それだけでなく、位置パラメータとは違ってsetコマンドやshiftコマンドの実行や、シェル関数の呼び出しの場合でも値は変化しません。 ただしzshの場合は、シェル関数の呼び出し時にはシェル関数名が$0にセットされます。

.コマンドで読み込んでも$0はセットされない

シェルスクリプトをコマンドとして実行するのではなく、.コマンドで読み込んだ場合は、$0の値は元のシェル上でセットされていた値のまま変化しません。

ただしzshの場合は、.コマンドで読み込んだファイル名が$0にセットされます。

Memo

- zshでは、あらかじめ「set +o FUNCTION_ARGZERO」コマンドを実行しておくこと により、zsh以外のシェルと同じように、シェル関数の呼び出し時や.コマンドの 実行時に$0の値が変化しないようにすることができます。

参照

位置パラメータ(p.168)　ダブルクォート" "(p.215)　basename(p.275)
シェル関数(p.77)　.コマンド(p.92)

特殊パラメータ "$@"

Linux (bash)
FreeBSD (sh)
Solaris (sh)
BusyBox (sh)
Debian (dash)
zsh

シェルスクリプトやシェル関数の引数すべてをそのまま引き継ぐ

書式 **"$@"**

```
mycommand "$@"  ……………………引数すべてをそのまま引き継いでmycommandを起動
```

基本事項

$@**は、**"$@"のようにダブルクォート(" ")で囲んで記述することにより、"$1" "$2" "$3"…のようにすべての位置パラメータをそれぞれダブルクォートで囲んだ状態に展開されます。位置パラメータの個数が「0」個の場合は、何にも展開されません(空文字列にもなりません)。

解説

シェルスクリプトを起動する際に付けられた引数の内容を、それ以上解釈を加えずに**そのまま受け取りたい**ことがよくあります。そのような場合に**"$@"**を使います。"$@"は、実際の位置パラメータの個数に応じて、"$1" "$2" "$3"…のようにダブルクォート付きで展開されるため、位置パラメータの値の中にスペースなどの単語分割の対象になる区切り文字や、*、?などのパス名展開の記号が含まれていても展開は行われません。なお、$@のようにダブルクォートなしで記述すると$1 $2 $3…のようにダブルクォートなしで展開されますが、これはほとんど意味がなく、$@を使う以上、常に"$@"とダブルクォート付きで用いるべきです。

"$@"は、環境変数の設定などの前処理を行って、元の引数をそのまま引き継いでコマンド本体を起動するラッパースクリプトによく使用されます。

また、for文で、「in 値」の部分を省略すると、ここに「in "$@"」と指定したものと等価になります。

引数の受け渡しの例

リストAのようなシェルスクリプト「paramATtest」をカレントディレクトリに保存し、**図A**のようにいろいろな引数を付けてこのparamATtestを実行すると、その引数の文字列が順に表示され、正しく受け渡されていることがわかります。ここで、スペースを含んだ「my prog」という文字列が全体で1つの引数として認識されていることや、パス名展開の*が展開されていないことにも注目してください。

7
4
特殊パラメータ

リストA paramATtest

```
#!/bin/sh

for arg in "$@" ······························"$@"を使ってfor文を記述
do ············································ループの開始
  echo "$arg" ·································"$arg"の値の表示
done ··········································for文の終了
```

図A 引数の受け渡しのテスト

```
$ ./paramATtest file 'my prog' '*' ·····いろいろな引数を付けてシェルスクリプトを起動
file ··········································引数1のfileが表示される
my prog ·······································引数2はスペースを含めてmy progと表示される
* ·············································引数3の*は、展開されずにそのまま表示される
```

注意事項

"$*"とは違う

"$@"に似た特殊パラメータとして$*がありますが、"$@"による位置パラメータの展開は$*や"$*"とは異なります。引数の受け渡しには"$@"を使用するべきです。

"$@"は読み出し専用

"$@"は読み出し専用であり、直接値を代入することはできません。ただし、位置パラメータの値が変化した場合は当然"$@"の内容も変化します。

Memo

- 未設定のパラメータの参照をエラーとして扱うようにset -uを実行している状態では、位置パラメータの個数が0個の時に"$@"を使用すると、Solaris(sh)などの一部のシェルではエラーとして扱われてしまいます。これを回避するには${1+"$@"}または${@+"$@"}と記述します。これは$1または$@が設定されている場合のみ"$@"に展開するという意味です。ただし、Solaris(sh)以外の多くのシェルではset -uの状態で"$@"を使用してもエラーにならないため問題ありません。
- zshのデフォルトの状態では、パラメータの展開時にダブルクォートを付けなくても単語分割とパス名展開が行われないため、"$@"の代わりに$@と記述してもほぼ同じように動作します。しかし、位置パラメータの中に空文字列を値とする位置パラメータが含まれている場合、$@ではその位置パラメータ自体が受け渡されずに消えてしまいます。よって、zshにおいても常にダブルクォート付きで"$@"と記述するべきです。

参照

位置パラメータ(p.168)　ダブルクォート" "(p.215)　ラッパースクリプト(p.305)
for文(p.56)　特殊パラメータ$*(p.175)　単語分割(p.248)
パス名展開(10.2節)

特殊パラメータ $*

Linux (bash)
FreeBSD (sh)
Solaris (sh)

Debian (dash)
zsh

シェルスクリプトやシェル関数の引数すべてを1つに連結して参照する

```
echo "$*" ………………………… すべての引数を1つに連結して表示する
```

基本事項

$*は、「$1 $2 $3 …」のようにすべての位置パラメータをスペースで区切って連結した状態に展開されます。**"$*"**のようにダブルクォートで囲むと、「"$1 $2 $3 …"」のように全体がダブルクォートで囲まれます。

解説

**"$*"**を使うと、シェルスクリプトやシェル関数に付けられた**引数全体**を参照することができます。ただし、"$*"は"$@"とは違ってダブルクォートが引数全体にかかり、すべての引数が1つにまとめられてしまいます。このため、"$*"は単にechoコマンドなどで引数全体を表示する程度には使えますが、各引数をそのまま引き継いでほかのコマンドに渡すような使い方ができません。実際、シェルスクリプトでは"$*"よりも"$@"のほうが多く使用されます。

"$*"の使用テスト

リストAのようなシェルスクリプト「paramASTERtest」をカレントディレクトリに保存し、**図A**のようにいろいろな引数を付けてこのparamASTERtestを実行すると、その引数の文字列が1つに連結されて表示されることがわかります。ここでは、for文は結局1回しかループしません。なお、"$*"のようにダブルクォートが付けられているので、パス名展開の*の展開は避けられています。

リストA paramASTERtest

```
#!/bin/sh

for arg in "$*" ………………………… "$*"を使ってfor文を記述
do ………………………… ループの開始
  echo "$arg" ………………………… "$arg"の値の表示
done ………………………… for文の終了
```

図A "$*"の使用テスト

```
$ ./paramASTERtest file 'my prog' '*' ……… いろいろな引数を付けてシェルスクリプトを起動
file my prog * ………………………… すべての引数が1つに連結されて表示される
```

注意事項

引数の受け渡しには"$@"を使う

シェルスクリプトやシェル関数の引数をそのまま受け渡すには、$*や"$*"ではなく、"$@"を使用するべきです。

$*は読み出し専用

$*は読み出し専用であり、直接値を代入することはできません。ただし、位置パラメータの値が変化した場合は当然$*の内容も変化します。

Memo

- zshのデフォルトの状態では、パラメータの展開時にダブルクォートを付けなくても単語分割とパス名展開が行われないため、$*をあえてダブルクォートなしで記述して「$1 $2 $3 …」と展開させることにより、引数の受け渡しに使えそうに見えます。しかし$*は、$@と同様に空文字列を値とする位置パラメータが受け渡されないという問題があるため、引数の受け渡しにはzshでもやはり$*でも"$*"でも$@でもなく、"$@"を使うべきです。

参照

位置パラメータ(p.168)　ダブルクォート" "(p.215)　for文(p.56)
特殊パラメータ"$@"(p.173)

特殊パラメータ $#

Linux (bash)
FreeBSD (sh)
Solaris (sh)
BusyBox (sh)
Debian (dash)
zsh

シェルスクリプトやシェル関数の引数の個数を参照する

```
if [ $# -lt 1 ]; then ·····················もし引数の個数が1未満なら
  exit 1 ··································終了ステータス1で終了する
fi ········································if文の終了
```

基本事項

シェルスクリプトやシェル関数の実行時には、その引数の個数が特殊パラメータ **$#** にセットされます。

解説

シェルスクリプトでは、**引数(位置パラメータ)の個数**は特殊パラメータ **$#** にセットされます。$#は、C言語のmain()関数におけるargcにほぼ相当しますが、シェルスクリプトの$#では、$0を個数に数えないため、C言語のargcより「1」だけ小さい値になります。シェル関数の呼び出し時には、そのシェル関数の引数の個数が一時的に$#にセットされます。

なお、$#には常に何らかの数値がセットされており、特殊な記号を含まないことが明らかであるため、参照時にダブルクォート(" ")で囲む必要はありません。

$#の表示テスト

実際に位置パラメータをセットし、その時の$#の値を表示してみましょう。**図A**では、setコマンドによって位置パラメータをセットした直後と、さらにshiftコマンドで位置パラメータをシフトした後の$#の値を表示しています。いずれも、たしかに位置パラメータの個数になっていることがわかります。

図A　**$#の表示テスト**

```
$ set one two three ·······················適当な位置パラメータを3つセットする
$ echo $# ·································$#の値を表示
3 ·········································たしかに3と表示される
$ shift ···································位置パラメータを1つシフトする
$ echo $# ·································再び$#の値を表示
2 ·········································たしかに2と表示される
```

注意事項

特殊パラメータ$#は読み出し専用

特殊パラメータ$#は読み出し専用であり、直接値を代入することはできません。ただし、shiftコマンドやsetコマンドが実行されると$#の値は変化します。

Memo

- #はコメントの開始を示す記号ですが、$#の場合、単語の開始文字が#ではないため、当然ながらコメントとはみなされません。

参照

位置パラメータ(p.168)　シェル関数(p.77)　set(p.122)
shift(p.125)　コメントの書き方(p.23)

特殊パラメータ $?

Linux (bash) / FreeBSD (sh) / Solaris (sh) / BusyBox (sh) / Debian (dash) / zsh

終了ステータスを参照する

```
[ -f /some/dir/file ] ………/some/dir/fileというファイルが存在するかどうかチェック
echo $? ……………………………testコマンドの終了ステータスを表示
```

基本事項

特殊パラメータ**$?**には、直前のリストの**終了ステータス**がセットされます注1。

解説

特殊パラメータ**$?**には、随時**リストの終了ステータス**がセットされます。たとえば、リストが単純コマンドの集まりである場合は、各コマンドの実行が終了するたびに$?の値が書き変わります。$?の値は、仮にその時点でシェルスクリプトをexitコマンドで終了した場合の終了ステータス、または、その時点でシェル関数をreturnコマンドで終了した場合の終了ステータスでもあります。

なお、$?には終了ステータスの数値がセットされていて、特殊な記号を含まないことが明らかであるため、参照時にダブルクォート(" ")で囲む必要はありません。

$?の参照例

実際にコマンドを実行し、$?の値をechoコマンドで表示してみましょう。**図A**のようにfalseコマンドを実行すると、コマンドの終了ステータスが「1」になるため、次のechoコマンドで「1」が表示されます。ところが、この時点でechoコマンド自体の終了ステータスが「0」になるため、再度echoで$?の値を表示すると「0」になることがわかります。

図A　$?の参照例

```
$ false ……………………………… falseコマンドを実行して終了ステータスを1にする
$ echo $? ……………………………… $?の値を表示
1 ……………………………………… たしかに1と表示される
$ echo $? ……………………………… 再度$?の値を表示
0 ……………………………………… 今度は直前のechoコマンド自体の終了ステータス0が表示される
```

注1　コマンドの終了ステータスの項(p.25)も合わせて参照してください。

注意事項

$?は直後に参照すること

$?の参照は、コマンド実行の直後に行う必要があります。さらに、$?の参照のためにechoコマンドなどを利用すると、その実行後に$?の値が書き変わってしまいます。したがって、終了ステータスを後で参照したい場合は、コマンド実行の直後に$?をほかのシェル変数に代入して保存する必要があります。

```
cmp -s file1 file2 ································file1とfile2の内容を比較
status=$? ·············································その終了ステータスをシェル変数に保存
echo 'file1とfile2を比較しました' ······メッセージを表示
exit "$status" ·····································保存されている終了ステータスを使ってexit
```


参照

コマンドの終了ステータス(p.25)　exit(p.105)　return(p.120)

特殊パラメータ $!

- Linux (bash)
- FreeBSD (sh)
- Solaris (sh)
- BusyBox (sh)
- Debian (dash)
- zsh

直前にバックグラウンドで起動したコマンドのプロセスIDを参照する

```
sleep 10 & ……………………適当なコマンドをバックグラウンドで起動
echo $! ……………………そのコマンドのプロセスIDを表示する
```

基本事項

特殊パラメータ **$!**には、最も新しく**バックグラウンド**で起動した**コマンドのプロセスID**がセットされます。コマンドを一度もバックグラウンドで起動していない場合は、特殊パラメータ$!は未設定の状態になります。

解説

リストの区切り文字や終端に&を付け、コマンドを**バックグラウンド**で起動すると、その**コマンドのプロセスID**が**$!**にセットされます。したがって、$!をwaitコマンドやkillコマンドでプロセスIDを参照する場合などに利用できます。なお、$!の値はバックグラウンドでコマンドを起動するたびに上書きされるため、2個以上のコマンドをバックグラウンドで起動し、そのプロセスIDを知りたい場合は、適宜シェル変数に$!の値を代入して保存する必要があります。

Memo

- set -uを実行している状態で、コマンドを一度もバックグラウンドで起動せずに$!を参照すると、未設定のパラメータの参照とみなされてエラーになります。ただしzshの場合は、$!には初期値として0が設定されており、パラメータ未設定の状態にはなりません。

参照

wait(p.136)　　kill(p.146)

特殊パラメータ $$

- Linux (bash)
- FreeBSD (sh)
- Solaris (sh)
- BusyBox (sh)
- Debian (dash)
- zsh

シェル自身のプロセスIDを参照する

```
touch /tmp/tempfile$$ ……………… /tmp/tempfileXXXXという形式のファイルを作成する
```

基本事項

シェルの起動時には**シェル自身のプロセスID**の数値が特殊パラメータ**$$**にセットされます。

解説

シェル自身のプロセスIDがセットされている$$は、おもにテンポラリファイルのファイル名を生成するために利用されます。シェルスクリプト中でテンポラリファイルを使用する場合、ファイル名として固定の文字列を使用すると、同じシェルスクリプトが同時に複数起動された場合に、テンポラリファイル名が競合して正常に動作しません。そこで、テンポラリファイルのファイル名に、シェルのプロセスIDというユニークな(一意の)値を埋め込むという方法が取られるのです。

なお、$$にはプロセスIDという**数値**がセットされていて、特殊な記号を含まないことが明らかであるため、参照時にダブルクォート(" ")で囲む必要はありません。

$$を利用してテンポラリファイルを作る

実際に$$を利用してテンポラリファイルを作成している例を**リストA**に示します。ここでは、$$を含めたテンポラリファイル名を、いったんシェル変数**TEMPFILE**に代入して使用していますが、そのファイル名は、シェルスクリプトの起動タイミングによって、「/tmp/tempfile1234」になったり、「/tmp/tempfile5678」になったりするはずです。

リストA　$$を利用してテンポラリファイルを作る

```
TEMPFILE=/tmp/tempfile$$ ……………… $$を含めてテンポラリファイルのファイル名を決定
nkf -Se "$file" > "$TEMPFILE" …… nkfコマンドでEUCに変換してテンポラリファイルに出力
mv -f "$TEMPFILE" "$file" …………… そのテンポラリファイルを元のファイルに上書き
```

注意事項

サブシェル内の$$は元のシェルの値と同じ

サブシェルの( )の中に$$を記述しても、$$の値はサブシェルのプロセスIDではなく、元のシェルのプロセスIDに展開されます。

特殊パラメータ$$は読み出し専用

特殊パラメータ$$は読み出し専用であり、直接値を代入することはできません。

特殊パラメータ $-

Linux (bash)
FreeBSD (sh)
Solaris (sh)
BusyBox (sh)
Debian (dash)
zsh

現在のシェルに設定されているオプションフラグを参照する

```
echo $- ……………………………現在のシェルのオプションフラグを表示する
```

基本事項

特殊パラメータ **$-** は、現在の**シェルのオプションフラグ**に展開されます。

解説

シェルには、**シェルの起動時**または**setコマンド**によって設定可能な、-aや-eそのほかの**オプションフラグ**があります。このオプションフラグは、特殊パラメータ **$-** を使って参照することができます。

$-を使った実行例

$-を使った実行例を**図A**に示します。とくにオプションを付けずにシェルを起動した場合でも、いくつかのオプションフラグは最初から設定されています。図のようにsetコマンドを使ってオプションフラグを操作すると、特殊パラメータ$-の値が変化していることがわかります。

図A　$-を使った実行例

```
$ echo $- ……………………………現在のオプションフラグを表示
himBHs ……………………………-h、-iフラグほか、このようにセットされている
$ set -a ……………………………setコマンドでaフラグをセット
$ echo $- ……………………………現在のオプションフラグを表示
ahimBHs ……………………………たしかにaフラグが追加された
$ set +a ……………………………setコマンドでaフラグをリセット
$ echo $- ……………………………現在のオプションフラグを表示
himBHs ……………………………たしかにaフラグが削除された
```

参照

set（p.122）

特殊パラメータ $_

○	Linux (bash)
○	FreeBSD (sh)
×	Solaris (sh)
○	BusyBox (sh)
○	Debian (dash)
○	zsh

直前に実行したコマンドの最後の引数を参照する

```
ls -l /some/dir ……………… /some/dirディレクトリに対してls -lコマンドを実行
cd $_ …………………………… /some/dirディレクトリに移動
```

基本事項

特殊パラメータ **$_** には、直前に実行した**コマンドの最後の引数**(引数がない場合はコマンド名)がセットされます。シェルを起動した直後には、そのシェル自身のパス名がセットされますが、これはシェル起動時にセットされていた環境変数「_」の値、ない場合は第0引数の値が採用されます。このシェルから外部コマンドを起動する際には、環境変数「_」にその外部コマンドのフルパス名をセットした状態で起動されます。

解説

直前に実行したコマンドの最後の引数を再利用して別のコマンドを実行したいような場合、$_ を利用すると便利でしょう。ただし、$_ は、おもにコマンドラインでの入力の手間を省くためのものであり、シェルスクリプト上では通常は使用されません。

$_ を使った実行例

$_ を使った実行例を**図A**に示します。直前のコマンドの最後の引数がセットされていることがわかります。多くのコマンドでは最後の引数は何らかのファイル名またはディレクトリ名となるため、$_ を利用して次のコマンドの入力を簡略化できるでしょう。

図A $_ を使った実行例

```
$ ls -F work ……………………… workディレクトリに対してls -Fコマンドを実行
bin/  memo.txt  src/  tmp/ …… 存在するファイルが表示される
$ echo $_ ………………………… ここで$_の値を参照すると
work …………………………………… 最後の引数のworkがセットされていることがわかる
```

Memo

● $_ は特殊パラメータに分類されていますが、パラメータ名「_」はシェル変数として使用できる文字のため、「_」に値を代入する動作も一応できてしまいます。しかし、$_ の値はコマンドの実行ごとに上書きされるため、代入してもあまり意味がありません。

環境変数の設定

Linux (bash) / FreeBSD (sh) / Solaris (sh) / BusyBox (sh) / Debian (dash) / zsh

シェル変数をexportして環境変数を設定する

変数名=[値]; export 変数名

`LANG=C; export LANG` ……環境変数LANGをCという値にセットする

解説

シェルでは、環境変数はexportされたシェル変数として扱われるため、**環境変数を設定**するには、同名のシェル変数(変数名)に値を代入するなどして設定するとともに、exportコマンドを使ってシェル変数(変数名)をexportする必要があります。

なお、1つのコマンドのみ環境変数を一時的に変更したい場合は、次項のように、exportコマンドを使わずに、シェルの文法上で環境変数の一時変更を行えます。

環境変数を未設定状態にするにはunsetコマンドを使います。ただし、unsetによって環境変数だけでなく、シェル変数自体が未設定になります。

参照

export(p.107)　環境変数の一時変更(p.186)　unset(p.134)

環境変数の一時変更

- Linux (bash)
- FreeBSD (sh)
- Solaris (sh)
- BusyBox (sh)
- Debian (dash)
- zsh

単純コマンドの左側に環境変数の代入文を記述する

書式　[変数名 =[値] ･･･]　単純コマンド　[引数 ･･･]

例　LANG=C date ……………………環境変数LANGを一時的にCに変更してdateを実行

基本事項

環境変数を継続的に設定(または変更)するのではなく、**特定の単純コマンドのみ**に対して**一時的に環境変数を設定**することができます。冒頭の書式のように 単純コマンド のコマンド名よりも左側に 変数名 と 値 を用いた代入文を記述すると、これは指定の単純コマンドの実行時のみ有効な環境変数と解釈されます。

この方法では、exportコマンドを使わなくても環境変数を設定できますが、環境変数が設定されるのは指定の**単純コマンド**のみであり[注2]、シェル自体の環境変数は一切変更されません。

解説

図Aは、環境変数**LANG**を一時変更してdateコマンドを実行している例です。日本語環境では**LANG**には「ja_JP.eucJP」がセットされており、dateは日本語で日付を表示しますが、図A❶のように**LANG**を「C」に一時変更するとdateの表示は英語に切り替わります。しかし、環境変数の変更はこのdateの実行1回限りであり、元のシェルの**LANG**の値は変わりません。また図A❷のように、**LANG**と**TZ**の2つの環境変数を同時に一時変更することもできます。ここでは「TZ=UTC」を追加したことにより、時刻が「UTC」で表示されています。

図A　環境変数の一時変更例

```
$ printenv LANG ………………………………… 現在の環境変数LANGの値を表示
ja_JP.eucJP ……………………………………… 日本語EUCのlocaleに設定されている
$ date ………………………………………………… dateコマンドで日付を表示させる
2038年  1月19日 火曜日 12:14:05 JST … 日本語で日付が表示される
$ LANG=C date …………………………………… ❶環境変数LANGをCに一時変更し、dateを実行する
Tue Jan 19 12:14:06 JST 2038 ………… 英語で日付が表示される
$ printenv LANG ………………………………… printenvコマンドで環境変数LANGの値を確認
ja_JP.eucJP ……………………………………… 日本語EUCのlocaleのまま変わっていない
$ LANG=C TZ=UTC date ………… ❷LANGをCにして、さらにタイムゾーンをUTCに変更してdateを実行
Tue Jan 19 03:14:07 UTC 2038 ………… 英語で、UTCのタイムゾーンで日付が表示される
```

注2　**環境変数の一時変更ができるのは単純コマンドのみ**です。if文などの構文やサブシェルの()の前に代入文を書くと文法エラーになります。

PATH

- Linux (bash)
- FreeBSD (sh)
- Solaris (sh)
- BusyBox (sh)
- Debian (dash)
- zsh

外部コマンドの検索パスを設定するシェル変数

解説

シェルが外部コマンドを実行する際、コマンド名が/を含んでいない場合注3、シェル変数**PATH**に設定されている:で区切られた複数のディレクトリを左から順に検索し、実行するべき外部コマンドを探します。

PATHの値は、ユーザのログイン時に、**"$HOME"/.profile**などのファイルによって設定されるのが普通です。また、**PATH**は環境変数としてexportし、シェルから起動される子プロセスにも**PATH**の設定が反映されるようにします。

PATHの追加の例

図Aは、現在の**PATH**の先頭に、**"$HOME"/bin**を追加する例です。**PATH**の追加では、それまでに設定されていた**PATH**もそのまま有効になるように、「PATH=$HOME/bin:$PATH」のように、以前の**PATH**を参照しつつ、新たなディレクトリを追加し、:で区切って代入する必要があります。シェル変数への代入時にはダブルクォートはいりません。なお、**PATH**はすでにexportされているのが普通ですが、念のため再度exportしておくとよいでしょう。

これで**"$HOME"/bin**が**PATH**に追加されたことにより、以降**"$HOME"/bin**の下にある外部コマンドが絶対パスなどの指定なしで実行できるようになります。

図A　PATHの追加の例

```
$ echo "$PATH" ………………………………… 現在のPATHの値を表示
/usr/local/bin:/usr/X11R6/bin:/usr/bin:/bin …… このように4つのディレクトリが設定されている
$ PATH=$HOME/bin:$PATH ……………………… PATHの先頭に$HOME/binを追加
$ echo "$PATH" ………………………………… 再度PATHの値を表示
/home/guest/bin:/usr/local/bin:/usr/X11R6/bin:/usr/bin:/bin …… たしかに追加された
$ export PATH ………………………………… 念のため、再度PATHを環境変数にexport
```

参照

export(p.107)　　HOME(p.190)

注3　絶対パスや、カレントディレクトリからの相対パスではない場合を指します。

PS1 / PS2

- Linux (bash)
- FreeBSD (sh)
- Solaris (sh)
- BusyBox (sh)
- Debian (dash)
- zsh

シェルのプロンプトを設定するシェル変数

解説

シェルがシェルスクリプトを実行中(非対話シェル)ではなく、コマンドラインを実行中(対話シェル)の場合は、コマンド1行ごとに標準エラー出力(通常は画面)にプロンプトを表示し、ユーザにコマンド入力を促します。

このプロンプトの文字列は、プライマリプロンプトであるシェル変数**PS1**に設定されており、ユーザの好みにより、変更することも可能です。**PS1**のデフォルトは、一般ユーザの場合は「$ 」、root(特権ユーザ)の場合は「# 」です。

一方、セカンダリプロンプトの**PS2**にはデフォルトで「> 」という文字列がセットされており、これは、if文/for文などの構文の入力中や、クォートの途中での改行時などに表示され、まだコマンドが完結していない状態であることを示します(**表A**)。

プロンプトの表示例

図Aは、echoコマンドの引数として、改行を含むメッセージを与えている例です。ここでは、シングルクォートの途中で改行したところで、シェルのプロンプトが**PS2**の「> 」に変わっていることがわかります。その後、2行目のメッセージを入力し、シングルクォートを閉じて改行するとechoコマンドが完結するため、実際にechoが実行され、改行を含む2行のメッセージが表示されます。最後には元通り**PS1**の「$ 」のプロンプトに戻ります。

表A シェルのプロンプト

シェル変数	意味	デフォルト値
PS1	プライマリプロンプト	「$ 」
PS2	セカンダリプロンプト	「> 」

図A プロンプトの表示例

```
$ echo 'hello ………… echoコマンドの引数のメッセージのシングルクォートの途中で改行
> world' ………… PS2が表示されるので、メッセージの続きを入力しシングルクォートを閉じる
hello ………… echoコマンドが実行され、メッセージが2行分表示される（1行目）
world ………… （2行目）
$ ………… 再びPS1が表示される
```

PS1などのプロンプトに設定できる特殊文字

○ Linux (bash)	△ FreeBSD (sh)
× Solaris (sh)	△ BusyBox (sh)
× Debian (dash)	△ zsh

bashでは、**PS1**などのプロンプトの値として、\u などの\で始まる特殊文字列を使用することができ、たとえば、\uはプロンプトの表示時に「ユーザ名」に展開されます。実際に**PS1**に特殊文字を含む文字列を設定している様子を**図B**に示します。**PS1**への代入時には、\やスペースやそのほかの記号が解釈されないように、文字列全体をシングルクォートで囲みます。この設定により、シェルのプロンプトが「[guest@myhost doc]$ 」のようなスタイルに変わります。なお、プロンプトで使用できる特殊文字列についての詳細は、bashのオンラインマニュアルを参照してください。

FreeBSD(sh)やBusyBox(sh)では使用できる特殊文字の種類が減りますが、\hや\Wなどについては使用できます。zshでは特殊文字の表記法が%を用いたものになり、図Bに近いプロンプトをzshで表示するには、PS1='[%n@%m %1~]%(!.#.$) 'とします。

図B　特殊文字を使用したプロンプト

```
$ PS1='[\u@\h \W]\$ '      PS1に、\uなどの特殊文字を含む文字列を代入※
[guest@myhost doc]$       するとユーザ名などを含むプロンプトに変わる
```

※プロンプトに使用している特殊文字

- \u：ユーザ名
- \h：ホスト名(ドメイン部分を除く)
- \W：カレントディレクトリ名(パス部分を除く)
- \$：一般ユーザなら$、rootなら#に展開

Memo

- bashまたはzshでは、**PS1**、**PS2**のほかに、select文のプロンプトとして使用される**PS3**や、オプションフラグ-x設定時の表示に使用される**PS4**も存在します。
- bashでは、コマンド入力後、コマンド実行直前に表示される**PS0**のプロンプトも設定することができます。

HOME

- ○ Linux (bash)
- ○ FreeBSD (sh)
- ○ Solaris (sh)
- ○ BusyBox (sh)
- ○ Debian (dash)
- ○ zsh

自分自身のホームディレクトリが設定されているシェル変数

解説

シェルを実行中のユーザのホームディレクトリの絶対パスは、シェル変数**HOME**に設定されています。これは、ユーザのログイン時に設定される環境変数**HOME**の値を受け継いだものです。

HOMEの値は、cdコマンドを引数なしで実行してホームディレクトリに移動する場合や、チルダ展開の際に参照されます。詳しくはcdコマンドの項(p.97)を参照してください。

参照

cd(p.97)　　チルダ展開~(p.243)

IFS

- ○ Linux (bash)
- ○ FreeBSD (sh)
- ○ Solaris (sh)
- ○ BusyBox (sh)
- ○ Debian (dash)
- ○ zsh

単語分割に用いられる区切り文字が設定されているシェル変数

解説

シェルが単語分割を行う際には、シェル変数**IFS**に設定されている文字を区切り文字として使用します。**IFS**の値のデフォルトは、スペース、タブ、改行の3文字です。詳しくは単語分割の項(p.248)を参照してください。

シェル変数**IFS**の値は、そのまま画面に表示しても見えないため、値を確認したい場合は**図A**のようにダブルクォートで囲んで参照した結果を、odコマンドを通して表示するようにします。

図A　シェル変数IFSの値の確認方法

```
$ echo "$IFS" | od -c ……………… IFSの値をパイプでodコマンドに通して表示
0000000      \t  \n  \n ……………… スペース、\t、\nの3文字を確認
0000004 ……………………………………… (最後の\nはechoコマンドの出力)
```

Memo

- zshでは、IFSにはスペース、タブ、改行、\0(ヌル文字)の4文字がセットされています。

参照

単語分割(p.248)

>第8章
パラメータ展開

パラメータ展開の概要

パラメータ展開とは、パラメータ(シェル変数と位置パラメータと特殊パラメータ)を、実際の値に展開することです。単なるシェル変数の参照も、パラメータ展開の一つです。しかし、パラメータ展開では、単にシェル変数などのパラメータを参照するだけでなく、パラメータの参照時に、"${var:-default}"のように何らかの条件判断を行えます。具体的にいうと、シェル変数の参照は通常はパラメータ名の頭に$を付け、さらにダブルクォートを付けて"$var"の形にしますが、ここで"${var:-default}"のような{ }を使った書き方ができ、シェル変数がセットされているかどうかによって条件判断をして違う動作をさせることができるのです(**図A**)。本章では、このような条件判断をともなうパラメータの参照など、パラメータの展開方法をまとめて「パラメータ展開」として説明します。

図A　パラメータ展開の例

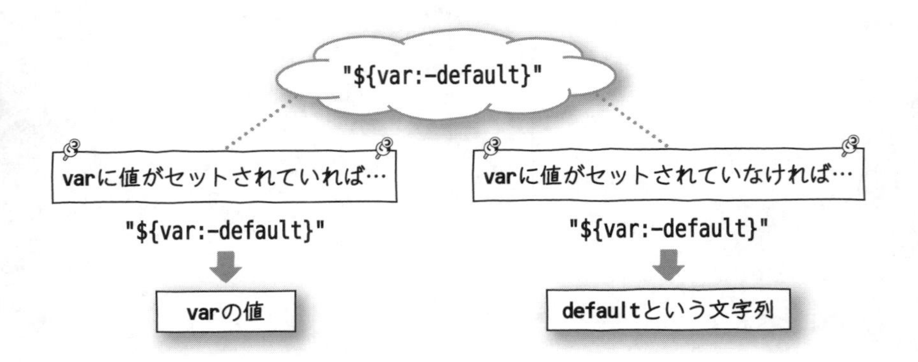

Column

パラメータ展開とダブルクォート

パラメータ展開で、${var:-default}のように記述する場合も、$varの場合と同じく全体をダブルクォートで囲んで、"${var:-default}"と記述し、展開後の値がさらに余分に解釈されてしまうのを防いだほうがよいでしょう。とくに、$の後に{ }のカッコがあるため、あたかもすでにクォートされているような錯覚を受けやすいので注意してください。ダブルクォート" "の項(p.215)も合わせて参照してください。

${パラメータ:-値}と ${パラメータ-値}

- ○ Linux (bash)
- ○ FreeBSD (sh)
- ○ Solaris (sh)
- ○ BusyBox (sh)
- ○ Debian (dash)
- ○ zsh

パラメータのデフォルト値を指定する

${パラメータ:-値}
${パラメータ-値}

```
cp file "${1:-/tmp}"
```
……fileを、引数1で指定したディレクトリにコピー、引数1が未設定または空文字列の場合は/tmpにコピー

基本事項

${パラメータ:-値}は、パラメータが設定されていないかまたは空文字列の場合に指定した値に展開され、それ以外の場合は通常通りパラメータ自身の値に展開されます。

${パラメータ-値}は、パラメータが設定されていない場合に指定した値に展開され、それ以外の場合は通常通りパラメータ自身の値に展開されます。

解説

シェルスクリプト中でシェル変数や位置パラメータなどのパラメータを参照する際、これらのパラメータが未設定でも動作するように、その**デフォルト値を指定したい**場合があります。このような時、${パラメータ:-値}や${パラメータ-値}が便利です。

${パラメータ:-値}では、パラメータが空文字列の場合もパラメータが未設定の場合と同様に扱いますが、${パラメータ-値}では、単純にパラメータ自体がセットされているかどうかだけで判断します。

冒頭の例のように、このパラメータ展開の場合も、通常のパラメータの参照の場合と同じく、全体をダブルクォートで囲んで、展開後の値がさらに余分に解釈されてしまうのを防いだほうがよいでしょう。

なお、これらのパラメータ展開では、展開される値は変化しても、パラメータ自身の値は変化しません。パラメータ自身の値も変化させたい場合は${パラメータ:=値}のパラメータ展開を用います[注1]。

if文での記述

冒頭の例の${パラメータ:-値}を参考までにif文で記述すると**リストA**のようになります。if文よりもパラメータ展開のほうが簡潔に記述できることがわかります。

注1　「${パラメータ:=値}と${パラメータ=値}」(p.195)を参照してください。

リストA ${パラメータ:-値}をif文で記述した例

```
if [ -n "$1" ] ……………………位置パラメータ"$1"が（空文字列以外に）セットされている場合
then
  cp file "$1" ……………………fileを"$1"にコピー
else ……………………………………位置パラメータ"$1"が未設定または空文字列の場合
  cp file /tmp ……………………fileを/tmpにコピー
fi
```


Column

空文字列のパラメータをセットするには

空文字列のパラメータは、次のように、シェル変数名と=とを記述し、=の右側に何も書かないことによってセットできます。この場合、パラメータ(シェル変数)varはセットされていますが、中身は空文字列という状態になります。

```
var= ……………………………varはセットされているが、中身は空文字列
```

空文字列の位置パラメータは、次のようにsetコマンドの引数に空文字列を指定することによりセットできます。引数の空文字列はシングルクォート2つで表現します。この例では位置パラメータ$1のみ空文字列がセットされます。

```
set '' ………………位置パラメータ$1がセットされ、中身は空文字列
```

参照

ダブルクォート" "(p.215)　　${パラメータ:=値}と${パラメータ=値}(p.195)

${パラメータ:=値}と ${パラメータ=値}

- Linux (bash)
- FreeBSD (sh)
- Solaris (sh)
- BusyBox (sh)
- Debian (dash)
- zsh

パラメータにデフォルト値を代入する

${パラメータ:=値}
${パラメータ=値}

```
cp file "${TMPDIR:=/tmp}"
```
シェル変数TMPDIRが未設定または空文字列の場合は/tmpを代入し、シェル変数TMPDIRの示すディレクトリにfileをコピー

基本事項

${パラメータ:=値}は、パラメータが設定されていないかまたは空文字列の場合には指定した値が代入され、その値に展開されます。それ以外の場合は通常通りパラメータ自身の値に展開されます。

${パラメータ=値}は、パラメータが設定されていない場合には指定した値が代入され、その値に展開されます。それ以外の場合は通常通りパラメータ自身の値に展開されます。

解説

シェルスクリプト中でシェル変数を参照する際、シェル変数が未設定の場合にはその**デフォルト値を代入したい**場合があります。このような時、${パラメータ:=値}や${パラメータ=値}が便利です。

${パラメータ:=値}では、パラメータが空文字列の場合もパラメータが未設定の場合と同様に扱いますが、${パラメータ=値}では、単純にパラメータ自体がセットされているかどうかだけで判断します。

冒頭の例のように、このパラメータ展開の場合も、通常のパラメータの参照の場合と同じく、全体をダブルクォートで囲んで、展開後の値がさらに余分に解釈されてしまうのを防いだほうがよいでしょう。

なお、これらのパラメータ展開では、パラメータは値が代入可能なシェル変数である必要があり、位置パラメータや特殊パラメータは指定できません。

if文での記述

冒頭の例の${パラメータ:=値}を参考までにif文で記述すると**リストA**のようになります。if文よりもパラメータ展開のほうが簡潔に記述できることがわかります。

:コマンドの利用

パラメータ展開のみを、:コマンドを利用して先に行っておき、以降は通常通りシェル変数を参照するようにすることもできます。冒頭の例を:コマンドを利用するように書き直すと、**リストB**のようになります。

リストA ${パラメータ:-値}をif文で記述した例

```
if [ -z "$TMPDIR" ] ……………… シェル変数TMPDIRが未設定または空文字列の場合
then
  TMPDIR=/tmp ………………………… シェル変数TMPDIRにデフォルト値の/tmpを代入
fi
cp file "$TMPDIR" ………………… fileをシェル変数TMPDIRの指すディレクトリにコピー
```

リストB :コマンドを利用した例

```
: ${TMPDIR:=/tmp} ………………… シェル変数TMPDIRが未設定または空文字列の場合は/tmpを代入
cp file "$TMPDIR" ………………… fileをシェル変数TMPDIRの指すディレクトリにコピー
```


参照

ダブルクォート" "(p.215)　　:コマンド(p.89)

${パラメータ:?値}と ${パラメータ?値}

Linux (bash)
FreeBSD (sh)
Solaris (sh)
BusyBox (sh)
Debian (dash)
zsh

パラメータ未設定時にエラーメッセージを出してシェルスクリプトを終了する

${パラメータ:?値}
${パラメータ?値}

```
cp "${1:?ファイルが指定されていません}" /tmp
```
……引数1で指定されたファイルを/tmpにコピー、引数1が未設定または空文字列の場合はエラーメッセージを出して終了

基本事項

${パラメータ:?値}は、パラメータが設定されていないか、または空文字列の場合には、指定した値がエラーメッセージとして表示され、シェルスクリプトを終了します。それ以外の場合は通常通りパラメータ自身の値に展開されます。

${パラメータ?値}は、パラメータが設定されていない場合には指定した値がエラーメッセージとして表示され、シェルスクリプトを終了します。それ以外の場合は、通常通りパラメータ自身の値に展開されます。

いずれの場合も、シェルがシェルスクリプトではなく、コマンドラインを実行しているシェル(対話シェル)の場合はシェルは終了されません。

値の指定は省略でき、値を省略した場合はシェルによって既定のエラーメッセージが表示されます。

解説

シェルスクリプト中で、必要なパラメータが未設定の場合には**エラーメッセージを出して終了したい**場合があります。このような時、${パラメータ:?値}や${パラメータ?値}が便利です。このパラメータ展開では、パラメータが未設定でエラーになった場合には、コマンドの実行前にシェルスクリプトが終了します。

${パラメータ:?値}では、パラメータが空文字列の場合もパラメータが未設定の場合と同様に扱いますが、${パラメータ?値}では、単純にパラメータ自体がセットされているかどうかだけで判断します。

冒頭の例のように、このパラメータ展開の場合も、通常のパラメータの参照の場合と同じく、全体をダブルクォートで囲んで、展開後の値がさらに余分に解釈されてしまうのを防いだほうがよいでしょう。

if文での記述

冒頭の例の${パラメータ:?値}を参考までにif文で記述すると**リストA**のようになります。if文よりもパラメータ展開のほうが簡潔に記述できることがわかります。

:コマンドの利用

パラメータ展開のみを、:コマンドを利用して先に行っておき、以降は通常通りシェル変数を参照するようにすることもできます。冒頭の例を:コマンドを利用するように書き直すと、**リストB**のようになります。

エラーメッセージの省略

${パラメータ:?}のように、エラーメッセージの指定を省略することもできます。この場合、エラーメッセージはシェル側で用意されたメッセージになります。**図A**は、シェル変数varに空文字列以外の値がセットされているかどうかをチェックしており、その結果、エラーメッセージが表示されています。なお、ここではコマンドラインで直接実行しているため、エラー時にシェルは終了されません。

リストA ${パラメータ:-値}をif文で記述した例

```
if [ -z "$1" ] ……………………引数1が未設定または空文字列の場合
then
  echo 'ファイルが指定されていません' ……エラーメッセージを表示
  exit 1 ……………………終了ステータス1で終了
fi
cp "$1" /tmp ……………………引数1で指定のファイルを/tmpにコピー
```

リストB :コマンドを利用した例

```
: ${1:?ファイルが指定されていません} ……引数1が未設定または空文字列の場合はエラーメッセージを出して終了
cp "$1" /tmp ……………………引数1で指定のファイルを/tmpにコピー
```

図A エラーメッセージの省略

```
$ unset var ……………………念のためシェル変数varをunsetする
$ : ${var:?} ……………………エラーメッセージを省略してパラメータをチェック
bash: var: parameter null or not set ……varが未設定という、シェルからのエラーメッセージ
```

参照

ダブルクォート" "(p.215)　　:コマンド(p.89)

${パラメータ:+値}と ${パラメータ+値}

Linux (bash) / FreeBSD (sh) / Solaris (sh) / BusyBox (sh) / Debian (dash) / zsh

パラメータが設定されている場合のみ指定の値に展開する

${パラメータ:+値}
${パラメータ+値}

例

```
LD_LIBRARY_PATH=/usr/local/myapp/lib${LD_LIBRARY_PATH:+:}$LD_LIBRARY_PATH
                            ……… LD_LIBRARY_PATHの先頭にディレクトリを追加
                  (すでにLD_LIBRARY_PATHが設定されている場合は:で区切る)
export LD_LIBRARY_PATH ………… 環境変数としてエクスポートする
```

基本事項

${パラメータ:+値}は、パラメータが空文字列以外に設定されている場合に指定した値に展開され、それ以外の場合は空文字列に展開されます。

${パラメータ+値}は、パラメータが設定されている場合に指定した値に展開され、それ以外の場合は空文字列に展開されます。

解説

${パラメータ:+値}は${パラメータ:-値}とは逆に、パラメータが設定されている場合に指定の値に展開されます。したがって、すでにパラメータが設定されている場合のみ、何らかの別の値に展開したい場合に使用できます。パラメータに元々設定されていた値は展開の結果には現れません。

${パラメータ:+値}では、パラメータが空文字列の場合もパラメータが未設定の場合と同様に扱いますが、${パラメータ+値}では、単純にパラメータ自体がセットされているかどうかだけで判断します。

冒頭の例では展開結果を直接シェル変数に代入しているため、全体のダブルクォートは省略していますが、一般には、通常のパラメータの参照の場合と同じく、全体をダブルクォートで囲んで、展開後の値がさらに余分に解釈されてしまうのを防いだほうがよいでしょう。

${パラメータ:+値}の効用

冒頭の例では、共有ライブラリのディレクトリを指定する**LD_LIBRARY_PATH**という環境変数に「/usr/local/myapp/lib」というディレクトリを追加しています。このとき、**LD_LIBRARY_PATH**にすでにほかのディレクトリが設定されている場合は、複数のディレクトリを:で区切って並べる必要があります。そこで、:が必要な時のみ:という文字に展開されるように、${LD_LIBRARY_PATH:+:}というパラメータ展開を使用しているのです。

これを、単純に**リストA**のように記述すると、元々**LD_LIBRARY_PATH**が設定されていなかった場合に、その値の右端に:が余分に付いてしまいます。

if文での記述

冒頭の例をif文で記述すると**リストB**のように、少々冗長になります。この例からも、if文よりもパラメータ展開のほうが簡潔に記述できることがわかります。

リストA　単純に設定して:が余分に付く例

```
LD_LIBRARY_PATH=/usr/local/myapp/lib:$LD_LIBRARY_PATH… LD_LIBRARY_PATHが未設定の場合、
                                                        右端に:が余分に付いてしまう
export LD_LIBRARY_PATH ……………………………… 環境変数としてエクスポートする
```

リストB　${パラメータ:+値}をif文で記述した例

```
if [ -n "$LD_LIBRARY_PATH" ]…………………… LD_LIBRARY_PATHが(空文字列
                                             以外に)セットされている場合
then
  LD_LIBRARY_PATH=/usr/local/myapp/lib:$LD_LIBRARY_PATH…… :をはさんでディレクトリを追加
else ……………………………LD_LIBRARY_PATHが未設定または空文字列の場合
  LD_LIBRARY_PATH=/usr/local/myapp/lib ………LD_LIBRARY_PATHにそのままディレクトリを代入
fi
export LD_LIBRARY_PATH ……………………………環境変数としてエクスポートする
```

参照

ダブルクォート" "(p.215)

${#パラメータ}

○ Linux (bash)
○ FreeBSD (sh)
✕ Solaris (sh)
○ BusyBox (sh)
○ Debian (dash)
○ zsh

パラメータの値の文字列の長さを求める

例　`echo ${#var}` ……………………………… シェル変数varの中身の文字列の長さを表示する

基本事項

${#パラメータ}は、その[パラメータ]の値の文字列の長さの数値に展開されます。[パラメータ]が未設定の場合は「0」になります。

解説

シェル変数や位置パラメータなどにセットされている文字列の長さを知りたい場合、${#パラメータ}というパラメータ展開が使えます。ただし、Solarisのshなど、対応していないシェルが存在するため、使用には注意が必要です。

このパラメータ展開では、必ず何らかの数値に展開されるため、全体をダブルクォートで囲む必要はありません。

wcコマンド、exprコマンドを使う方法

より移植性が高くなるように、このパラメータ展開を使わずにwcコマンドを使うと**図A❶**のようになります。ここでは、echoコマンドに-nオプションを付けて改行コードが付かないようにした上で、パイプ(|)でwcコマンドに渡し、wcコマンドでは文字数のみを表示する-cオプションを付けて長さを数えています(wcコマンドのバージョンによっては、数値の頭にいくつかのスペースが付いて表示されます)。なお、Solarisではechoコマンドで-nオプションが使えないため、図A❷のようにprintfコマンドを利用することになります(文字列の最後に\cを付けてechoする方法では、\c以外に\t、\n、\rなどの文字列が含まれているとそれらが展開されてしまうため、正しい文字列の長さが得られません)。

さらに、exprコマンドのlength演算子を使う方法もあり、図A❸のように同様に文字数が求められます。

図A ${#パラメータ}とwcコマンドとexprコマンドの実行例

```
$ var='Hello World' ………………… シェル変数varに適当な文字列を代入
$ echo ${#var} ………………… パラメータ展開を利用して文字列の長さを表示
11 ………………… 11文字と表示される
$ echo -n "$var" | wc -c ………………… wcコマンドを使って文字列の長さを計数❶
11 ………………… 11文字と表示される
$ printf %s "$var" | wc -c ………………… wcコマンドを使って文字列の長さを計数❷
11 ………………… 11文字と表示される
$ expr length "$var" ………………… exprコマンドを使って文字列の長さを計数❸
11 ………………… 同じく11文字と表示される
```

注意事項

${#@}や${#*}はシェルによって違う

bashまたはzshでは、${#@}や${#*}はどちらも位置パラメータの個数、つまり$#と同じになります。

しかし、FreeBSD(sh)、BusyBox(sh)、dashでは、${#@}や${#*}は、"$*"の文字列の長さ、すなわち、すべての位置パラメータをスペースで区切って並べた文字列の長さになります。

いずれにしても移植性のため、${#@}や${#*}の使用は控えたほうがいいでしょう。

参照

echo(p.141)　　wc(p.282)

${パラメータ#パターン}と ${パラメータ##パターン}

○ Linux (bash)
○ FreeBSD (sh)
× Solaris (sh)
○ BusyBox (sh)
○ Debian (dash)
○ zsh

パラメータの値の文字列の左側から一定のパターンを取り除く

${パラメータ#パターン}
${パラメータ##パターン}

`echo "${HOME##*/}"` ……………………"$HOME"からパス名を取り除いたディレクトリ名を表示

基本事項

${パラメータ#パターン}は、パラメータの値の文字列の**左側**からパターンに一致する最短の部分が取り除かれます。

${パラメータ##パターン}は、パラメータの値の文字列の**左側**からパターンに一致する最長の部分が取り除かれます。

いずれも、パターンにはパス名展開の特殊文字を使えます注2。

解説

シェル変数や位置パラメータにセットされている文字列に対して簡単な操作を行いたい場合、${パラメータ#パターン}や${パラメータ##パターン}が有用な場合があります。これらのパラメータ展開では、**左側**からパターンに一致した文字列を取り除くため、basenameコマンドに近い動作を行うことも可能です。

冒頭の例のように、このパラメータ展開の場合も、通常のパラメータの参照の場合と同じく、全体をダブルクォートで囲んで、展開後の値がさらに余分に解釈されてしまうのを防いだほうがよいでしょう。

basenameコマンドとの比較

図Aのようにシェル変数に「/usr/local/bin」のようなパス名が代入されている場合、${dir##*/}というパラメータ展開は、パターンに記述されている「*/」が「/usr/local/」までに一致するため、この部分が取り除かれて「bin」だけが残ります。これは結果的にbasenameコマンドの動作と同じになります。

ただし、dirに「/usr/local/bin/」のように右端に「/」を付けたパス名が代入されている場合はすべての文字列が削除されてしまい、basenameコマンドとは動作が異なってしまいます。

注2　パス名展開については10.2節を参照してください。

図A basenameコマンドとの比較

```
$ dir=/usr/local/bin ········ シェル変数dirに/usr/local/binを代入
$ echo "${dir##*/}" ········· パラメータ展開でbasenameコマンドに近い動作をさせる
bin ························· 期待通り、ディレクトリ名のbinが表示される
$ basename "$dir" ··········· basenameコマンドを使うと
bin ························· 当然binが表示される
```

左側からの最短一致と最長一致

${パラメータ#パターン}は最短一致、${パラメータ##パターン}は最長一致の文字列を取り除きます。これらの違いがわかる例を**図B**に示します。この例では「*.」というパターンで左から「.」までを取り除いていますが、最短一致では「backup.」までが一致して取り除かれ「tar.gz」が残るのに対し、最長一致では「backup.tar.」までが一致して「gz」のみが残ります。

図B 最短一致と最長一致の違いがわかる例

```
$ file=backup.tar.gz ········ シェル変数fileにbackup.tar.gzを代入
$ echo "${file#*.}" ········· 最短一致で左から.までを取り除くと
tar.gz ······················ 左側の.までのみが取り除かれるためtar.gzが残る
$ echo "${file##*.}" ········ 最長一致で左から.までを取り除くと
gz ·························· 右側の.までが取り除かれるためgzのみが残る
```

注意事項

${@#パターン}や${*#パターン}はシェルによって違う

特殊パラメータ$@や$*に対してこれらのパラメータ展開を使用した場合、その動作はシェルによって異なるため注意が必要です。bashでは、複数の位置パラメータそれぞれから指定のパターンに一致した文字列を取り除いてから、$@や$*の展開が行われます。一方FreeBSD(sh)、BusyBox(sh)、dashでは、$@や$*の展開を行った文字列全体から、指定のパターンに一致した文字列が取り除かれます。zshでは、$@についてはbashと同じ、$*については、ダブルクォートなしの$*はbashと同じ、ダブルクォート付きの"$*"はFreeBSD(sh)などと同じという動作になります。

参照

ダブルクォート" "(p.215)　basename(p.275)　パス名展開(10.2節)

${パラメータ%パターン}と ${パラメータ%%パターン}

○ Linux (bash)
○ FreeBSD (sh)
× Solaris (sh)
○ BusyBox (sh)
○ Debian (dash)
○ zsh

パラメータの値の文字列の右側から一定のパターンを取り除く

${パラメータ%パターン}
${パラメータ%%パターン}

例

```
echo "${HOME%/*}" ……………… "$HOME"の親ディレクトリのディレクトリ名を表示
```

基本事項

${パラメータ%パターン}は、パラメータの値の文字列の**右側**からパターンに一致する最短の部分が取り除かれます。

${パラメータ%%パターン}は、パラメータの値の文字列の**右側**からパターンに一致する最長の部分が取り除かれます。

いずれも、パターンにはパス名展開の特殊文字を使えます注3。

解説

シェル変数や位置パラメータにセットされている文字列に対して簡単な操作を行いたい場合、${パラメータ%パターン}や${パラメータ%%パターン}が有用な場合があります。これらのパラメータ展開では、**右側**からパターンに一致した文字列を取り除くため、親ディレクトリ名を表示するdirnameコマンドに近い動作を行うことも可能です。

冒頭の例のように、このパラメータ展開の場合も、通常のパラメータの参照の場合と同じく、全体をダブルクォートで囲んで、展開後の値がさらに余分に解釈されてしまうのを防いだほうがよいでしょう。

dirnameコマンドとの比較

図Aのようにシェル変数に「/usr/local/bin」のようなパス名が代入されている場合、${dir%/*}というパラメータ展開は、パターンに記述されている「/*」が右側の「/bin」の部分に一致するため、この部分が取り除かれて「/usr/local」だけが残ります。これは結果的にdirnameコマンドの動作と同じになります。

ただし、「dir」に「/usr/local/bin/」のように右端に「/」を付けたパス名が代入されている場合や、「/usr」のようにdirnameの結果が「/」になる場合には期待通り動作せず、dirnameコマンドとは動作が異なってしまいます。

注3　パス名展開については10.2節を参照してください。

図A dirnameコマンドとの比較

```
$ dir=/usr/local/bin ………… シェル変数dirに/usr/local/binを代入
$ echo "${dir%/*}" ………… パラメータ展開でdirnameコマンドに近い動作をさせる
/usr/local ………… 期待通り、/usr/localと表示される
$ dirname "$dir" ………… dirnameコマンドを使うと
/usr/local ………… 当然/usr/localと表示される
```

右側からの最短一致と最長一致

${パラメータ%パターン}は最短一致、${パラメータ%%パターン}は最長一致の文字列を取り除きます。これらの違いがわかる例を**図B**に示します。この例では「.*」というパターンで右から「.」までを取り除いていますが、最短一致では「.gz」までが一致して取り除かれ「backup.tar」が残るのに対し、最長一致では「.tar.gz」までが一致して「backup」のみが残ります。

図B 最短一致と最長一致の違いがわかる例

```
$ file=backup.tar.gz ………… シェル変数fileにbackup.tar.gzを代入
$ echo "${file%.*}" ………… 最短一致で右から.までを取り除くと
backup.tar ………… 右側の.までのみが取り除かれるためbackup.tarが残る
$ echo "${file%%.*}" ………… 最長一致で右から.までを取り除くと
backup ………… 左側の.までが取り除かれるためbackupのみが残る
```

注意事項

${@%パターン}や${*%パターン}はシェルによって違う

特殊パラメータ$@や$*に対してこれらのパラメータ展開を使用した場合、その動作はシェルによって異なるため注意が必要です。bashでは、複数の位置パラメータそれぞれから指定のパターンに一致した文字列を取り除いてから、$@や$*の展開が行われます。一方FreeBSD(sh)、BusyBox(sh)、dashでは、$@や$*の展開を行った文字列全体から、指定のパターンに一致した文字列が取り除かれます。zshでは、$@についてはbashと同じ、$*については、ダブルクォートなしの$*はbashと同じ、ダブルクォート付きの"$*"はFreeBSD(sh)などと同じという動作になります。

参照

ダブルクォート" "(p.215)　dirname(p.277)　パス名展開(10.2節)

${パラメータ:オフセット}と ${パラメータ:オフセット:長さ}

○ Linux (bash)
× FreeBSD (sh)
× Solaris (sh)
○ BusyBox (sh)
× Debian (dash)
○ zsh

オフセットや長さを指定して パラメータの値の文字列を切り出す

書式 ${パラメータ:オフセット}
${パラメータ:オフセット:長さ}

例

```
echo "${var:2:5}" ……シェル変数varの左側の2文字を除いて残りの5文字分を表示
```

基本事項

${パラメータ:オフセット}は、パラメータの値の文字列の左側からオフセット個の文字が取り除かれた文字列に展開されます。

${パラメータ:オフセット:長さ}は、パラメータの値の文字列の左側からオフセット個の文字が取り除かれた上で、最大で長さ分の文字列に展開されます。

解説

シェル変数や位置パラメータにセットされている文字列の一部分を、オフセットや長さを指定して取り出したい場合、${パラメータ:オフセット}や${パラメータ:オフセット:長さ}を使う方法があります。ただし、一部のシェルでしか使えないため、注意が必要です。

冒頭の例のように、このパラメータ展開の場合も、通常のパラメータの参照の場合と同じく、全体をダブルクォートで囲んで、展開後の値がさらに余分に解釈されてしまうのを防いだほうがよいでしょう。

オフセットや長さを指定した実行例

オフセットや長さを指定して、実際にこのパラメータ展開を実行している様子を**図A**に示します。たしかに所定の動作を行っていることがわかります。

なお、同じ動作をexprコマンドのsubstrという演算子で行うこともできますが、オフセットの数え方が1からになるため、1だけ大きい値(図では3)を指定します。

図A オフセットや長さを指定した実行例

```
$ message='Hello World' ……シェル変数messageに適当な文字列を代入
$ echo "${message:2}" ……messageの頭の2文字分を取り除いて表示
llo World ……たしかに頭の2文字が取り除かれている
$ echo "${message:2:5}" ……messageの頭の2文字分を取り除き、残りの5文字分を表示
llo W ……頭の2文字分を除き、(スペースを含めて)5文字分が表示されている
$ expr substr "$message" 3 5 ……exprコマンドのsubstrを使う方法
llo W ……同様に切り出した文字列が表示される
```

参照

ダブルクォート" "(p.215)

${パラメータ/パターン/置換文字列}と ${パラメータ//パターン/置換文字列}

○ Linux (bash)
× FreeBSD (sh)
× Solaris (sh)
○ BusyBox (sh)
× Debian (dash)
○ zsh

パターンを指定して パラメータの値の文字列を置換する

${パラメータ/パターン/置換文字列}
${パラメータ//パターン/置換文字列}

```
echo "${var//cat/dog}"  ……シェル変数varの中のcatという文字列すべてをdogに置換して表示する
```

基本事項

${パラメータ/パターン/置換文字列}は、パラメータの値の文字列の左側から見て最初にパターンに一致した文字列の部分が置換文字列に置換されます。

${パラメータ//パターン/置換文字列}は、パラメータの値の文字列の中でパターンに一致する1カ所以上の文字列の部分がすべて置換文字列に置換されます。

いずれも、パターンには、パス名展開の特殊文字を使えます[注4]。

解説

シェル変数や位置パラメータにセットされている文字列の一部分を、パターンを指定して置換したい場合、${パラメータ/パターン/置換文字列}や${パラメータ//パターン/置換文字列}を使う方法があります。ただし、一部のシェルでしか使えないため、注意が必要です。冒頭の例のように、このパラメータ展開の場合も、通常のパラメータの参照の場合と同じく、全体をダブルクォートで囲んで、置換後の値がさらに余分に解釈されてしまうのを防いだほうがよいでしょう。

パターンを指定して、実際にこのパラメータ展開を実行している様子を**図A**に示します。

図A パターンで置換する実行例

```
$ message='Hello World'  ……シェル変数messageに適当な文字列を代入
$ echo "${message/l/X}"  ……最初のlをXに置換して表示
HeXlo World  ……たしかに、最も左にあるlのみがXに置換されている
$ echo "${message//l/X}"  ……すべてのlをXに置換して表示
HeXXo WorXd  ……たしかに、すべてのlがXに置換されている
```

参照

ダブルクォート" "(p.215)　パス名展開(10.2節)

注4 パス名展開については10.2節を参照してください。

${!変数名@}または${!変数名*}

○ Linux (bash)
× FreeBSD (sh)
× Solaris (sh)
× BusyBox (sh)
× Debian (dash)
× zsh

指定した文字列で始まる変数名を一覧表示する

書式 **${!変数名@}**
${!変数名*}

```
echo ${!P*} ……………………Pで始まるシェル変数名をすべてリストする
```

基本事項

${!変数名@}**または**${!変数名*}は、現在セットされているシェル変数のうち、指定した変数名で始まるすべてのシェル変数名をスペース(シェル変数IFSの最初の文字)で区切ったものに展開されます。

解説

現在セットされているシェル変数のうち、**特定の文字**や**文字列**で始まるシェル変数名のみを表示したい場合に${!変数名@}または${!変数名*}が使えます。ただし、bashでしか使えないため、注意が必要です。

${!変数名@}の全体をダブルクォートで囲むと、特殊パラメータの"$@"の展開と同様に個々の文字列にダブルクォートが付いたものとして解釈されます。${!変数名*}をダブルクォートで囲んだ場合は、特殊パラメータの"$*"の展開と同様に、文字列全体にダブルクォートが付いたものと解釈されます。

なお、このパラメータ展開でパラメータとして指定できるのは**シェル変数のみ**であり、位置パラメータや特殊パラメータは指定できません。

シェル変数名のリストの実行例

「P」で始まるシェル変数名をすべて表示している例を**図A**に示します。**PAGER**、**PATH**その他のシェル変数がセットされていることがわかります。

図A　シェル変数名のリストの実行例

```
$ echo ${!P*} ……………………Pで始まるシェル変数名をすべてリストする
PAGER PATH PIPESTATUS PPID PS1 PS2 PS4 PWD ……Pで始まるシェル変数名が表示される
```

参照

ダブルクォート" "(p.215)　特殊パラメータ"$@"(p.173)　特殊パラメータ$*(p.175)

間接参照 ${!パラメータ}

○ Linux (bash)
× FreeBSD (sh)
× Solaris (sh)
× BusyBox (sh)
× Debian (dash)
× zsh

パラメータの値をパラメータ名とみなし、さらにその値を参照する

書式 **${!パラメータ}**

例

```
echo "${!var}" ·········· シェル変数varの値をパラメータ名とみなし、
                          そのパラメータの値を表示する
```

基本事項

${!パラメータ}は、指定のパラメータの値が新たにパラメータ名とみなされ、そのパラメータの値に展開されます。

解説

シェル変数や位置パラメータの中に別のシェル変数名などのパラメータ名をセットして、間接的に値を参照したい場合に${!パラメータ}が使えます。ただし、bashでしか使えないため、注意が必要です。

冒頭の例のように、このパラメータ展開の場合も、通常のパラメータの参照の場合と同じく、全体をダブルクォートで囲んで、展開後の値がさらに余分に解釈されてしまうのを防いだほうがよいでしょう。

パラメータの間接参照の実行例

パラメータを間接参照している例を**図A**に示します。図のように、シェル変数varがmessageに展開され、さらにその値の「hello」に展開されていることがわかります。

図A シェル変数名のリストの実行例

```
$ message=hello ·········· シェル変数messageに適当な文字列を代入
$ var=message ············ シェル変数名messageを、シェル変数varに代入
$ echo "${!var}" ········· varをパラメータ展開する
hello ···················· たしかにシェル変数messageが参照されてhelloと表示される
```

Memo

● パラメータの間接参照は、evalを使って行ったほうが移植性が高まります。

参照

ダブルクォート" "(p.215)　eval(p.100)

>第9章
クォートとコマンド置換

クォートとコマンド置換

シェルにはシングルクォート(' ')、ダブルクォート(" ")、バックスラッシュ(\)の3つの**クォート**があり、シェル上で特殊な意味を持つ$や*などの記号の、特殊な意味を打ち消すことができます(**図A**)。さらに、バッククォート(\` \`)または$( )を使った**コマンド置換**では、コマンドの標準出力を別のコマンドの引数として取り込めます(**図B**)。

図A **クォート**

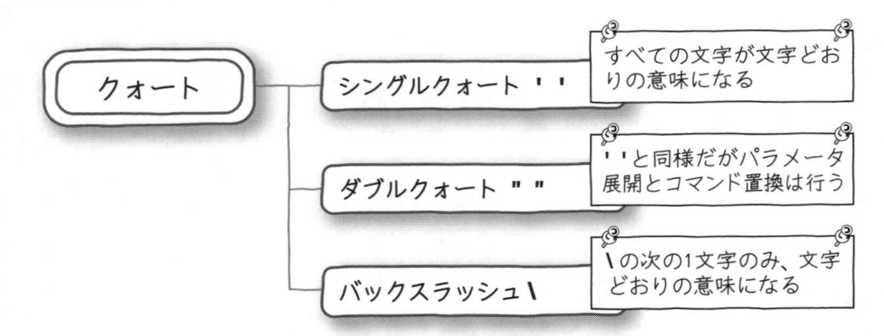

図B **コマンド置換**

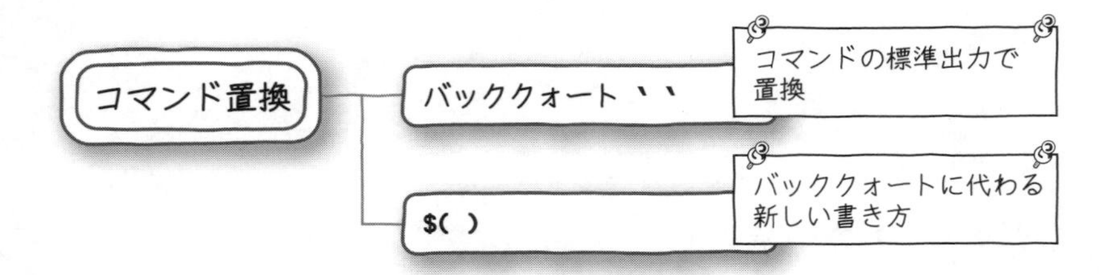

シングルクォート ' '

- Linux (bash)
- FreeBSD (sh)
- Solaris (sh)
- BusyBox (sh)
- Debian (dash)
- zsh

文字の特殊な意味を打ち消して文字列を使用する

書式 '文字列 ...'

例 `echo '$5は5ドルの意味です'` ……………… $の特殊な意味を消して文字列をそのまま表示

基本事項

文字列を**シングルクォート**(' ')で囲むと、文字列中の各文字すべてが特殊な意味を失い、文字通りの意味として解釈されます。ただし、文字列中にシングルクォート自身を含めることはできません。

解説

シングルクォート(' ')は、クォートの中でもっとも単純明解なクォートです。シングルクォート中の文字は、スペースや改行も含めてすべて文字通りの意味になります。echoコマンドやその他のコマンドの引数で、任意の文字列をシェルの解釈を避けて使用したい場合は、基本的にシングルクォートを使うべきです。シングルクォート中ではパラメータ展開、パス名展開などの展開は一切行われません。

シングルクォートの使用テスト

図A❶のように「'$HOME'」をechoコマンドの引数に付けると、そのまま「$HOME」と表示され、文字列中の$の特殊な意味が消え、シェル変数の参照が行われていないことがわかります。一方、図A❷の「"$HOME"」のようにダブルクォートの場合はシェル変数が参照されてしまいます。

さらに、図A❸❹を見てみると、「'*'」も、そのまま「*」が表示されますが、シングルクォートがないと「*」がパス名展開により、カレントディレクトリにあるファイル名に展開されてしまいます[注1]。

注1　パス名展開については10.2節を参照してください。

9
2
クォート

図A シングルクォートの使用テスト

```
$ echo '$HOME' ……………… ❶'$HOME'をechoコマンドの引数に指定
$HOME ……………………………… そのまま$HOMEと表示される
$ echo "$HOME" ……………… ❷ダブルクォートを使うと
/home/guest ……………………… シェル変数の値に展開されてしまう
$ echo '*' …………………… ❸'*'をechoコマンドの引数に指定
* ………………………………………… そのまま*と表示される
$ echo * ……………………… ❹何もクォートしないと
bin doc memo.txt src ……… カレントディレクトリのファイル名に展開されてしまう
```

文字列中でシングルクォートを使うには

シングルクォートで囲まれた文字列中にシングルクォート／アポストロフィ記号(')があると、そこでシングルクォートが閉じ、文字列が終了してしまいます。これは、\'のように前にバックスラッシュを付けても回避できません。

そこで、文字列中でシングルクォートを使うには、**図B**のようにいったんシングルクォートを閉じ、その直後に\'と書き、その直後から再度シングルクォートを開始します。結局「'」の代わりに「'\''」と書くことになります。

なお、ダブルクォートを使って「"Let's go !"」と記述して回避する方法もありますが、文字列中に他の特殊文字が含まれているなどで、あくまでシングルクォートを使いたい場合はやはり図Bの方法になります。

図B 文字列中でシングルクォートを使う例

```
$ echo 'Let'\''s go !' ……… 'の代わりに'\''と書く
Let's go ! ……………………… 意図通りにシングルクォート(アポストロフィ記号)が表示される
```

9
2
クォート

注意事項

シングルクォートの閉じ忘れに注意

シングルクォート中は**改行コード**もそのまま単なる文字列の一部とみなされます。したがって、シェルスクリプト中でシングルクォートの閉じ忘れがあると、次行以降に記述されたコマンドなどがすべてシングルクォート中の文字列と解釈され、シェルスクリプトが意図通りに動作しなくなります。

また、コマンドライン上でシングルクォートを閉じずに改行すると、次の例のようにセカンダリプロンプトが表示されます。意図して改行を入れた場合はこれでかまいませんが、誤って改行を入れた場合はCtrl＋Cなどでいったんコマンドをキャンセルします。

```
$ echo 'hello ………………… シングルクォートを閉じずに改行
> ……………………………………… セカンダリプロンプトが表示され、まだ' 'の中にいる
```

参照

ダブルクォート" "(p.215)　バックスラッシュ\(p.217)　パラメータ展開(第7章、第8章)
単語分割(p.248)　パス名展開(10.2節)

ダブルクォート " "

- ○ Linux (bash)
- ○ FreeBSD (sh)
- ○ Solaris (sh)
- ○ BusyBox (sh)
- ○ Debian (dash)
- ○ zsh

パラメータ展開とコマンド置換を除いて文字の特殊な意味を打ち消す

"文字列 ..."

```
echo "\$HOMEの値は${HOME}です" ……… 「$HOMEの値は/home/guestです」のように表示される
```

基本事項

文字列をダブルクォート(" ")で囲むと、$と`と\(ただし\の次にくる文字が$、`、"、\または改行の場合のみ)を除き、文字列中の各文字が特殊な意味を失い、文字通りの意味として解釈されます。

解説

文字列を**ダブルクォート**(" ")で囲むと、シングルクォートの場合とほぼ同様に、ほとんどの文字がその特殊な意味を失います。しかし、$と`の特殊な意味は残るため、パラメータ展開とコマンド置換は行われます。また、\の特殊な意味も一部の場合のみ残るため、ダブルクォート中で\$、\`と記述して、パラメータ展開やコマンド置換の解釈を避けることもできます。ダブルクォート(")自身や\自身はそれぞれ\"、\\と記述すれば使えます。さらに、\改行はそれ自体が取り除かれ、単なる行の継続として扱われます[注2]。

シェル変数などのパラメータ展開の際に、単に「$var」のようにして参照すると、シェル変数の値に含まれるスペースや*などの文字が解釈されてしまいます。これを避けるため、シェル変数の参照時に「"$var"」のようにダブルクォートで囲むのが基本です。コマンド置換についても同様です。

ダブルクォートの使用テスト

シェル変数を、ダブルクォート付きで参照する場合と、ダブルクォートなしで参照する場合で、その動作の違いを確認している様子を**図A**に示します。このように、ダブルクォート付きならば、シェル変数の値をそのまま得られることがわかります。

注2　パラメータ展開については第7章、第8章、コマンド置換については9.3節を参照してください。

図A ダブルクォートの使用テスト

```
$ var='   hello   world   !!' ········シェル変数に、スペースの連続を含む文字列を代入
$ echo "$var" ························ダブルクォートで囲んでシェル変数の内容を表示
   hello   world   !! ················スペースを含め、正しく表示される
$ echo $var ··························ダブルクォートで囲まないと
hello world !! ·······················スペースが区切り文字と解釈されてしまう
$ var='*' ····························シェル変数に*を代入（' 'は省略可）
$ echo "$var" ························ダブルクォートで囲んでシェル変数の内容を表示
* ····································正しく*のみが表示される
$ echo $var ··························ダブルクォートで囲まないと
bin doc memo.txt src ·················カレントディレクトリのファイル名に展開されてしまう
```

文字列中でダブルクォートを使うには

ダブルクォートで囲まれた文字列中では、**図B**のように頭に\を付けて\"と記述することにより、ダブルクォート自身を普通の文字として使えます。

図B 文字列中でダブルクォートを使う例

```
$ echo "He says \"Hello\"" ···········ダブルクォートの中でダブルクォートを使う
He says "Hello" ······················たしかに意図通りに表示される
```

注意事項

ダブルクォートの閉じ忘れに注意

ダブルクォート中は**改行コード**もそのまま単なる文字列の一部とみなされます。したがって、シェルスクリプト中でダブルクォートの閉じ忘れがあると、次行以降に記述されたコマンドなどがすべてダブルクォート中の文字列と解釈され、シェルスクリプトが意図通りに動作しなくなります。

また、コマンドライン上でダブルクォートを閉じずに改行すると、次の例のようにセカンダリプロンプトが表示されます。意図して改行を入れた場合はこれでかまいませんが、誤って改行を入れた場合はCtrl+Cなどでいったんコマンドをキャンセルします。

```
$ echo "hello ····················ダブルクォートを閉じずに改行
> ································セカンダリプロンプトが表示され、まだ" "の中にいる
```

参照

シングルクォート' '(p.213)　バックスラッシュ\(p.217)　パラメータ展開(第7章、第8章)
コマンド置換(9.3節)　単語分割(p.248)　パス名展開(10.2節)

バックスラッシュ \

○ Linux (bash)
○ FreeBSD (sh)
○ Solaris (sh)
○ BusyBox (sh)
○ Debian (dash)
○ zsh

次の1文字の特殊な意味を打ち消す

\ 文字

echo \$はドル記号、*はアスタリスクです ……$と*の特殊な意味を打ち消して表示

基本事項

文字の前に**バックスラッシュ**(\)を付けると\の直後の1文字が特殊な意味を失い、文字通りの意味として解釈されます。ただし、\改行(\ Enter)の場合は\改行自体が取り除かれます。

解説

バックスラッシュ(\)は、1文字だけのシングルクォートに似ています。echoコマンドやその他のコマンドの引数の中に、1文字だけ特殊な文字が含まれているような場合、バックスラッシュを使うのが簡単でしょう。\$や*のようにバックスラッシュが付けば、パラメータ展開やパス名展開は行われなくなります。また、\自身は\\で表現することができます。

バックスラッシュの使用テスト

図A❶のように、「\$HOME」をechoコマンドの引数に付けると、\$の部分が単なる文字としての$と解釈され、その結果「$HOME」と表示されます。一方、バックスラッシュなしで「$HOME」と記述した場合(図A❷)はシェル変数が参照されてしまいます注3。さらに図A❸❹を見てみると、*も、普通の文字として*が表示されますが、バックスラッシュがないと、パス名展開により、*がカレントディレクトリにあるファイル名に展開されてしまいます注4。

図A　バックスラッシュの使用テスト

```
$ echo \$HOME ·························· ❶\$HOMEをechoコマンドの引数に指定
$HOME ·································· そのまま$HOMEと表示される
$ echo $HOME ··························· ❷バックスラッシュを付けないと
/home/guest ···························· シェル変数の値に展開されてしまう
$ echo \* ······························ ❸\*をechoコマンドの引数に指定
* ······································ そのまま*と表示される
$ echo * ······························· ❹バックスラッシュを付けないと
bin doc memo.txt src ··················· カレントディレクトリのファイル名に展開されてしまう
```

注3　シェル変数の代入と参照の項(p.165)も合わせて参照してください。
注4　パス名展開については10.2節を参照してください。

バックスラッシュによる行の継続

\改行のように、バックスラッシュの直後に改行がある場合は特別で、\と改行の2文字分が、何事もなかったかのように取り除かれます。このため、\改行は任意の位置で改行を行いたい場合に利用できます。とくに、シェル文法的に区切り文字の改行を入れられない場合や、普通に改行するとリストの終端とみなされてしまう場合に便利です。

図Bは少々極端な例ですが、ls -Fというコマンドを1文字ごとに\改行を入れて5行に分けて入力したものです。このように、コマンドは正常に実行されていることがわかります。\改行は取り除かれて、スペースすら入れられずに1行につながって解釈されることに注目してください。

図B 行の継続の極端な例

```
$ l\ ·························· lsコマンドのlのみで行の継続
> s\ ·························· lsコマンドのsのみで行の継続
>  \ ·························· 区切り文字のスペースのみで行の継続
> -\ ·························· -Fオプションの-のみで行の継続
> F ··························· -FオプションのFを入力して最後に改行する
bin/     doc/     memo.txt  src/ ·········· 正常にls -Fコマンドが実行される
```

注意事項

ダブルクォート中のバックスラッシュは動作が変わる

元々特殊な意味を持っていない文字にバックスラッシュ(\)を付けた場合、たとえば次の例の前半の「\x」は、単に「x」と解釈されます。しかし、ダブルクォートの中では、\は次に$、`、"、\または改行が来た場合のみ特殊な意味を持つため、次の例の後半の「"\x"」の「\」は特殊な意味を失い、そのまま「\x」と表示されてしまいます。

```
$ echo \x ··················· 普通の文字にバックスラッシュを付けると
x ··························· 普通の文字のみが表示される
$ echo "\x" ················· ダブルクォートの中の\xは
\x ·························· そのまま\xと表示される
```

Memo

- zshで「echo "\x"」コマンドを実行した場合は、\xがechoコマンド側で16進数のためのエスケープ文字と解釈されてしまいます。バックスラッシュの展開動作を正しく確認するには、「echo -E "\x"」または「printf %s "\x"」コマンドを使うとよいでしょう。
- \は、環境によっては半角の「¥」と表示されますが、UNIX系OS環境では通常「\」と表示されます。

参照

シングルクォート' '(p.213)　シェル変数の代入と参照(p.165)　ダブルクォート" "(p.215)
パラメータ展開(第7章、第8章)　コマンド置換(9.3節)　パス名展開(10.2節)

コマンド置換 ` `

- Linux (bash)
- FreeBSD (sh)
- Solaris (sh)
- BusyBox (sh)
- Debian (dash)
- zsh

コマンドの引数またはコマンド名を別のコマンドの標準出力で置換する

\`リスト\`

リストの右端は、改行や ; で終端されていなくてもかまわない

```
basename "`pwd`" ……パス名を除くカレントディレクトリ名を表示する
```

基本事項

コマンド置換では、まずバッククォート(\` \`)で囲まれたリストが実行され、その結果、標準出力に出力された文字列で、\` \`の部分が置き換えられます。標準出力の最後に**改行コード**が付いている場合は取り除かれます。

\` \`の中では、$、\`、\の直前の\については特別に解釈されます。

解説

コマンド置換は、まず別のコマンドを実行し、その標準出力に出力された文字列を新たにコマンドの引数の一部として取り込みたい場合に使用します。

exprコマンドでの使用例(\` \`)

シェル変数の数値演算を行うにはexprコマンドを使いますが、ここでexprコマンドの標準出力を取り込むためにバッククォート(\` \`)を用います。

なお、このように\` \`で囲んだものを直接シェル変数に代入する場合は、置換された文字列に対しては単語分割やパス名展開が行われないため、\` \`の外側をダブルクォート(" ")で囲む必要はありません。

図Aでは、exprコマンドで、シェル変数"$i"の値に「1」を加える計算を行い、その結果をバッククォートで取り込み、同じシェル変数iに代入しています。値の「3」が「＋1」されて「4」になっていることがわかります。

図A　exprコマンドでの使用例

```
$ i=3 ………………………………………… シェル変数iに3を代入
$ echo "$i" ………………………………… 念のため値を表示
3 ……………………………………………… たしかに3と表示される
$ i=`expr "$i" + 1` ……………………… exprコマンドで"$i"の値に1を加えて再びiに代入する
$ echo "$i" ………………………………… "$i"の値を表示
4 ……………………………………………… たしかに4と表示される
```

9
3
コマンド置換

さらにダブルクォートを付ける(``)

バッククォート(``)で取り込んだ文字列をコマンドの引数とする場合(直接変数に代入する場合を除きます)、その文字列に対してさらに**単語分割**と**パス名展開**が行われます。このため、**図B❶**のように、カレンダーを表示するcalコマンドの出力をechoコマンドの引数に取り込むと、その表示が崩れてしまいます。これは単語分割により、文字列中の複数のスペースや改行が、区切り文字とみなされてしまうことによります。

そこで、図B❷のように、バッククォートの外側をさらにダブルクォート(" ")で囲みます。こうすればパス名展開と単語分割が避けられ、正しくカレンダーが表示されます。

``のネスティング

バッククォート(``)で囲まれた文字列中に別のバッククォートを用いて、コマンド置換をネスティングすることもできます。**図C**は「basename "`pwd`"」という、カレントディレクトリのパス名を除いたディレクトリ名を表示するコマンドのセット全体を、さらに``で囲んで、シェル変数dirに代入している例です。ネスティングの構造が正しく解釈されるように、内側の「``」は、バックスラッシュを付けて「\` \`」とする必要があります。なお、ここではシェル変数に直接代入しているため、外側の``をさらに" "で囲む必要はありません。

図B さらにダブルクォートを付ける

```
$ echo `cal 1 2038` ······················ ❶calの出力をechoの引数として取り込む
1月 2038 日 月 火 水 木 金 土 1 2 3 4 5 6 7 8 9 10 11 12 13 14 15 16 17 18 19 20
21 22 23 24 25 26 27 28 29 30 31 ········· これでは表示が崩れてしまう
$ echo "`cal 1 2038`" ···················· ❷バッククォートの外側をダブルクォートで囲む
      1月 2038 ··························· これでカレンダーが正しく表示される
日 月 火 水 木 金 土
                1  2
 3  4  5  6  7  8  9
10 11 12 13 14 15 16
17 18 19 20 21 22 23
24 25 26 27 28 29 30
31
```

図C バッククォートのネスティング

```
$ pwd ···································· カレントディレクトリを表示
/usr/local/bin ··························· 現在/usr/local/binにいる
$ basename "`pwd`" ······················· まずはネスティングしないバッククォート
bin ······································ basenameであるbinが表示される
$ dir=`basename "\`pwd\`"` ··············· バッククォートをネスティングしてシェル変数に代入
$ echo "$dir" ···························· そのシェル変数をechoする
bin ······································ 正しくbinと表示される
```

等価catコマンドによるコマンド置換

○ Linux (bash)	× FreeBSD (sh)
× Solaris (sh)	× BusyBox (sh)
× Debian (dash)	○ zsh

bashまたはzshでは、**図D**のように「`< ファイル名`」と記述することにより、「`cat ファイル名`」と等価なコマンド置換を行うことができます。単にファイルの内容で置換したい場合、外部コマンドのcatを呼び出す必要がないため効率的ですが、当然、移植性が失われるため、使用には注意が必要です。

図D　等価catコマンドによるコマンド置換

```
$ echo "`< /etc/resolv.conf`" ………………等価catコマンドでコマンド置換
nameserver 192.168.1.1 ………………resolv.confのファイル内容が表示される
domain localdomain
$ echo "`cat /etc/resolv.conf`" ………………通常のシェル文法でcatを使う方法
nameserver 192.168.1.1 ………………同じく、ファイル内容が表示される
domain localdomain
```

注意事項

バッククォートの中のバックスラッシュに注意

バッククォート(` `)で囲まれた文字列中でも、\$、\`、\\の場合は\が特別な意味を持ちます。この場合、バッククォートの中でさらにシングルクォートで囲まれていても、\の特殊な意味は消えません。したがって次の例では、シングルクォートで囲まれて'\\'となっているにもかかわらず、内側のbasenameコマンドには'\'の引数が渡され、その出力が\となり、外側のbasenameコマンドの出力も\となります。バッククォートの中でsedやgrepなどの正規表現で\を多用する場合、その\の解釈にはかなりの注意を要します。

```
$ basename `basename '\\'` ………………` `の中の'\\'に対してbasenameを実行
\ ………………………………………………\1つになってしまう
```

Memo

- Solaris(sh)以外では、`リスト`の代わりに$(リスト)と書く新しい書式も使えます。詳しくはコマンド置換$( )の項(p.222)を参照してください。
- zshの標準状態では、コマンド置換の結果の文字列に対しては単語分割のみが行われ、パス名展開は行われません。これは、zshのパラメータ展開において単語分割もパス名展開も行わないという動作とは異なっています。
- zshのコマンド置換でパス名展開を行いたい場合は、あらかじめ「set -o GLOB_SUBST」コマンドを実行しておきます。

参照

expr(p.273)　単語分割(p.248)　ダブルクォート" "(p.215)
basename(p.275)　シングルクォート' '(p.213)　パス名展開(10.2節)

コマンド置換 $()

- ○ Linux (bash)
- ○ FreeBSD (sh)
- × Solaris (sh)
- ○ BusyBox (sh)
- ○ Debian (dash)
- ○ zsh

コマンドの引数またはコマンド名を別のコマンドの標準出力で置換する

書式 $(リスト)

リストの右端は、改行や ; で終端されていなくてもかまわない

例

`basename "$(pwd)"` …… パス名を除くカレントディレクトリ名を表示する

基本事項

コマンド置換では、まず`$( )`で囲まれた リスト が実行され、その結果、標準出力に出力された文字列で`$( )`の部分が置き換えられます。標準出力の最後に**改行コード**が付いている場合は取り除かれます。

`` ` ` ``によるコマンド置換とは異なり、`$( )`の中では`\$`、`` \` ``、`\\`が特別に解釈されることはありません。

解説

`$( )`は、`` ` ` ``に代わるコマンド置換の新しい記述形式です。動作は`` ` ` ``を使った場合と基本的に同じですが、リスト中の`\`の解釈について一部違いがあります。`$( )`によるコマンド置換は、括弧の対応により、その開始と終了がわかりやすく、`$( )`をネスティングして記述することも容易です。ただし、Solarisのshでは使えないので注意が必要です。

exprコマンドでの使用例($( ))

シェル変数の数値演算を行うには`expr`コマンドを使いますが、ここで`expr`コマンドの標準出力を取り込むために`$( )`を用います。

なお、このように`$( )`で囲んだものを直接シェル変数に代入する場合は、置換された文字列に対しては単語分割やパス名展開が行われないため、`$( )`の外側をダブルクォートで囲む必要はありません。

図Aでは、`expr`コマンドで、シェル変数`"$i"`の値に「1」を加える計算を行い、その結果を`$( )`で取り込み、同じシェル変数iに代入しています。値の「3」が「＋1」されて「4」になっていることがわかります。

図A　exprコマンドでの使用例

```
$ i=3 ……………………………… シェル変数iに3を代入
$ echo "$i" ………………………… 念のため値を表示
3 ………………………………………… たしかに3と表示される
$ i=$(expr "$i" + 1) …………… exprコマンドで"$i"の値に1を加えて再びiに代入する
$ echo "$i" ………………………… "$i"の値を表示
4 ………………………………………… たしかに4と表示される
```

さらにダブルクォートを付ける($( ))

$( )で取り込んだ文字列をコマンドの引数とする場合(直接変数に代入する場合を除きます)、その文字列に対してさらに単語分割とパス名展開が行われます。このため、**図B❶**のように、カレンダーを表示するcalコマンドの出力をechoコマンドの引数に取り込むと、その表示が崩れてしまいます。これは単語分割により、文字列中の複数のスペースや改行が、区切り文字とみなされてしまうことによります。

そこで、図B❷のように、$( )の外側をさらにダブルクォートで囲みます。こうすれば単語分割とパス名展開が避けられ、正しくカレンダーが表示されます[注5]。

$( )のネスティング

$( )で囲まれた文字列中に別の$( )を記述して、コマンド置換をネスティングすることもできます。$( )は、カッコの対応がわかりやすいため、バッククォート(\` \`)を使うよりもネスティングの記述が容易になります。**図C**は、basename "$(pwd)"という、カレントディレクトリのパス名を除いたディレクトリ名を表示するコマンドのセット全体を、さらに$( )で囲んで、シェル変数dirに代入している例です。なお、ここではシェル変数に直接代入しているため、外側の$( )をさらに" "で囲む必要はありません。

図B　さらにダブルクォートを付ける

```
$ echo $(cal 1 2038) ··························❶calの出力をechoの引数として取り込む
1月 2038 日 月 火 水 木 金 土 1 2 3 4 5 6 7 8 9 10 11 12 13 14 15 16 17 18 19 20
21 22 23 24 25 26 27 28 29 30 31 ··············これでは表示が崩れてしまう
$ echo "$(cal 1 2038)" ························❷$( )の外側をダブルクォートで囲む
      1月 2038 ································これでカレンダーが正しく表示される
日 月 火 水 木 金 土
                1  2
 3  4  5  6  7  8  9
10 11 12 13 14 15 16
17 18 19 20 21 22 23
24 25 26 27 28 29 30
31
```

図C　$( )のネスティング

```
$ pwd ··········································カレントディレクトリを表示
/usr/local/bin ·································現在/usr/local/binにいる
$ basename "$(pwd)" ····························まずはネスティングしないコマンド置換
bin ············································basenameであるbinが表示される
$ dir=$(basename "$(pwd)") ·····················$( )をネスティングしてシェル変数に代入
$ echo "$dir" ··································そのシェル変数をechoする
bin ············································正しくbinと表示される
```

注5　パス名展開については10.2節を参照してください。

等価catコマンドによるコマンド置換

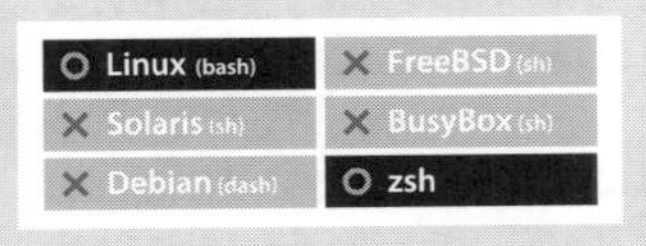

bashまたはzshでは、**図D**のように、$(< ファイル名)と記述することにより、$(cat ファイル名)と等価なコマンド置換を行うことができます。単にファイルの内容で置換したい場合、外部コマンドのcatを呼び出す必要がないため効率的ですが、当然、移植性がなくなるため、使用には注意が必要です。

図D 等価catコマンドによるコマンド置換

```
$ echo "$(< /etc/resolv.conf)" ……… 等価catコマンドでコマンド置換
nameserver 192.168.1.1 ……… resolv.confのファイル内容が表示される
domain localdomain
$ echo "$(cat /etc/resolv.conf)" ……… 通常のcatコマンドを使う方法
nameserver 192.168.1.1 ……… 同じく、ファイル内容が表示される
domain localdomain
```

注意事項

バッククォートとの動作の違い

$( )で囲まれた文字列中とは異なり、バッククォート(` `)で囲まれた文字列中では、\$、\`、\\の場合のみ\が特別に扱われます。したがって、次の例のような場合、$( )と` `とで動作が異なります。とくに、sedやgrepなどの正規表現中で\を多用する場合に注意が必要です。

```
$ basename $(basename '\\') ……… $( )の中でbasename '\\'を実行すると
\\ ……… \\と表示される
$ basename `basename '\\'` ……… 代わりに` `を用いると
\ ……… \1つになってしまう
```

Memo

- zshの標準状態では、コマンド置換の結果の文字列に対しては単語分割のみが行われ、パス名展開は行われません。これは、zshのパラメータ展開において単語分割もパス名展開も行わないという動作とは異なっています。
- zshのコマンド置換でパス名展開を行いたい場合は、あらかじめ「set -o GLOB_SUBST」コマンドを実行しておきます。
- Solarisのshなどの従来のシェルへの移植性を考えると、$( )よりも` `を使用するべきでしょう。

参照

expr(p.273)　単語分割(p.248)　ダブルクォート" "(p.215)
basename(p.275)　パス名展開(10.2節)

$付きシングルクォート $' '

○ Linux (bash)
○ FreeBSD (sh)
× Solaris (sh)
○ BusyBox (sh)
× Debian (dash)
○ zsh

バックスラッシュ(\)による エスケープ文字も使えるシングルクォート

```
echo $'Let\'s go' ······ クォートの中で「\'」が使える
```

基本事項

$付きシングルクォート($' ')は、クォートの中でバックスラッシュ(\)によるエスケープ文字が使えます。それ以外は通常のシングルクォート(' ')と同じです。

解説

通常のシングルクォート(' ')は、クォートの中ではシングルクォート自身を除くすべての文字が文字通りの意味になりますが、このシングルクォートに、バックスラッシュによるエスケープ文字の展開機能を加えたのが$付きシングルクォート($' ')です。

使えるエスケープ文字は**表A**の通りで、コントロールコードや、16進数で表現した文字も含めることができます。なお、「echo -e」コマンドで使えるエスケープ文字とは細かい点が異なるので注意してください。

表A　$付きシングルクォート($'')で使えるエスケープ文字

表記	意味	bash	FreeBSD(sh)	BusyBox(sh)	zsh
`$'\a'`	ビープ音	○	○	○	○
`$'\b'`	バックスペース	○	○	○	○
`$'\e'`	エスケープコード	○	○	×※3	○
`$'\E'`	エスケープコード(`$'\e'`と同じ)	○	×	×	○※4
`$'\f'`	フォームフィード(FF)	○	○	○	○
`$'\n'`	改行(LF)	○	○	○	○
`$'\r'`	キャリッジリターン(CR)	○	○	○	○
`$'\t'`	タブ	○	○	○	○
`$'\v'`	垂直タブ	○	○	○	○
`$'\\'`	バックスラッシュ	○	○	○	○
`$'\''`	シングルクォート	○	○	○	○
`$'\"'`	ダブルクォート	○	○	○	○
`$'\?'`	クエスチョンマーク	○	×	×	○
`$'\nnn'` ※1	3桁の8進数でASCII文字を指定	○	○	○	○
`$'\xnn'`	2桁の16進数でASCII文字を指定	○	○	○	○
`$'\unnnn'`	4桁の16進数でUnicode文字を指定	○	○※2	×	○
`$'\Unnnnnnnn'`	8桁の16進数でUnicode文字を指定	○	○※2	×	○
`$'\cx'`	英文字xでControl-xを指定	○	○	×	×

※1　`echo -e`コマンドの場合とは異なり、3桁の8進数の頭に0は付けない。

※2　FreeBSD(sh)では、Unicode文字を指定する16進数は必要に応じて頭に0を付けて、`\u`は4桁に、`\U`は8桁に揃える必要がある。

※3　busybox(sh)では、`echo -e '\e'`は使えるが、`$'\e'`は使えないことに注意。
その際に、`echo -e $'\e'`を実行してしまうと`echo`コマンドの`-e`オプションで　`\e`が解釈され、一見`$'\e'`が使えるように勘違いしやすため、`printf %s $'\e'`などのコマンドで確認するのがよい。

※4　zshの`echo`コマンドでは`'\E'`が使えなかったが、`$'\E'`は使える。

参照

シングルクォート' '(p.213)　echo(p.141)

$付きダブルクォート $" "

○ Linux (bash)
× FreeBSD (sh)
× Solaris (sh)
× BusyBox (sh)
× Debian (dash)
× zsh

言語設定による文字列変換が行われるダブルクォート

 **$"文字列..."**

```
echo $"Permission denied"………… 日本語環境では日本語に変換される
```

基本事項

$付きダブルクォート($" ")は、可能な場合はクォートの中の文字列を現在の言語設定の言語に変換します。それ以外は通常のダブルクォート(" ")と同じです。

解説

$付きダブルクォートを使って、シェルスクリプトから表示するメッセージを国際化することができます。ただし、あらかじめ使用する言語用のメッセージカタログが作成されている必要があります。

ここでは、標準Cライブラリのlibc用に用意されたメッセージカタログを利用して、表示するメッセージの言語を切替える方法を**図A**に示します。この例では、$"Permission denied"の文字列が、シェル変数LANGの設定に応じて日本語、英語、ドイツ語で表示されていることがわかります。ここで、変換前の「Permission denied」の文字列は、1字1句この通りである必要があり、前後にスペースを入れただけでも変換されなくなるので注意してください。

図A　$付きダブルクォート($" ")でメッセージを国際化

```
$ unset LC_MESSAGES LC_CTYPE LC_ALL ………… 念のため影響するシェル変数をunsetする
$ TEXTDOMAIN=libc ………… テキストドメインをlibcに設定
$ LANG=ja_JP.eucJP ………… LANGを日本語EUCに設定※
$ echo $"Permission denied" ………… $付きダブルクォートのメッセージを表示
許可がありません ………… 日本語で表示される
$ LANG=C ………… LANGをCに設定
$ echo $"Permission denied" ………… $付きダブルクォートのメッセージを表示
Permission denied ………… そのまま英語で表示される
$ LANG=de_DE ………… LANGをドイツ語に設定
$ echo $"Permission denied" ………… $付きダブルクォートのメッセージを表示
Keine Berechtigung ………… ドイツ語で表示される
```

※UTF-8環境の場合はLANG=ja_JP.UTF-8に設定

参照

ダブルクォート(p.215)

>第10章

各種展開

シェルにおける各種展開

シェル上でコマンドを実行する際に、その「コマンド名」や「引数」を直接入力または記述するばかりではなく、**パラメータ展開**によってシェル変数の値を用いたり、**コマンド置換**によってコマンドの標準出力を取り込んだり、あるいは*や?などの記号で複数のファイルを同時に指定(パス名展開[注1])したりといったことができます。このように、コマンド名やその引数を生成する方法をまとめて**展開**といいます。

シェルには、パラメータ展開(第7章、第8章を参照)やコマンド置換(9.3節を参照)のほかにも、**パス名展開、ブレース展開、算術式展開、チルダ展開、単語分割**といった各種展開があり、これらの展開がすべて終了した段階で、実行するべき「コマンド」やその「引数」が決定されます。展開は以下の**図A**のような順序で行われます。本章では、これらの各種展開について解説します。

図A　各展開の「展開の順序」

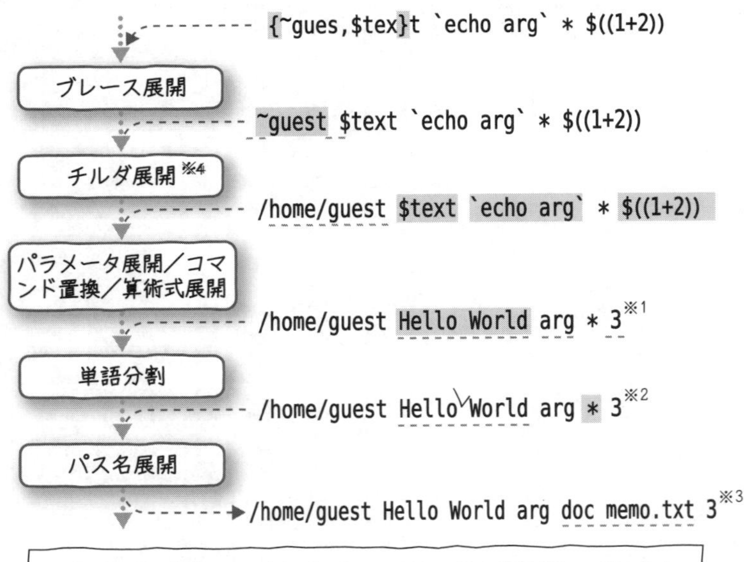
{~gues,$tex}t `echo arg` * $((1+2))
ブレース展開
~guest $text `echo arg` * $((1+2))
チルダ展開 ※4
/home/guest $text `echo arg` * $((1+2))
パラメータ展開／コマンド置換／算術式展開
/home/guest Hello World arg * 3 ※1
単語分割
/home/guest Hello World arg * 3 ※2
パス名展開
/home/guest Hello World arg doc memo.txt 3 ※3
※1 シェル変数textの中にはHello Worldという文字列が入っています。
※2 全体で1単語とみなされていたHello Worldが、この段階でHelloとWorldの2単語とみなされます。
※3 *が、カレントディレクトリに存在しているdocとmemo.txtというファイル名に展開されています。
※4 チルダ展開は、実際にはパラメータ展開等と同じタイミングで同時に展開されます。

注1　パス名展開は、カレントディレクトリなどのディレクトリ上に存在する複数のファイルのうち、一定規則のファイル名のファイルを一括してコマンドの引数に付けたい場合に使用します。*、?、[a-z] で指定できます。詳しくは10.2節を参照してください。

10　1　概要

パス名展開　*

- Linux (bash)
- FreeBSD (sh)
- Solaris (sh)
- BusyBox (sh)
- Debian (dash)
- zsh

0文字以上の任意の文字列にマッチさせる

[文字列]*[文字列]

```
cp *.txt /some/dir ……………………………カレントディレクトリの、拡張子が.txtの
                                     ファイルをすべて/some/dirにコピーする
```

基本事項

*は、**0文字以上の任意の文字列**にマッチし、文字列を含めて実在のファイルと照合してマッチした**パス名**に、アルファベット順にソートした上で**展開**されます。マッチするパス名が存在しない場合は、*は展開されずにそのまま残ります。*は、パス名の区切りの「/」や、先頭または/の直後にある「.」にはマッチしません。ただし、case文のパターンとして使用される場合は*はすべての文字にマッチします。

解説

カレントディレクトリなどのディレクトリ上に存在する複数のファイルのうち、一定の規則のファイル名のファイルを一括してコマンドの引数に付けたい場合に**パス名展開**を使用します。*は、0文字以上の任意の文字列にマッチするため、たとえば「*.txt」は拡張子が**.txt**のファイルすべてに展開されます。また、単独の*はカレントディレクトリのすべてのファイル(ただし.で始まるファイルを除きます)に展開されます。

なお、パス名展開はあくまでシェルによって行われるものであり、パス名展開を引数として起動されるコマンド(冒頭の例ではcpコマンド)には、展開済みの引数が渡されます。

いろいろなファイル名に対する展開例

いろいろなファイル名に対する展開例を**図A**に示します。ここでは、図A❶でls -aを実行してカレントディレクトリに存在するファイルを確認した上で、*を使ったいろいろなパス名展開をechoコマンドの引数に付けて実行し、展開されるファイル名を確認しています。図A❷のように、「.」で始まるファイルは「.*」と指定すれば展開できます。また、図A❸のように、*を2つ使用することもできます。

Memo

- パス名展開は、grepやsedコマンドなどで使用される正規表現とは異なります。パス名展開の*は、正規表現での「.*」に相当します。
- パス名展開の*は任意の文字にマッチすることから、?とともにワイルドカード(*wild card*)とも呼ばれます。

図A いろいろなファイル名に対する展開例

```
$ ls -a ·································❶カレントディレクトリのファイルをすべて表示
.               .bash_profile  cat.jpg        file21.txt      memo.txt ····このようなファイルがある
..              .bashrc        dog-02.jpg     file22.txt
.bash_history   cat-01.jpg     dog.jpg        file23.txt
$ echo * ································単独の*を展開すると    .で始まるファイル以外のすべてのファイルに展開される
cat-01.jpg cat.jpg dog-02.jpg dog.jpg file21.txt file22.txt file23.txt memo.txt
$ echo .* ·······························❷.*として展開すると
. .. .bash_history .bash_profile .bashrc ·.で始まるファイル(.や..も含む)に展開される
$ echo *.txt ····························*.txtを展開すると
file21.txt file22.txt file23.txt memo.txt すべての拡張子.txtのファイルに展開される
$ echo file*.txt ························file*.txtと、さらに限定すると
file21.txt file22.txt file23.txt ········fileという名前で始まる拡張子.txtのファイルに展開される
$ echo *.jpg ····························*.jpgを展開すると
cat-01.jpg cat.jpg dog-02.jpg dog.jpg ···すべての拡張子.jpgのファイルに展開される
$ echo *-*.jpg ··························❸2つの*を使って*-*.jpgとすると
cat-01.jpg dog-02.jpg ·········ファイル名の中に-を含み、拡張子が.jpgのファイルに展開される
```

スラッシュを含む展開例

パス名展開にスラッシュ(/)を含めて、カレントディレクトリ以外のファイルにマッチさせることもできます。**図B**のように、カレントディレクトリの1つ下のサブディレクトリである「sub1」と「sub2」の下に、拡張子**.txt**と**.jpg**のファイルが存在する場合、「*/*.txt」というパス名展開を用いると、「sub1」と「sub2」の下の拡張子**.txt**のファイルに展開されます。

図B スラッシュを含む展開例

```
$ ls -RF ···························カレントディレクトリ以下をサブディレクトリを含めて表示
sub1/  sub2/ ·······················2つのサブディレクトリがある

sub1: ······························sub1の下には
cat.jpg    doc01.txt  doc02.txt ····このようなファイルがある        このように展開される

sub2: ······························sub2の下には
doc03.txt  doc04.txt  doc05.txt  dog.jpg このようなファイルがある
$ echo */*.txt ·····················*/*.txtというパス名展開を使うと
sub1/doc01.txt sub1/doc02.txt sub2/doc03.txt sub2/doc04.txt sub2/doc05.txt
```

Memo

- set -f コマンド(zshではset -Fコマンド)を実行すると、パス名展開を抑制することができます。
- bash 4以降では、「shopt -s globstar」を(zshでは「set -o globstarshort」を)実行しておくことにより、**(アスタリスク2つ)でサブディレクトリを含むパス名(スラッシュを含むパス名)に展開することができます。
- zshでは、パス名展開にマッチするファイルが存在しない場合、その時点で「no matches found」というエラーが表示され、コマンドの実行自体が行われません。マッチするファイルが存在しない場合はパス名展開せずに展開前の文字列のままでコマンドを実行したい場合は、あらかじめ「set -o NONOMATCH」コマンドを実行しておきます。このコマンドはチルダ展開と共通です。

参照

case文(p.49)

パス名展開 ?

- ○ Linux (bash)
- ○ FreeBSD (sh)
- ○ Solaris (sh)
- ○ BusyBox (sh)
- ○ Debian (dash)
- ○ zsh

任意の1文字にマッチさせる

[文字列]?[文字列]

```
cp ???.txt /some/dir
```
……カレントディレクトリにある、3文字名+.txtのファイルをすべて/some/dirにコピーする

基本事項

?は**任意の1文字**にマッチし、文字列を含めて実在のファイルと照合してマッチした**パス名**に、アルファベット順にソートした上で**展開**されます。マッチするパス名が存在しない場合は、?は展開されずにそのまま残ります。?は、パス名の区切りの「/」や、先頭または/の直後にある「.」にはマッチしません。ただし、case文のパターンとして使用される場合は?はすべての文字にマッチします。

解説

カレントディレクトリなどのディレクトリ上に存在する複数のファイルのうち、一定の規則のファイル名のファイルを一括してコマンドの引数に付けたい場合に**パス名展開**を使用します。**?**は、任意の1文字にマッチするため、たとえば「???.txt」は、拡張子を除いた部分のファイル名が3文字で、かつ拡張子が**.txt**のファイルすべてに展開されます。

なお、パス名展開はあくまでシェルによって行われるものであり、パス名展開を引数として起動されるコマンド(冒頭の例ではcpコマンド)には、展開済みの引数が渡されます。

いろいろなファイル名に対する展開例

いろいろなファイル名に対する展開例を**図A**に示します。ここでは、最初にlsコマンドを実行してカレントディレクトリに存在するファイルを確認した上で、?を使ったいろいろなパス名展開をechoコマンドの引数に付けて実行し、展開されるファイル名を確認しています。いずれも?が任意の1文字にマッチし、該当するファイル名が表示されていることがわかります。

Memo

- パス名展開は、grepやsedコマンドなどで使用される正規表現とは異なります。パス名展開の?は、正規表現での.に相当します。
- パス名展開の?は任意の文字にマッチすることから、*とともにワイルドカードとも呼ばれます。

図A いろいろなファイル名に対する展開例

```
$ ls ··························カレントディレクトリのファイルを表示
file1-a.txt  file1.txt    file11.txt   file2.txt    memo.txt ···
                                                     このようなファイルがある
file1-b.txt  file10.txt   file2-a.txt  file3.txt
$ echo file?.txt ·················file?.txtを展開すると
file1.txt file2.txt file3.txt ·······file+1文字+.txtのファイルに展開される
$ echo file??.txt ················file??.txtを展開すると
file10.txt file11.txt ·············file+2文字+.txtのファイルに展開される
$ echo file?-?.txt ···············file?-?.txtを展開すると
file1-a.txt file1-b.txt file2-a.txt ··file+1文字+-+1文字+.txtのファイルに展開される
```

スラッシュを含む展開例

パス名展開にスラッシュ(/)を含めて、カレントディレクトリ以外のファイルにマッチさせることもできます。**図B**のように、カレントディレクトリの1つ下にサブディレクトリがいくつかある場合、「sub?/doc?.txt」というパス名展開は、「sub＋1文字」サブディレクトリの下(/)の「doc＋1文字＋.txt」というファイルに展開されます。

図B スラッシュを含む展開例

```
$ ls -RF ···························カレントディレクトリ以下をサブディレクトリを含めて表示
sub1/    sub2/    subdir/ ·········3つのサブディレクトリがある

sub1: ······························sub1の下には
doc1.txt   doc10.txt  doc2.txt   memo.txt ··········このようなファイルがある

sub2: ···············································sub2の下には
doc15.txt  doc16.txt  doc5.txt   doc6.txt   memo.txt ··このようなファイルがある

subdir: ·············································subdirの下には
doc1.txt   file2.txt  memo.txt ·······················このようなファイルがある
$ echo sub?/doc?.txt ·················ここでsub?/doc?.txtというパス名展開を使うと
sub1/doc1.txt sub1/doc2.txt sub2/doc5.txt sub2/doc6.txt ··このように展開される
```

Memo

- set -fコマンド(zshではset -Fコマンド)を実行すると、パス名展開を抑制することができます。
- zshでは、パス名展開にマッチするファイルが存在しない場合は、コマンドの実行自体が行われません。マッチするファイルが存在しなくてもパス名展開せずにコマンドを実行したい場合は、あらかじめ「set -o NONOMATCH」コマンドを実行しておきます。このコマンドはチルダ展開と共通です。

参照

case文(p.49)

パス名展開 [a-z]

- Linux (bash)
- FreeBSD (sh)
- Solaris (sh)
- BusyBox (sh)
- Debian (dash)
- zsh

指定した条件の1文字にマッチさせる

書式

❶[文字列][文字1[文字2...]][文字列]
❷[文字列][文字1-文字2][文字列]
❸[文字列][!文字1[文字2...]][文字列]
❹[文字列][!文字1-文字2][文字列]

例

```
cp file[135].txt /some/dir ……file1.txt file3.txt file5.txtを/some/dirにコピーする
cp file[a-z].txt /some/dir ……file+英小文字1文字+.txtのファイルを/some/dirにコピーする
cp file[!135].txt /some/dir ……file+1,3,5以外の1文字+.txtのファイルを/some/dirにコピーする
cp file[!a-z].txt /some/dir ……file+英小文字以外の1文字+.txtのファイルを/some/dirにコピーする
```

基本事項

❶は、[ ]の中に書かれている任意の1文字(文字1文字2…)にマッチします。
❷は、キャラクタコードが文字1から文字2までの範囲の任意の1文字にマッチします。
❸は、[ ]の中に書かれていない任意の1文字(文字1文字2…)にマッチします。
❹は、キャラクタコードが文字1から文字2までの範囲以外の任意の1文字にマッチします。

いずれも、文字列を含めて実在のファイルと照合してマッチした**パス名**に、アルファベット順にソートした上で**展開**されます。マッチするパス名が存在しない場合は、パス名展開の文字列は展開されずにそのまま残ります。パス名展開の文字列は、パス名の区切りの「/」や、先頭または/の直後にある「.」にはマッチしません。ただし、case文のパターンとして使用される場合はすべての文字にマッチします。

Memo

- パス名展開は、grepやsedコマンドなどで使用される正規表現とは異なりますが、パス名展開の[a-z][!a-z]は正規表現の[a-z][^a-z]に相当します。

10
2
パス名展開

解説

カレントディレクトリなどのディレクトリ上に存在する複数のファイルのうち、一定の規則のファイル名のファイルを一括してコマンドの引数に付けたい場合に**パス名展開**を使用します。たとえば「file[246].txt」は、「file2.txt」「file4.txt」「file6.txt」のうち存在するファイル名に展開されます。「file[1-9].txt」のように範囲を指定することも可能で、この場合は「file1.txt」「file2.txt」…「file9.txt」のうち、存在するファイル名に展開されます。

「[!246]」のように!を付けると**補集合**の意味になりこの場合は「2、4、6」以外の任意の1文字にマッチします。同様に、「[!1-9]」は1〜9までの数字以外の任意の1文字にマッチします。

Solaris(sh)以外では、補集合を表す!の記号の代わりに^を使って「[^246]」や「[^1-9]」と記述することもできます。zshのコマンドラインでは、!がヒストリ置換を表す記号と解釈されてしまうため、「[\!1-9]」のように記述するか、あらかじめ「set -K」でヒストリ置換を無効にする必要があるため、「[^1-9]」の記述の方がいいでしょう。

いろいろなファイル名に対する展開例

いろいろなファイル名に対する展開例を**図A**に示します。ここでは、最初にlsコマンドを実行してカレントディレクトリに存在するファイルを確認した上で、いろいろなパス名展開をechoコマンドの引数に付けて実行し、展開されるファイル名を確認しています。いずれも、パス名展開の部分が意図した1文字にマッチし、該当するファイル名が表示されていることがわかります。

スラッシュを含む展開例

パス名展開にスラッシュ(/)を含めて、カレントディレクトリ以外のファイルにマッチさせることもできます。**図B**のように、カレントディレクトリの1つ下にサブディレクトリがいくつかある場合、「sub[1-9]/doc[a-z].txt」というパス名展開は、「sub+数字1文字」のサブディレクトリの下(/)の「doc+英小文字1文字+.txt」というファイルに展開されます。

図A いろいろなファイル名に対する展開例

```
$ ls ························································カレントディレクトリのファイルを表示
dog.jpg    file11.txt  file13.txt  file3.txt  fileb.txt  memo.txt
                                                                   このようなファイルがある
file1.txt  file12.txt  file2.txt   filea.txt  filec.txt
$ echo file[a-z].txt ···································file[a-z].txtを展開すると
filea.txt fileb.txt filec.txt ··························file+英小文字1文字+.txtのファイルに展開される
$ echo file[!13].txt ···································file[!13].txtを展開すると
file2.txt filea.txt fileb.txt filec.txt
                                                 file+1、3以外の1文字+.txtのファイルに展開される
$ echo file[0-9][0-9].txt ······························file[0-9][0-9].txtを展開すると
file11.txt file12.txt file13.txt ·······················file+2桁の数字+.txtのファイルに展開される
```

図B　スラッシュを含む展開例

```
$ ls -RF ·································カレントディレクトリ以下をサブディレクトリを含めて表示
sub1/  sub2/  suba/ ······················3つのサブディレクトリがある

sub1: ····································sub1の下には
doc1.txt  doc2.txt  doca.txt  memo.txt ···このようなファイルがある

sub2: ····································sub2の下には
doc3.txt  doc4.txt  docb.txt  dog1.jpg ···このようなファイルがある

suba: ····································subaの下には
doc5.txt  doc6.txt  docc.txt ·············このようなファイルがある
$ echo sub[1-9]/doc[a-z].txt ··········sub[1-9]/doc[a-z].txtというパス名展開を使うと
sub1/doca.txt sub2/docb.txt ··············このように展開される
```

文字クラスを使ったパス名展開

○ Linux (bash)	○ FreeBSD (sh)
× Solaris (sh)	○ BusyBox (sh)
○ Debian (dash)	○ zsh

Solaris(sh)以外のシェル(ただしBusyBox(sh)の一部のバージョンを除く)では、パス名展開の[ ]の中に指定する文字として、[:alnum:]のような形式の文字クラスが使えます。実際にはパス名展開の[ ]の中に入れて使うため、**表A**(次ページを参照)のように角括弧は2重になります。たとえば[[:digit:]]は[0-9]に相当し、0から9までの数字1文字に展開されます。

文字クラスを使ったパス名展開では、環境変数LANG(またはLC_TYPEまたはLC_ALL)によって設定される言語環境によって、展開される文字の範囲が変わります(次ページの表Aの注釈を参照)。

Memo

- 補集合を表す記号が!なのは、古いshにおいてパイプを表す記号が|ではなく^だったため、これとの衝突を避けるために!を使うようにしたことによります。
- set -fコマンド(zshではset -Fコマンド)を実行すると、パス名展開を抑制することができます。
- zshでは、パス名展開にマッチするファイルが存在しない場合は、コマンドの実行自体が行われません。マッチするファイルが存在しなくてもパス名展開せずにコマンドを実行したい場合は、あらかじめ「set -o NONOMATCH」コマンドを実行しておきます。このコマンドはチルダ展開と共通です。

表A 文字クラスを使ったパス名展開

文字クラスを使ったパス名展開	意味
[[:alnum:]]	英数字※1
[[:alpha:]]	英文字※1
[[:ascii:]]	7ビットASCII(半角)文字(コントロールコードも含む)
[[:blank:]]	スペース、タブ※2
[[:cntrl:]]	コントロールコード
[[:digit:]]	数字([0-9]に相当)
[[:graph:]]	表示可能文字(スペースを除く)※3
[[:lower:]]	英小文字※4
[[:print:]]	印字可能文字(スペースを含む)※5
[[:punct:]]	記号※6
[[:space:]]	スペース、タブ、改行、改ページ文字等※7
[[:upper:]]	英大文字※4
[[:word:]]	英数字とアンダースコア※8
[[:xdigit:]]	16進数([0-9A-Fa-f]に相当)

※1 日本語環境の場合は全角英数字、平仮名、片仮名、漢字等も含まれる。[[:alpha:]]であっても全角の数字は含まれるため注意

※2 日本語環境の場合は全角スペースも含む

※3 日本語環境の場合は全角スペースを除く全角文字、全角記号を含む

※4 日本語環境の場合は全角の英文字/ギリシャ文字/ロシア文字の大文字または小文字を含む

※5 日本語環境の場合は全角スペース、全角文字、全角記号を含む

※6 日本語環境の場合は全角記号を含む

※7 日本語環境の場合は全角スペースを含む

※8 日本語環境の場合は全角英数字、平仮名、片仮名、漢字等を含むが、全角アンダースコアは除く

参照

case文(p.49)

ブレース展開 {a,b,c}

- ○ Linux (bash)
- × FreeBSD (sh)
- × Solaris (sh)
- × BusyBox (sh)
- × Debian (dash)
- ○ zsh

複数の文字列の組み合わせから文字列を生成する

[文字列]{文字列,[文字列...]}[文字列]

```
cp /some/dir/{cat,dog}.jpg . ……/some/dirの下にあるcat.jpgとdog.jpgを
                                カレントディレクトリにコピー
```

基本事項

ブレース展開では、{ }の中に書かれた1個以上のカンマ(,)で区切られた複数の文字列を、左から順番に使用して文字列を生成します。パス名展開とは異なり、実在のパス名との照合は行われません[注2]。

解説

ファイル名に規則性のない複数のファイルを一括で指定したい場合、**ブレース展開**が便利です。ブレース展開はパス名展開に似ていますが、パス名展開とは違って展開する文字列を直接指定するため、*や?などではマッチできないパス名でも利用できます。また、展開される文字列のファイルが実在する必要はなく、ファイル名以外の文字列の展開にも使用できます。

冒頭の例では「/some/dir/{cat,dog}.jpg」が「/some/dir/cat.jpg」「/some/dir/dog.jpg」という2つのパス名に展開されます。このように長いパス名で複数のファイルを指定する場合、ブレース展開を使えばキー入力を節約することができます。ただし、ブレース展開はFreeBSDやSolarisのshでは使えないため、シェルスクリプト中での使用は控えたほうがよいでしょう。

なお、ブレース展開はあくまでシェルによって行われるものであり、ブレース展開を引数として起動されるコマンド(冒頭の例ではcpコマンド)には、展開済みの引数が渡されます。

空文字列を含む展開例

ブレース展開では、展開される文字列が空文字列であってもかまいません。**図A**は、「空文字列」と「/usr」をブレース展開し、その右側に「/bin」を付けた例です。「/bin」と「/usr/bin」に展開されていることがわかります。

図A　空文字列を含む展開例

```
$ echo {,/usr}/bin ……………… 空文字列と/usrのブレース展開
/bin /usr/bin ……………………… /binと/usr/binに展開される
```

注2　パス名展開については10.2節を参照してください。

連番のブレース展開

bash 3以降またはzshでは、{1..9}の形式の連番のブレース展開が使えます。{1..9}は{1,2,3,4,5,6,7,8,9}と同じで、1から9までの数字に展開されます。{1..100}のように2桁以上の数字を指定することも可能で、この場合1から100までの100個の数字に展開されます。{-9..15}(マイナス9からプラス15まで)のように負の数を指定することも可能です。数字の代わりに文字(1文字)を指定することもできます。{a..z}はaからzまでの英小文字に、{A..Z}はAからZまでの英大文字に展開されます。{100..1}や{z..a}のように順番を逆にすると、逆順に展開されます。

ブレース展開のネスティング

ブレース展開をネスティングすることもできます。ネスティングされたブレース展開も、それぞれ順番に展開されます。**図B**では、内部的に「/usr/{bin,sbin,{,share/}lib}」が「/usr/bin」「/usr/sbin」「/usr/{,share/}lib」と展開されたあと、「/usr/{,share/}lib」が「/usr/lib」「/usr/share/lib」と展開され、図Bのとおりの結果になっていると考えられます。

複数のブレース展開の組み合わせ

ネスティングではなく、複数のブレース展開を組み合わせることもできます。**図C**のように実行すると、4×3(=12)通りのすべての組み合わせの文字列が生成され、echoによって表示されます。

図B　ブレース展開をネスティングした例

```
$ echo /usr/{bin,sbin,{,share/}lib} ………… ブレース展開のネスティング
/usr/bin /usr/sbin /usr/lib /usr/share/lib ………… 期待通り展開される
```

図C　複数のブレース展開の組み合わせ

```
$ echo {a,b,c,d}{1,2,3} ………… 複数のブレース展開の組み合わせ
a1 a2 a3 b1 b2 b3 c1 c2 c3 d1 d2 d3 ………… 12通りの文字列が表示される
```

注意事項

case文のパターンには使えない

ブレース展開はパス名展開ではないため、case文のパターンには使えません。case文のパターンで複数の文字列にマッチさせたい場合は、case文でOR条件を表す|記号を使います。

○正しい例

```
case $var in
  cat|dog)  echo '猫または犬です';; …………catまたはdogのOR条件を|記号で表す
esac
```

×誤った例

```
case $var in
  {cat,dog})  echo '猫または犬です';; ………ここでブレース展開を使うのは誤り
esac
```

Memo

- set +Bコマンド(zshではset -Iコマンド)を実行すると、ブレース展開を抑制することができます。
- zshでは、ブレース展開のタイミングがbashとは異なり、パラメータ展開などと同じタイミングでブレース展開が行われます。一方、bashでは展開の一番最初にブレース展開が行われます。このため、たとえば、「echo {$,}HOME」という展開は、bashでは「echo $HOME HOME」の実行と同じになり、シェル変数HOMEの内容と、文字列HOMEが表示されますが、zshでは、結果的にブレース展開だけが行われるため、$HOMEの内容が展開されず、「$HOME HOME」の文字列がそのまま表示されます。これは「emulate bash」コマンドなどでzshをbash互換にしても修正できません。この場合でもあえてブレース展開のあとにパラメータ展開させるには、「eval echo {$,}HOME」のようにevalを使う方法が考えられます。
- ブレース展開はcsh系由来の文法です。

算術式展開 $(( ))

○	Linux (bash)
○	FreeBSD (sh)
×	Solaris (sh)
○	BusyBox (sh)
○	Debian (dash)
○	zsh

算術式を評価し
その演算結果の数値に展開する

FreeBSD(sh)とdashでは、一部使用できない演算子があったり、シェル変数の間接参照ができないなど、動作が異なる点がある

$((算術式))

```
echo $((2 + 3)) ·····2 + 3の足し算を行い、答を表示する
```

基本事項

算術式展開では算術式の評価を行い、その演算結果の**数値**に展開します。演算の規則は算術式の評価と同じです。

解説

算術式展開は算術式の評価に似ていますが、算術式を評価したあと、その真偽値を終了ステータスとして返すのではなく、演算結果の数値そのものに展開するという展開方法です。

算術式の中では、算術式の評価の項で述べられている演算子がすべて使え、**加減算**などの通常の演算だけでなく、**代入**や**インクリメント**などの、演算によってシェル変数の値が変化するような演算も行えます。

シェル変数の参照では、変数名の頭に$記号を付ける必要はありません。また、シェル変数の値が数値以外の場合は、その値の文字列をシェル変数名として該当のシェル変数が間接参照されます。この間接参照は、数値が得られるまで何度でも繰り返されます。

算術式展開を使わない方法

移植性のため、算術式展開を使わずに数値計算を行う場合は、**図A❋**のようにexprコマンドを使います。

図A 算術式展開とexprコマンドの実行例

```
$ a=2 ·························シェル変数aに2を代入
$ echo $((a + 3)) ·············算術式展開を使った足し算
5 ·····························答が表示される
$ expr "$a" + 3 ···············❋exprコマンドを使った足し算
5 ·····························答が表示される
```

Memo

● bashまたはzshでは、$((算術式))の代わりに$[算術式]と書くこともできます。

参照

算術式の評価 (( )) (p.82)　　expr (p.273)

チルダ展開 ~

○	Linux (bash)
○	FreeBSD (sh)
×	Solaris (sh)
○	BusyBox (sh)
○	Debian (dash)
○	zsh

BusyBoxのshでは、ユーザ名がNIS(*Network Information Service*)のみに登録されているユーザの場合は展開されない

ユーザのホームディレクトリに展開する

~[ユーザ名]

例

```
cat ~/.bash_profile ……………… 自分のホームディレクトリの下の.bash_profileを表示
```

基本事項

~ユーザ名は、そのユーザの**ホームディレクトリのパス名**に展開されます。ユーザ名を省略した単独の~は、自分自身(そのシェルを実行中のユーザ)のホームディレクトリのパス名に展開されます。

解説

ホームディレクトリのパス名を使用したい場合、~を使えば素早く入力できます。たとえば冒頭の例では、自分のホームディレクトリの下の**.bash_profile**を指定したことになります。ただし、チルダ展開はSolarisのshでは使えないため、シェルスクリプト中で自分のホームディレクトリを参照する場合は、~ではなく「"$HOME"」を使用したほうがよいでしょう。

なお、チルダ展開はあくまでシェルによって行われるものであり、チルダ展開を引数として起動されるコマンド(冒頭の例ではcatコマンド)には、展開済みの引数が渡されます。

チルダ展開の例

チルダ展開の例を**図A**に示します。このように、単独の「~」は自分のホームディレクトリに、「~root」はrootのホームディレクトリである/rootに展開されていることがわかります。

図A　チルダ展開の例

```
$ echo ~ ……………………………………………… ~を展開すると
/home/guest ……………………………………… 自分のホームディレクトリである/home/guestになる
$ echo ~root …………………………………… ~rootを展開すると
/root ………………………………………………… rootのホームディレクトリである/rootになる
```

Memo

- zshでは、チルダ展開の展開タイミングが他のシェルとは異なり、パラメータ展開やコマンド置換よりもあとにチルダ展開が行われます(ただし、パラメータの値やコマンド置換の標準出力に含まれているチルダについては、標準状態では展開されません)。これが問題になる場合は、あらかじめ「set -o SH_FILE_EXPANSION」コマンドを実行しておくと、チルダ展開のタイミングについては他の一般的なシェルと互換になります。チルダ展開以外の展開についても一般的なシェルと互換にするには、単語分割の「set -o SH_WORD_SPLIT」と、パス名展開の「set -o GLOB_SUBST」も併せて必要です。もちろん、「emulate sh」コマンドでまとめて互換にしてもかまいません。
- zshでは、~ユーザ名のチルダ展開で該当のユーザが存在しない場合、その時点でエラーになり、コマンドの実行自体が行われません。ユーザが存在しない場合はチルダ展開せずに展開前の文字列のままにするためには、あらかじめ「set -o NONOMATCH」コマンドを実行しておきます。このコマンドはパス名展開と共通です。
- チルダ展開はcsh系由来の文法です。

参照

HOME(p.190)

プロセス置換 <()　>()

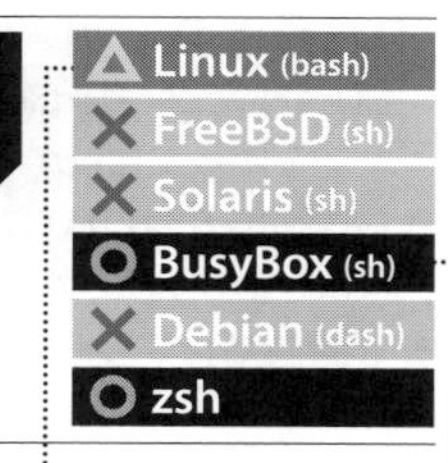

FIFOに接続した別プロセスを起動し、そのFIFO名に置換する

bashであっても、#!/bin/shとして起動された場合は動作しない

BusyBoxのバージョンによってはプロセス置換は使えない

例

```
diff <(sort file1) <(sort file2)
```
……file1とfile2をソートしてからその差分を表示

基本事項

<(リスト)は、FIFO(名前つきパイプ)を作成し、そのFIFOを標準出力に接続した状態でリストを別プロセスとして起動するとともに、そのFIFOのパス名に置換します。

>(リスト)は、FIFOを作成し、そのFIFOを標準入力に接続した状態でリストを別プロセスとして起動するとともに、そのFIFOのパス名に置換します[注3]。

解説

プロセス置換を使うと、標準入出力ではなく、ファイルへの入出力に対応したコマンドに対して、ファイルの代わりにFIFOを指定し、そのFIFOを介して別のプロセスからデータを読む、または書き込むといった動作ができます。同様の動作は、`mkfifo`コマンドを使って自分でFIFOを適当なファイル名で作成し、そのFIFOに対して読み書きを行う2つのプロセスを起動することでも可能ですが、プロセス置換を使えば、FIFOの作成をシェル側で自動的に行うことができます。

ただし、プロセス置換はbash、BusyBox(sh)、zshのみで使え、しかもbashであっても`set -o posix`が設定された状態では動作しません。`/bin/sh`がbashへのシンボリックリンクになっているOSで、1行目に`#!/bin/sh`と書かれたシェルスクリプトでは、bashがコマンド名shで起動されるため`set -o posix`が設定され、プロセス置換は動作しません。`#!/bin/sh`のシェルスクリプトであえてプロセス置換を使用するには、シェルスクリプト内で`set +o posix`を実行して、`posix`オプションを無効にするようにします(`set -o`が有効、`set +o`が無効の意味になるので注意)。

注3　実際には多くの場合、FIFOではなく、`/dev/fd/n`(nはファイル記述子番号)を使って通常のパイプで実装されています。

10 6 プロセス置換

プロセス置換<(リスト)の例

図A❶は、file1とfile2という2つのファイルをそれぞれソートした後、その結果をdiffコマンドを使って比較するという例です。<(sort file1)の部分では、自動的にFIFOが作成され、標準出力をFIFOに接続した状態でsort file1コマンドが起動されます。同時に、そのFIFOのパス名の文字列がdiffコマンドの第1引数として与えられます。<(sort file2)の部分も同様で、こちらのFIFOのパス名はdiffコマンドの第2引数になります。以上の結果、diffは2つのFIFOを読んでその差分を出力することになるため、2つのファイルをそれぞれソートしてから比較することができます。

なお、仮にfile2のソートは必要なく、file1のみをソートしてから比較したい場合は図A❷のように通常のパイプを使って実行することができます。diffコマンドの引数の「-」は標準入力を表し、パイプからの入力を読むことができます。

さらに、/dev/fd/3(3はファイル記述子番号)のようなデバイスが使える場合は、図A❸のように、2個のパイプとファイル記述子のリダイレクトを巧妙に使って、2つのファイルをそれぞれソートしてから比較することができます。ここでは、ソート後のfile1の内容が読めるパイプをexecでファイル記述子3に複製し、それをdiffコマンドで/dev/fd/3経由で読み、file2の方は普通にパイプに通して標準入力から読んでいます。

なお、このコマンドラインはexecを使わずに図A❹のように記述することもできます。

図A プロセス置換<(リスト)の例

```
$ set +o posix ……………………………………………… 念のためposixオプションを無効にする
$ diff <(sort file1) <(sort file2) ………… file1とfile2をソートしてから比較❶
…省略… ……………………………………………………………… 比較結果(差分)が表示される
$ sort file1 | diff - file2 …………………… file1のみソートする場合は通常のパイプでOK❷
…省略… ……………………………………………………………… 比較結果(差分)が表示される
$ sort file1 | (exec 3<&0; sort file2 | diff /dev/fd/3 -) ……
                                            /dev/fd/3等が使える場合は通常のパイプでOK❸
…省略… ……………………………………………………………… 比較結果(差分)が表示される
$ sort file1 | (sort file2 | diff /dev/fd/3 -) 3<&0 … このように記述することも可能❹
…省略… ……………………………………………………………… 比較結果(差分)が表示される
```

プロセス置換>(リスト)の例

図B❶はcpコマンドのコピー先のファイルとしてFIFOを指定する例です。cpコマンドは標準出力への出力はできませんが、出力先にFIFOを使うことにより、cpの出力をあたかもパイプに接続したような動作が可能です。ここでは>(cat -n)というプロセス置換が用いられているため、FIFOを標準入力に接続した状態でcat -nコマンドが起動され、ファイルの内容に行番号を付けて表示されます。ただし、この例の場合は図B❷のように直接cat -nコマンドを実行したのと同じになります。

/dev/fd/*n*(nはファイル記述子番号)や/dev/stdoutが使える環境では、図B❸❹のように、プロセス置換を使わずに実行することもできます。

FIFOのパス名の確認方法

FIFOとして具体的にどのようなパス名が使用されているかは、**図C❶❷**のように、ヌルコマンド「:」を使ったプロセス置換を行い、その置換結果の文字列をechoコマンドで表示してみれば確認できます。具体的なパス名はシェルやOSのバージョンによって異なります。

図B　プロセス置換 >(リスト)の例

```
$ set +o posix ··························· 念のためposixオプションを無効にする
$ cp file >(cat -n) ······················ fileをFIFOにコピーし、FIFOに対してcat -nを実行❶
…省略… ································· 行番号つきのfileの内容が表示される
$ cat -n file ···························· fileに対して直接cat -nを実行したのと同じ❷
…省略… ································· 同じく行番号つきのfileの内容が表示される
$ cp file /dev/fd/3 3>&1 | cat -n ········ 自分で/dev/fd/3等を用いてもよい❸
…省略… ································· 同じく行番号つきのfileの内容が表示される
$ cp file /dev/stdout | cat -n ··········· /dev/stdoutを用いてもよい❹
…省略… ································· 同じく行番号つきのfileの内容が表示される
```

図C　FIFOのパス名の確認方法

```
$ echo >(:) ················ ヌルコマンド「:」を使ってプロセス置換を実行し、echoで表示❶
/dev/fd/63 ················· このようなパス名が使用されている
$ echo <(:) ················ ヌルコマンド「:」を使ってプロセス置換を実行し、echoで表示❷
/dev/fd/63 ················· このようなパス名が使用されている
```

参照

set (p.122)　　ファイル記述子を使ったリダイレクト >& (p.260)

単語分割(IFS)

○ Linux (bash)
○ FreeBSD (sh)
○ Solaris (sh)
○ BusyBox (sh)
○ Debian (dash)
○ zsh

パラメータ展開などの結果をコマンド名や引数に分割する

解説

パラメータ展開、コマンド置換の結果は、シェル変数IFSにセットされている文字を区切り文字として**単語分割**が行われ、(その後のパス名展開を経て)最終的な**コマンド名**と**引数**が決定されます。IFSにはデフォルトで**スペース**、**タブ**、**改行**の3文字がセットされています。パラメータ展開やコマンド置換の結果の文字列をそのまま使用したい場合は、"$var"や"\`pwd\`"のように全体をダブルクォート(" ")で囲んで単語分割を避けるようにします。

IFSの値は変更することもでき、IFSの値を一時的に変更してからsetやreadを実行すれば、任意の文字を区切り文字として位置パラメータやシェル変数にセットすることができます。

IFSを変更する例

IFSを変更する例を**図A**に示します。シェル変数**PATH**に設定されている、:で区切られたディレクトリ名を分割するために、IFSの値を一時的に:に変更しています。なお、IFSの値の変更はシェルの動作に影響を与えるため注意して行う必要があり、ここでは**IFS_SAVE**という別のシェル変数に値を退避させ、目的の単語分割が終わったらすぐにIFSの値を元に戻しています。

PATHの単語分割の結果は、setコマンドによって位置パラメータに取り込んでいます。ここでは通常とは異なり、単語分割を行わせるために$PATHをダブルクォートでは囲みません。

無事、位置パラメータにセットされると、"$1"や"$2"などで、PATHに設定されていたディレクトリが順に参照できることがわかります。

なお、zshの場合はデフォルトではパラメータ展開時に単語分割が行われないため、$PATHではなく、$=PATHまたは${=PATH}として参照し、臨時に単語分割を行うようにします。

図A IFSを変更する例

```
$ echo "$PATH" ……………………………………… 現在のPATHの設定を表示
/home/guest/bin:/usr/local/bin:/usr/bin:/bin ……
                                            このように4つのディレクトリが設定されている
$ IFS_SAVE=$IFS ………………………………… IFSの値をIFS_SAVEに退避
$ IFS=: ……………………………………………… IFSの値を:に変更
$ set $PATH …………………………………… この状態でPATHを単語分割し、位置パラメータにセット
$ IFS=$IFS_SAVE ……………………………… IFSの値を元に戻す
$ echo "$1" ………………………………………… 位置パラメータ"$1"の値を表示
/home/guest/bin ………………………………… 1番目のPATHが表示される
$ echo "$2" ………………………………………… 位置パラメータ"$2"の値を表示
/usr/local/bin …………………………………… 2番目のPATHが表示される
```

Memo

- Solarisのshでは、パラメータ展開などの展開が行われなくても、**IFS**による単語分割が行われます。
- zshで、他のシェルと同じようにダブルクォートなしのパラメータ展開時に常に単語分割を行わせたい場合は、あらかじめ「`set -o SH_WORD_SPLIT`」コマンドを実行しておきます。

参照

IFS(p.190)　ダブルクォート" "(p.215)　set(p.122)　read(p.113)

>第11章 リダイレクト

リダイレクト

多くのコマンドは、**標準入力**から入力し、**標準出力**に出力するように設計されています。標準入力と標準出力は、通常はそれぞれ「キーボード」と「画面」であるため、キーボードから入力して画面に出力することになります。標準入出力は**リダイレクト**することができ、リダイレクトすれば、キーボードから入力する代わりにファイルから読み込んだり、画面に表示する代わりにファイルに書き込んだりできます(**図A**)。

シェル上では、<、>などの記号でリダイレクトが可能です。さらに、標準出力だけでなく**標準エラー出力**をリダイレクトしたり、**ファイル記述子を使ったリダイレクト**も可能です。本章では、これらのリダイレクトについて解説します。

図A　標準入力／標準出力とリダイレクト

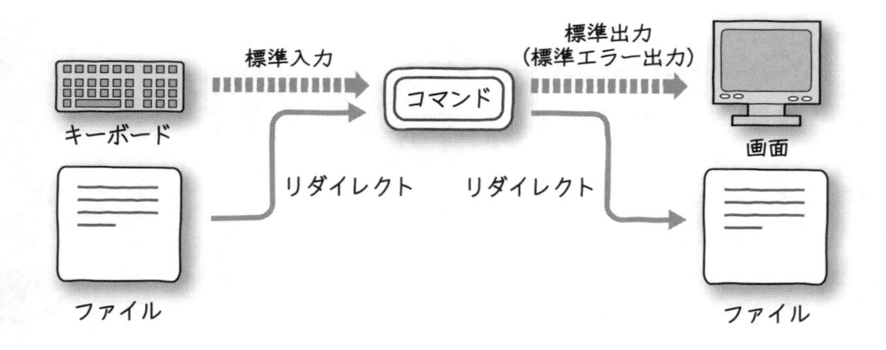

Column

ファイル記述子について

ファイルをオープンすると、OSからは**ファイル記述子**という番号が割り当てられ、以降、このファイルの読み書きなどの操作は、ファイル記述子を通じて行われます。ファイル記述子のうち、**0**、**1**、**2**の3つの番号は、**表a**のようにコマンドの起動直後からすでに割り当てられています。シェル文法上でのリダイレクトでは、このファイル記述子の番号を使うこともあるため、たとえば「標準エラー出力は2番」というように、番号を覚えておくとよいでしょう。

表a　コマンドの起動直後からすでに割り当てられているファイル記述子

ファイル記述子	割り当て
0	標準入力
1	標準出力
2	標準エラー出力

標準入力のリダイレクト <

- Linux (bash)
- FreeBSD (sh)
- Solaris (sh)
- BusyBox (sh)
- Debian (dash)
- zsh

コマンドの標準入力にファイルを入力する

[コマンド] < [ファイル名]

```
cat < file ……………………………fileをcatコマンドの標準入力に入力し、内容を表示する
```

基本事項

冒頭の書式のように記述すると、[ファイル名]で指定したファイルが**標準入力**(ファイル記述子「0」)として読み出しオープンされた状態で[コマンド]が実行されます。

解説

コマンド実行時の標準入力は、デフォルトではキーボードです。しかし、「[コマンド]<[ファイル名]」のように<記号を使って記述することにより、コマンドの標準入力をファイルにリダイレクトすることができます。リダイレクトされたコマンドは、標準入力としてキーボードから文字列を読み込む代わりにファイルから文字列を読み込むようになります。

なお、リダイレクトはあくまで**コマンド**に対して行われるため、単純コマンドだけでなく、構文やサブシェルなどの複合コマンドに対してもリダイレクトが可能です。

リダイレクトの場合と、コマンドの引数指定の場合との違い

冒頭の例ではcatコマンドの標準入力を「file」にリダイレクトしていますが、catコマンドでは元々コマンドの引数にファイル名を指定してファイルを読み込むこともできます。つまり、**リストA**のように記述すれば、❶も❷も、どちらも同じように動作します。

しかし、両者には次のような細かい違いがあります。❶はシェル自身が「file」をオープンし、catコマンドのほうではそのファイルをオープンする処理を行いません。もしファイルが存在しなかった場合、そのエラーメッセージはシェルから出され、catコマンドは起動すらされません。また、リダイレクトの部分はcatコマンドに対する引数ではないため、catコマンド側では、リダイレクトされたファイルのファイル名を直接知ることができません。

一方、❷では、「file」はcatコマンド自身によってオープンされます。ファイルが存在しない場合などのエラーメッセージはcatコマンド自身から出されます。

リストA　リダイレクトの場合と、コマンドの引数指定の場合

```
cat < file ……………………………❶標準入力をfileにリダイレクト
cat file ………………………………❷fileを引数で指定し、catコマンド自身がfileをオープン
```

コマンド名の左側でのリダイレクト

リダイレクトの記号は、コマンドラインのすべての引数の右側に書くのが普通ですが、これは引数の途中に割り込んで書いてもかまいません。さらに、変わった書き方ですが、コマンド名よりも左側に書いてもかまいません。

具体的には**リストB**のようになります注1。❶は標準的な書き方で「file」をsort -nコマンドの標準入力にリダイレクトし、その標準出力をパイプでuniqコマンドに渡しています。

❷はリダイレクトを-nオプションよりも左に書いた例で、これでもまったく同じ意味になります。

❸はさらにsortコマンドよりも左にリダイレクトを記述した例で、これでも❶や❷とまったく同じ意味になります。

リストB リダイレクト記号の位置

```
sort -n < file | uniq ·····················❶標準入力のfileを数値的にソートし、重複行をカットする
sort < file -n | uniq ·····················❷< fileを-nよりも左側に記述しても同じ意味になる
< file sort -n | uniq ·····················❸< fileをsortよりも左側に記述しても同じ意味になる
```

Memo

- 「< [ファイル]」は「0< [ファイル]」の省略形であり、「0」はファイル記述子「0」(標準入力)を意味します。したがって「cat < file」は「cat 0< file」と書いてもかまいません。また、「3< [ファイル]」のように「0」以外の任意のファイル記述子を指定して、ファイルを入力としてリダイレクトすることも可能です。
- zshでは、「cat < file1 < file2」のように記述して複数のファイルを標準入力にリダイレクトすることもできます。リダイレクトは左側から順に解釈され、この場合、file1とfile2が順に連結されてcatコマンドの標準入力になります。一方、zsh以外のシェルでこのように記述しても文法的にはエラーになりませんが、より右側に書かれたリダイレクトのみが結果的に有効になり、この場合はfile2だけが標準入力になります。そもそもcatコマンドの場合はリダイレクトを使わずに複数のファイルを引数にすることができるため、「cat file1 file2」と記述すればfile1とfile2が入力ファイルになり、catコマンドによって連結されます。

参照

単純コマンド(p.29)　複合コマンド(p.30)　cat(p.279)

注1 sortはテキストファイルを行単位でソートし出力するコマンドで、-nを付けて数値的にソートしています。uniqは重複行をカットして出力するコマンドです。

標準出力のリダイレクト >

- Linux (bash)
- FreeBSD (sh)
- Solaris (sh)
- BusyBox (sh)
- Debian (dash)
- zsh

コマンドの標準出力をファイルに出力する

例

```
echo 'Hello World' > file ……………………echoコマンドの標準出力をfileに書き込む
```

基本事項

冒頭の書式のように記述すると、ファイル名で指定したファイルが**標準出力**(ファイル記述子「1」)として書き込みオープンされた状態でコマンドが実行されます。

解説

コマンド実行時の標準出力は、デフォルトでは画面です。しかし、「コマンド > ファイル名」のように>記号を使って記述することにより、コマンドの標準出力をファイルにリダイレクトすることができます。リダイレクトされたコマンドは、標準出力の文字列を画面に出力する代わりにファイルに書き込むようになります。

リダイレクトに指定されたファイルが存在しない場合は新たに作成されますが、すでに同名のファイルが存在する場合は、そのファイルサイズがゼロに切り詰められます。

なお、リダイレクトはあくまで**コマンド**に対して行われるため、単純コマンドだけでなく、構文やサブシェルなどの複合コマンドに対してもリダイレクトが可能です。

シェル自身がファイルをオープン

リダイレクトでは、ファイルをオープンする処理はコマンドではなくシェルによって行われます。たとえば**図A**のように、一般ユーザが書き込めない/ディレクトリ直下のファイルにリダイレクトしようとすると、エラーメッセージがシェル自身から出力されます。この場合、echoコマンドは起動されません。

また、リダイレクトの部分はコマンドに対する引数ではないため、コマンド側ではリダイレクトされたファイルのファイル名については関知しません。

図A　シェル自身がファイルをオープン

```
$ echo 'Hello World' > /file ………………echoの標準出力を/fileにリダイレクトしてみる
bash: /file: Permission denied ………………シェル自身からエラーメッセージが出される
```

リダイレクトのみでファイルを作成

リストAのように、コマンド名を記述せずに、リダイレクトのみを実行することができます。この例では、カレントディレクトリに「timestamp」という名前の、サイズゼロのファイルが作成されます。これは、暗黙の:コマンドが省略されているものと考えてかまいません。

この動作はtouch *timestamp*を実行した場合に似ています。ただし、touchコマンド[注2]とは違って、すでに同名のファイルが存在していた場合、そのファイルサイズがゼロに切り詰められます。このことを利用して、ファイルそのものは削除せずにファイルの中身を消去したい場合に有効です。

ただしzshの場合は、リストAのように実行すると「cat > timestamp」というコマンドが実行され、キーボード入力をファイルに書き込む動作になります。zshでサイズゼロのファイルを作成したい場合は:コマンドを省略せずに、「: > timestamp」とします

コマンド名の左側でのリダイレクト

リダイレクトの記号は、コマンドラインのすべての引数の右側に書くのが普通ですが、これは引数の途中に割り込んで書いてもかまいません。さらに、変わった書き方ですが、コマンド名よりも左側に書いてもかまいません。

具体的には**リストB**のようになります。❶は標準的な書き方で、echoコマンドの標準出力を「file」にリダイレクトしています。

❷はリダイレクトをechoコマンドの引数(hello)よりも左に書いた例で、これでもまったく同じ意味になります。

❸はさらにechoコマンドよりも左にリダイレクトを記述した例で、これでも❶や❷とまったく同じ意味になります。

リストA リダイレクトのみでファイルを作成

```
> timestamp ……………………timestampというサイズゼロのファイルを作成
```

リストB リダイレクト記号の位置

```
echo hello > file ……………………❶echoコマンドの引数の右側にリダイレクトを記述
echo > file hello ……………………❷echoコマンドの引数よりも左にリダイレクトを記述
> file echo hello ……………………❸echoコマンドよりも左にリダイレクトを記述
```

Memo

- 「> ファイル」は「1> ファイル」の省略形です。したがって「echo hello > file」は「echo hello 1> file」と書いてもかまいません。
- Solaris(sh)以外では、set -Cコマンドが実行されているか、またはシェルの起動時に-Cオプションが指定されている場合、すでに存在するファイルに対して「> ファイル」を実行するとエラーになります。これは、「>| ファイル」と実行すれば強制的にファイルに書き込むことができます。
- zshでは、「echo Hello > file1 > file2」のように記述して標準出力を複数のファイルにリダイレクトすることができます。この場合、リダイレクトされたすべてのファイルに同じ内容が書き込まれます。一方、zsh以外のシェルでこのように記述しても文法的にはエラーになりませんが、より右側でリダイレクトされているファイルのみに書き込みが行われ、それ以外のファイルは書き込みオープンだけが行われてサイズゼロのファイルになります。この例では、file2に文字列が書き込まれ、file1はサイズゼロのファイルになります。zsh以外のシェルで標準出力を複数のファイルに書き込みたい場合は、teeコマンドを使って「echo Hello | tee file1 > file2」とします。

参照

単純コマンド(p.29)　　複合コマンド(p.30)　　:コマンド(p.89)

注2　touchについては、p.284、:コマンドの項(p.89)も参考にしてください。

標準出力のアペンドモードでのリダイレクト >>

- Linux (bash)
- FreeBSD (sh)
- Solaris (sh)
- BusyBox (sh)
- Debian (dash)
- zsh

コマンドの標準出力をファイルに追加出力する

書式　コマンド >> ファイル名

例

```
date > file ……………………dateコマンドの標準出力をfileに書き込む
ls -l >> file ……………………lsコマンドの標準出力をfileに追加して書き込む
```

基本事項

冒頭の書式のように記述すると、ファイル名で指定したファイルが**標準出力**(ファイル記述子「1」)として**アペンドモード**で書き込みオープンされた状態でコマンドが実行されます。

解説

コマンドの標準出力をファイルにリダイレクトする記号の>の代わりに>>を使うと、ファイルは**アペンド(追加)モード**でオープンされ、コマンドの標準出力はファイルの最後尾に追加されるようになります。

指定したファイルがすでに存在していた場合、>とは違ってファイルサイズはゼロには切り詰められません。また、ファイルが存在していなかった場合は新しいファイルが作成されます。

アペンドモードは、冒頭の例のように、複数のコマンドの標準出力を同じファイルに追加書き込みしたい場合に便利です。

標準出力のアペンドモードでのリダイレクトは、アペンドモードであることを除いて、標準出力のリダイレクトと同じです。

Memo

- 「>> ファイル名」は「1>> ファイル名」の省略形です。したがって「date >> file」は「date 1>> file」と書いてもかまいません。

参照

標準出力のリダイレクト >(p.255)

標準エラー出力のリダイレクト 2>

- ○ Linux (bash)
- ○ FreeBSD (sh)
- ○ Solaris (sh)
- ○ BusyBox (sh)
- ○ Debian (dash)
- ○ zsh

コマンドの標準エラー出力をファイルに出力する

書式 コマンド **2>** ファイル名

例

```
rmdir /some/dir 2> /dev/null
```

……エラーメッセージを出さずに/some/dirというディレクトリを削除する

基本事項

冒頭の書式のように記述すると、ファイル名で指定したファイルが**標準エラー出力**(ファイル記述子「2」)として書き込みオープンされた状態でコマンドが実行されます。

解説

コマンド実行時の標準エラー出力は、標準出力と同じくデフォルトでは画面に出力されます。これは「コマンド **2>** ファイル名」のように>記号の前に標準エラー出力のファイル記述子である「**2**」を指定することにより、標準エラー出力をファイルにリダイレクトすることができます。標準エラー出力のリダイレクトは、ファイル記述子「2」に対してリダイレクトが行われることを除いて、標準出力のリダイレクトと同じです。

なお、一般に「2」以外のファイル記述子でも、たとえば「3> *file*」「4> *file*」のように記述して、それぞれファイル記述子「3」「4」をファイルにリダイレクトすることができます。

また、「2>> *file*」と記述することにより、標準エラー出力をファイルにアペンドモードでリダイレクトすることができます[注3]。

エラーメッセージを捨てる

冒頭の例のように標準エラー出力を**/dev/null**にリダイレクトすると、エラーメッセージを表示しないようにできます。冒頭では、rmdirコマンドの実行時にすでにディレクトリが削除されていて存在しない場合でも、エラーメッセージを出さないようにしているのです。コマンドによっては、cmpコマンドの-sオプションのように、エラーメッセージを非表示にできる場合がありますが、そのようなオプションがないコマンドの場合、「2> /dev/null」という書き方がよく使われます。

注3　標準出力のリダイレクト>の項(p.255)、標準出力のアペンドモードでのリダイレクト>>の項(p.257)、ファイル記述子を使ったリダイレクト>&の項(p.260)も合わせて参照してください。

標準エラー出力を、標準出力とともにファイルに落とす

標準エラー出力を、標準出力と同時にリダイレクトし、同じファイルに書き込みたい場合は、**図A**のようにファイル記述子を使ったリダイレクトを用います[注4]。図Aはmakeコマンドでの例です。

図A　標準エラー出力・標準出力の同時リダイレクト

```
$ make > make-log 2>&1 ……………………makeの出力を、標準エラー出力を含めてmake-logに書き込む
```

注意事項

ファイル記述子と>との間にスペースを入れない

ファイル記述子の「2」と>との間にスペースを入れてはいけません。スペースがあると「2」という文字列が、リダイレクトではなくコマンドに対する引数であると誤って解釈されてしまいます。

○正しい例

```
rmdir /some/dir 2> /dev/null
```

×誤った例

```
rmdir /some/dir 2 > /dev/null
```

Memo

- Solaris(sh)以外では、set -Cコマンドが実行されているか、またはシェルの起動時に-Cオプションが指定されている場合、すでに存在するファイルに対して「2> ファイル」を実行するとエラーになります。これは、「2>| ファイル」と実行すれば強制的にファイルに書き込むことができます。

注4　ファイル記述子を使ったリダイレクト>&の項(p.260)も合わせて参照してください。

ファイル記述子を使ったリダイレクト >&

○ Linux (bash)
○ FreeBSD (sh)
○ Solaris (sh)
○ BusyBox (sh)
○ Debian (dash)
○ zsh

オープン済みの標準出力や標準エラー出力などを複製する

コマンド 0｜1｜2｜…… >&0｜1｜2 ……

ファイル記述子を指定する

```
echo 'ファイルが存在しません' 1>&2
```

標準エラー出力にエラーメッセージを出力

基本事項

オープン済みの標準出力や標準エラー出力またはその他のファイル記述子を操作するには、**ファイル記述子**を使ったリダイレクトを用います。冒頭の書式のように記述すると、**>&の左側**に番号で指定されたファイル記述子を、**>&の右側**に番号で指定された、出力用にオープン済みのファイル記述子にリダイレクトします。

解説

冒頭の例のように**1>&2**と記述すると、標準出力(ファイル記述子「1」)を標準エラー出力(ファイル記述子「2」)にリダイレクトできます。これは、内部的には「オープン済みのファイル記述子**2**を、ファイル記述子**1**としても使えるように複製する」という動作になっています。「ファイル記述子の複製」に着目すると、>&の右側のファイル記述子を>&の左側に複製(コピー)していることに注意してください。

ファイル記述子を使ったリダイレクトのおもな用法は「1>&2」と「2>&1」です。前者の1>&2は、echoコマンドのように、標準出力に出力する仕様のコマンドで使用して、標準エラー出力に出力させるために使います。後者の2>&1は、後述のmakeコマンドの出力のように、標準エラー出力も標準出力とまとめてリダイレクトしたい場合に使用します。

なお、「0<&3」のように、入力用にオープンされたファイル記述子をリダイレクトすることもできます。たとえば、あらかじめ「exec 3< file.txt」を実行してファイル記述子「3」でfile.txtを入力用にオープンしておいてから「cat 0<&3」を実行すれば、file.txtの内容を読むことができます。

標準エラー出力と標準出力をまとめてパイプに通す

ソフトウェアをソースからコンパイルする場合に使うmakeコマンドは、通常のメッセージは標準出力に、エラーが起きた場合のメッセージは標準エラー出力に出力します。これら両方の出力をまとめてパイプ(|)に通し、teeコマンドを使ってメッセージをファイルに落としながら画面にも出力するには**図A**のようにします。teeは、標準入力をそのまま標準出力(この場合は画面)に出力するとともに、引数で指定したファイルに同じ内容を書き込むコマンドです。

ここでは、**2>&1**の記述により、標準エラー出力が標準出力にリダイレクトされ、まとめてパイプに接続されます。これは正確には、すでにパイプに接続されている標準出力が、標準エラー出力として複製されるという動作になります。

標準エラー出力と標準出力をまとめてファイルにリダイレクト

makeなどのコマンドの出力を、標準エラー出力も標準出力も両方ともファイルにリダイレクトしたい場合は、**図B**のようにします。ここでは、ファイルへのリダイレクト(> make-log)と、ファイル記述子のリダイレクト(2>&1)が同時に指定されており、これらは左から右の順に実行されます。具体的には「> make-log」によって「make-log」というファイルが標準出力(ファイル記述子「1」)としてオープンされたあと、2>&1によってそのファイル記述子「1」がファイル記述子「2」に複製されます。

ここで、感覚的にリダイレクトの順が逆に感じるかもしれませんが、「make 2>&1 > make-log」は誤りで、これでは2>&1の実行時にはまだ標準出力はデフォルトの画面のままになっているため、標準エラー出力が正しくリダイレクトできません。

なお、bash、BusyBox(sh)、zshには、この目的専用の記述法があります[注5]。

ファイル記述子の退避と復帰

未使用の任意のファイル記述子を利用して、ファイル記述子の退避と復帰を行うことができます。

リストAのように、「exec > file」を実行して、以降のコマンドの標準出力を「file」にリダイレクトすることができますが、ここで標準出力を元通りに戻すことを考えてみます。標準出力が端末(画面)であると仮定してよい場合は、「exec > /dev/tty」を実行すれば標準出力が端末に戻ります。しかし、このシェルスクリプト自体の標準出力がパイプに接続されているとか、別のファイルにリダイレクトされている可能性もあります。そのような場合でも標準出力を元に戻すためには、リストAのようにあらかじめ「exec 3>&1」を実行し、標準出力(ファイル記述子「1」)が示すものをファイル記述子「3」にコピーしておきます。そして最後に「exec 1>&3」によって退避しておいたファイル記述子「3」を標準出力にコピーし、標準出力を元通りに復帰させるのです。

なお、ここでは退避用にファイル記述子「3」を利用していますが、未使用(変化させてかまわない)なら、何番のファイル記述子でも利用できます。

図A　標準エラー出力と標準出力をまとめてパイプに通す

```
$ make 2>&1 | tee make-log ………… 標準エラー出力を標準出力に合流させ、
                                  teeでmake-logに落としながら画面にも表示する
```

図B　標準エラー出力と標準出力をまとめてファイルにリダイレクト

```
$ make > make-log 2>&1 ………… 標準エラー出力と標準出力をmake-logという
                              ファイルに落とす
```

注5　標準出力と標準エラー出力の同時リダイレクト>&の項(p.263)も合わせて参照してください。

リストA 標準出力をファイル記述子「3」に退避して復帰させる例

```
exec 3>&1 ……………………… 標準出力をファイル記述子「3」に複製（退避）して記憶しておく
exec > file ………………………… 標準出力を「file」にリダイレクトする
（ここで任意のコマンドを実行） ………… ここで実行したコマンドの標準出力は「file」に出力される
…省略…
exec 1>&3 ……………………… 退避されていたファイル記述子「3」を標準出力に複製（復帰）する
```

注意事項

>&の左側にスペースを入れてはいけない

>&記号の**左側**にスペースを入れると、ファイル記述子の番号がコマンドの引数とみなされてしまい、正しく動作しません。また、>と&の間にもスペースは入れられません。一方、>&の**右側**にはスペースを入れてもかまいません。また、>&の左側の番号が「1」の場合は省略してもかまいません。しかし、1>&2や2>&1は、いずれもスペースを入れず、かつ番号も省略しない形式で統一したほうがわかりやすいでしょう。

○正しい例

```
echo 'Error message' 1>&2 ………………… この書き方に統一したほうがよい
echo 'Error message' 1>& 2 ………………>&の右側はスペースが入ってもよい
echo 'Error message' >&2 …………………>&の左側の1は省略できる
```

×誤った例

```
echo 'Error message' 1 >&2 ………………>&の左側にはスペースは入れられない
echo 'Error message' 1> &2 ………………>と&の間にスペースは入れられない
```

Memo

● bashでは、ファイル記述子の複製の代わりに「ファイル記述子の移動」を行うことができます。たとえば、「1>&2」の代わりに「1>&2-」と記述すると、ファイル記述子「2」がファイル記述子「1」に移動します。これはファイル記述子「2」をファイル記述子「1」に複製するとともに、移動元のファイル記述子「2」をクローズするという動作になっています。

標準出力と標準エラー出力の同時リダイレクト &>

- ○ Linux (bash)
- × FreeBSD (sh)
- × Solaris (sh)
- ○ BusyBox (sh)
- × Debian (dash)
- ○ zsh

標準出力と標準エラー出力を同時にファイルにリダイレクトする

コマンド &> ファイル名

```
make &> make-log
```
……標準出力と標準エラー出力をmake-logというファイルに書き込む

基本事項

冒頭の書式のように記述すると、コマンドの標準出力と標準エラー出力の両方が、**&>**の右側に指定されたファイル(ファイル名)にリダイレクトされます。

解説

bash、BusyBox(sh)、zshでは「&> *file*」という記述法が使え、標準出力と標準エラー出力を同時にファイルにリダイレクトすることができます。makeコマンドの出力をすべてファイルに書き込みたい場合に便利でしょう。ただし、この文法を使うのはコマンドライン上の作業だけにとどめておき、シェルスクリプト中の記述では「> *file* 2>&1」のように標準的な記述を行った方がよいでしょう[注6]。

なお、「&> *file*」の代わりに、csh系のシェル由来の「>& *file*」という記述も使えます。しかしこれは推奨されておらず、ファイル名が数字のみの場合に「>& 123」のように実行すると、ファイル記述子を使ったリダイレクトと解釈されて正しく動作しないことから、「&> *file*」を使ったほうがよいでしょう。

Memo

- bash-4.x以降とzshでは、「&>> *file*」と記述して標準出力と標準エラー出力をまとめてファイルにアペンドすることもできます。

参照

ファイル記述子を使ったリダイレクト>&(p.260)

注6　ファイル記述子を使ったリダイレクト>&の項(p.260)を参照してください。

ファイル記述子のクローズ >&- <&-

Linux (bash) / FreeBSD (sh) / Solaris (sh) / BusyBox (sh) / Debian (dash) / zsh

ファイル記述子をクローズするには>&-や<&-を用いる

書式

例

```
mycommand 0<&- 1>&- 2>&-
```
……標準入力、標準出力、標準エラー出力をすべてクローズしてコマンドを実行

基本事項

冒頭の書式のように記述すると、**>&-**(出力用)または**<&-**(入力用)の左側に番号で指定された**ファイル記述子**が**クローズ**された状態で［コマンド］が実行されます。

解説

コマンドの実行の際に、標準入力、標準出力、標準エラー出力といった、通常は最初からオープンされている**ファイル記述子**や、「exec 3> file」コマンドなどで自分でオープンしたファイル記述子を、都合により**クローズ**したい場合があります。このような際にファイル記述子のクローズを用います。ファイル記述子のクローズは、**/dev/null**へのリダイレクトに似ていますが、**/dev/null**へのリダイレクトとは違ってファイル記述子自体が**未使用**の状態になります。ファイル記述子のクローズの書式は、ファイル記述子を使ったリダイレクトの書式において右側のファイル記述子の番号を「-」に変えたものと同じです。

参照

ファイル記述子を使ったリダイレクト>&(p.260)

読み書き両用オープン <>

- ○ Linux (bash)
- ○ FreeBSD (sh)
- ○ Solaris (sh)
- ○ BusyBox (sh)
- ○ Debian (dash)
- ○ zsh

コマンドのファイル記述子を読み書き両用でオープンしたファイルにリダイレクトする

書式 コマンド [0 | 1 | 2 ……] <> ファイル名

（0 | 1 | 2 ……：ファイル記述子を指定する）

例

```
mycommand <> file
```
……標準入力（出力としても利用）を読み書き両用のfileにリダイレクト

基本事項

冒頭の書式のように記述すると、**<>の左側**に番号で指定されたファイル記述子が、**<>の右側**に指定されたファイルに、**読み書き両用**でオープンされた状態でリダイレクトされます。ファイル記述子の番号を省略した場合は、ファイル記述子「0」になります。

解説

UNIX系OSでは、ファイルは「読み出し専用」「書き込み専用」でのオープンのほか、「読み書き両用」でオープンすることが可能です。シェル上でも、<>の記述を使えば**読み書き両用**でファイルをオープンすることができます。<>の左にファイル記述子の番号を指定すれば、標準入力だけでなく、任意のファイル記述子がリダイレクトできます。

ヒアドキュメント <<

- Linux (bash)
- FreeBSD (sh)
- Solaris (sh)
- BusyBox (sh)
- Debian (dash)
- zsh

コマンドの標準入力に一定の文書を入力する

［コマンド］ **<<**[-] ［終了文字列］
［ヒアドキュメント本体］
⋮
［終了文字列］

```
md5sum -c << 'EOF' ………………………………ヒアドキュメントでmd5sumをチェック
1cd9acec240b12af6a1f377eefd7573f  myfile1 ……md5sumの値（1行目）
d41d8cd98f00b204e9800998ecf8427e  myfile2 ……md5sumの値（2行目）
EOF ………………………………………………………ヒアドキュメントの終了
```

基本事項

ヒアドキュメントでは、次行以降、行頭に［終了文字列］が現れる直前の行までの［ヒアドキュメント本体］の内容が、コマンドの標準入力にリダイレクトされます。

<<の右側の［終了文字列］がクォートされている場合は、ヒアドキュメント本体は一切の展開が行われません。［終了文字列］がクォートされていない場合は、［ヒアドキュメント本体］に対して、パラメータ展開とコマンド置換が行われます。この場合、$と`は特殊な意味を持ち、\は、$、`、\または改行の直前のみ特殊な意味を持ちます。

<<の直後に-を付けた場合は［ヒアドキュメント本体］の行頭のタブが無視されるようになります。

解説

一定の内容の文書を即席で作成して、これをコマンドの標準入力にリダイレクトしたいことが時々あります。このような場合には**ヒアドキュメント**(*here document*)を使うと便利です。

ヒアドキュメント本体がシェルによって展開されるのを避けるため、基本的には終了文字列を**クォート**するのがいいでしょう。終了文字列のクォートは、シングルクォート('EOF')、ダブルクォート("EOF")、バックスラッシュ(\EOF)のいずれであっても動作は同じですが、その動作はシングルクォートに似ているため、シングルクォートを使うのがわかりやすいでしょう。なお、ヒアドキュメント本体のあとに書く終了文字列はクォートしてはいけません。

終了文字列は、例では「EOF」という文字列を使用していますが、これはどんな文字列でもかまいません。ヒアドキュメント本体の中にはありえない、任意のランダムな文字列を使用すればよいでしょう。

一方、終了文字列をクォートしない場合、ヒアドキュメント本体はダブルクォートで囲んだ場合と同じように解釈され、パラメータ展開などが行われます。ただし、ダブルクォートとは違って、"の直前の\は特殊な意味を持たず、\"のままになります。

ヒアドキュメントによるメールの送信

ヒアドキュメントを使ってメールを送信している例を**リストA**に示します。ここでは、メール本文の文字コードを「JIS」に変換するためにnkfコマンド[注7]を使い、このnkfに対してメール本文の文字列をヒアドキュメントとして入力しています。nkfの標準出力はパイプでmailコマンド[注8]に渡しています。このように、ヒアドキュメントとパイプを同時に使うこともももちろんできます。

終了文字列のEOFはクォートしているので、メール本文中に仮に$などの文字があっても、シェルに解釈される恐れはありません。

パイプで書くこともできる

ヒアドキュメントを使わずに、同様の動作をパイプ(|)を使って行うこともできます。たとえば、冒頭のmd5sum[注9]の例をパイプを使って書くと、**リストB**のようになります。このように、基本的にはシングルクォートで囲んだ複数行の文字列をechoして、これをパイプで目的のコマンドに渡せばいいのです。

多くのシェルのヒアドキュメントの実装では、ヒアドキュメント本体を内容とするテンポラリファイルが作成され、そのファイルが標準入力にリダイレクトするようになっています。しかし、パイプを使う場合はテンポラリファイルを作成しないため、そのぶん、効率がよいと考えられます。ただし、文字列の中にシングルクォートが含まれている場合、これを別途対処しなければならないなどの注意が必要です。

リストA ヒアドキュメントによるメールの送信

```
nkf -j << 'EOF' | mail guest@example.com ……nkfでJISに変換してmailコマンドでメール送信
このメールは、 ……………………………………………… メール本文1行目
ヒアドキュメントによる ……………………………… メール本文2行目
メールの送信テストです。 ………………………… メール本文3行目
EOF …………………………………………………………… ヒアドキュメントの終了
```

リストB ヒアドキュメントの代わりにパイプを使った例

```
echo \ ……………………………………echoコマンド(わかりやすいように行の継続で改行)
'1cd9acec240b12af6a1f377eefd7573f  myfile1 ……………md5sumの値(1行目)
d41d8cd98f00b204e9800998ecf8427e  myfile2' | md5sum -c ……md5sumの値(2行目)までを
                                                     パイプでmd5sumコマンドに渡す
```

Memo

- 「<< 終了文字列」は「0<< 終了文字列」の省略形であり、「0」はファイル記述子「0」(標準入力)を意味します。「0」以外の任意のファイル記述子に対して「3<< 終了文字列」のようにヒアドキュメントを使用することも可能です。

参照

シングルクォート' '(p.213)　　ダブルクォート" "(p.215)

注7　nkfコマンドについてはAppendix「Shift_JIS➡EUC-JP一括変換」(p.318)を参考にご覧ください。
注8　mailはメールを送受信するコマンドです。
注9　md5sumを使うとMD5のチェックサム値を確認できます。

ヒアストリング <<<

○ Linux (bash)
× FreeBSD (sh)
× Solaris (sh)
× BusyBox (sh)
× Debian (dash)
○ zsh

コマンドの標準入力に一定の文字列を入力する

[コマンド] **<<<** [文字列]

```
cat <<< 'Hello World' ··········ヒアストリングでメッセージを表示
```

基本事項

ヒアストリングでは、<<<の右側に記述された1つの文字列の内容が、コマンドの標準入力にリダイレクトされます。文字列の終端には自動的に改行が付加されます。

解説

bashまたはzshでは、ヒアドキュメントの代わりに**ヒアストリング**を使って一定の文字列を入力することができます。ヒアストリングで入力として扱われるデータは1つの文字列だけですが、この文字列をシングルクォートなどで囲み、クォート内に改行を入れることにより、複数行にわたる長い文字列を入力することができます。ヒアドキュメントではEOFなどの適当な終了文字列を指定した上で入力文字列の終了を示す必要がありますが、ヒアストリングでは文字列をシングルクォートなどで囲めば、そのクォートを閉じることによって文字列の終了を表せるため、より単純明解に記述することができます。

複数行をヒアストリングで入力

リストAは、4行のヒアストリングを記述し、これをcatコマンドの標準入力に入力して表示している例です。<<<の後、文字列の先頭からシングルクォートを開始し、文字列の途中ではそのまま改行します。文字列の最後の行は行末でシングルクォートを閉じます。ヒアストリングの仕様により、文字列の最後(複数行の場合は最後の行)には自動的に改行コードが付加されるため、これでちょうど4行分の入力データになります。

リストA 複数行をヒアストリングで入力

```
cat <<< 'ヒアストリング1行目 ·······シングルクォートに続いて文字列を開始し、そのまま改行
ヒアストリング2行目 ·····················途中の行はそのまま記述（シングルクォートの途中）
ヒアストリング3行目 ·····················途中の行はそのまま記述（シングルクォートの途中）
ヒアストリング4行目' ····················最後の行は行末でシングルクォートを閉じる
```

ヒアストリングの中でパラメータ展開とコマンド置換

ヒアストリングの文字列の中でパラメータ展開やコマンド置換を行いたい場合は、**リストB**のように、展開を行わせたい部分の直前でシングルクォートをいったん閉じ、展開させる部分のみ**ダブルクォートに切り替え**ます。ヒアストリングは全体で1つの文字列になる必要があるため、シングルクォートとダブルクォートとの切り替え部分はスペースを入れずに連続して記述します。

ヒアストリングによるメールの送信

リストCは、ヒアストリングを使ったメールの送信です。メール本文の文字コードをJISコードに変換するためのnkf -jコマンドに対して、ヒアストリングでメール本文を入力します。最後に、この出力をパイプ経由でmailコマンドに渡します。メール本文中にはシングルクォート以外のすべての文字がそのまま記述できます。本文中にシングルクォートを記述したい場合は、ヒアストリングのシングルクォートをいったん閉じ、直後にバックスラッシュを使って「\'」と記述した後、ヒアストリングのシングルクォートを再開します。形式的には「'\''」と記述することになります。

リストB ヒアストリングの中でパラメータ展開とコマンド置換

```
cat <<< 'ヒアストリングのテスト ………シングルクォートに続いて文字列を開始し、そのまま改行
$HOMEの値は'"$HOME"'です。 ………パラメータ展開を行う部分のみダブルクォートにする
`pwd`は'"`pwd`"'に置換されます。' ……コマンド置換を行う部分のみダブルクォートにする
```

リストC ヒアストリングによるメールの送信

```
nkf -j <<< 'このメールは、 ………メール本文1行目
ヒアストリングによるメールの送信テストです。 ………メール本文2行目
シングルクォートは'\''として記述します。 ………シングルクォートの記述方法
以上' | mail guest@example.com ………ヒアストリングを終了し、mailコマンドでメールを送信
```

Memo

- ヒアストリングの「<<< 文字列」は「0<<< 文字列」の省略形です。「0」以外の任意のファイル記述子に対して「3<<< 文字列」のように記述してヒアストリングを使用することも可能です。

参照

ヒアドキュメント<<(p.266)　シングルクォート' '(p.213)　ダブルクォート" "(p.215)

Column
ヒアドキュメントとヒアストリングの実際

ヒアドキュメントやヒアストリングがシェル内部でどのように扱われているかはシェルの種類によって異なりますが、bashの場合はシェル内部で一時ファイルを作成することによって実現されています。

具体的には、ヒアドキュメントなどに書かれた文字列を内容とする一時ファイルが**/tmp**ディレクトリ以下に作成され、そのファイルを所定のファイル記述子(通常は標準入力の0番)でオープンした状態でコマンドが実行されます。この一時ファイルはオープン直後に削除されるため、**/tmp**ディレクトリを見ても一時ファイルを見ることはできません。UNIX系OSではファイルを削除しても、そのファイルをオープン中のプロセスが終了するまではファイル実体が存在し続けるため、実行されたコマンドからはファイル記述子を通してヒアドキュメントなどの内容を読むことができます。

Linuxの場合は、**図a**のようにヒアドキュメント等を使用しコマンド(ls)自身で**/dev/fd/0**(または**/proc/self/fd/0**)のシンボリックリンクのリンク先を見ることにより、ヒアドキュメント等に使用されている一時ファイルの正体を確認できます。「(deleted)」の表示から、一時ファイルは削除済みであることがわかります。

なお、一時ファイルが作成されるディレクトリ(**/tmp**)は、シェル変数**TMPDIR**を設定することにより変更できます(bashのバージョンによっては変更できません)。また、ディスクレスマシンなどで**/tmp**ディレクトリなどがNFS(*Network File System*)マウントされている場合、NFSの仕様により、削除された一時ファイルは「/tmp/.nfs005f80f300002852」のような名前にリネームされ、この場合はファイルとしても見えてしまいます。

図a ヒアドキュメントとヒアストリングの一時ファイルの正体を調べる

```
$ ls -l /dev/fd/0 << EOF ………………… ヒアドキュメントを実行
Hello World
EOF
lr-x------ 1 guest guest 64 Mar  5 11:38 /dev/fd/0 -> /tmp/sh-th
d-1299306069 (deleted)………………………… 一時ファイルへのリンクと、
                                    (deleted)の表示（実際は1行）

$ ls -l /dev/fd/0 <<< 'Hello World'……………… ヒアストリングを実行
lr-x------ 1 guest guest 64 Mar  5 11:40 /dev/fd/0 -> /tmp/sh-th
d-1299303718 (deleted)………………………… 一時ファイルへのリンクと、
                                    (deleted)の表示（実際は1行）
```

>第12章
よく使う外部コマンド

シェルスクリプトで使う外部コマンド

シェルスクリプト上に記述する外部コマンドも、コマンドラインにコマンド入力して実行するコマンドも、基本的には同じ外部コマンドです。したがって、どのようなコマンドでもシェルスクリプトに記述して実行することができます。

しかし、外部コマンドの中には、basenameやsleepのように、コマンドライン上で実行してもその意味がわからず、シェルスクリプトに記述するからこそ意味を持つコマンドが存在します(**図A**)。本章では、basenameやsleepなどコマンドをシェルスクリプトならではのコマンドとして解説し、さらにcp、mvなどの一般コマンドについても簡単に紹介します。

図A シェルスクリプトに記述するからこそ意味を持つ外部コマンド

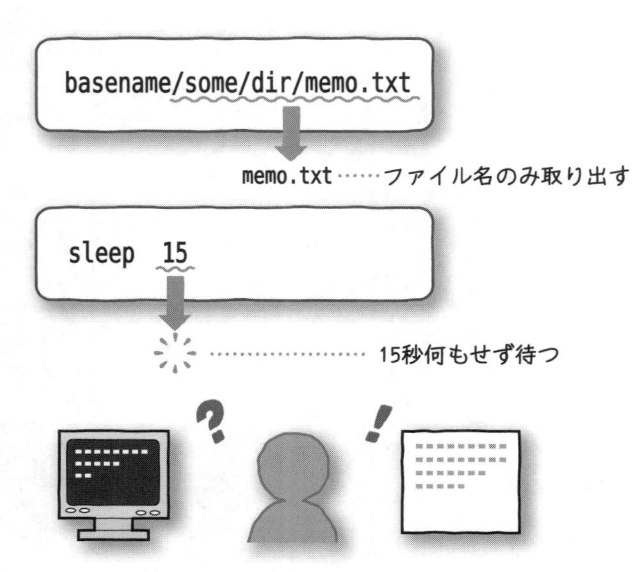
basename/some/dir/memo.txt
memo.txt……ファイル名のみ取り出す
sleep 15
15秒何もせず待つ
?
!
コマンドライン上で実行してもその意味がわからず
シェルスクリプトに記述するからこそ意味を持つコマンドが存在する

expr

Linux (bash)
FreeBSD (sh)
Solaris (sh)
BusyBox (sh)
Debian (dash)
zsh

シェルスクリプトで数値計算を行う

書式 expr 式 ...

例

```
i=`expr "$i" + 1` ……………… シェル変数iの値に1を加える
```

基本事項

exprコマンドは、与えられた式を評価し、その結果を標準出力に出力します。値や演算子はそれぞれ別個の引数として与える必要があります。演算子として、整数値の演算子である+(加算)、-(減算)、*(乗算)、/(除算)、%(剰余)などが使えます。

終了ステータス

exprコマンドの演算結果が「0」でも空文字列でもない場合、終了ステータスは「0」になります。

解説

シェルスクリプトでは、数値の入ったシェル変数に値を加算するなどの演算は、exprコマンドを呼び出すことによって行います。exprコマンドは、演算結果を標準出力に出力するため、冒頭の例のようにexprの出力をコマンド置換で取り込んでシェル変数に代入する使い方が一般的です。この時、exprの各引数は、数値と演算子との間をスペースで区切って、それぞれ別の引数として与えることに注意してください[注1]。

なおSolaris(sh)以外のシェルでは$(( ))を使った算術式展開が使え、さらにbashとzshでは、(( ))を使った算術式の評価も使えるため、exprコマンドを使わなくても数値計算ができてしまいますが、移植性のためにはexprコマンドを使うのが基本です。

exprコマンドの使用例

exprコマンドの使用例を**図A**に示します。図を見ると、直接演算結果を表示する場合も、結果をコマンド置換で取り込んでシェル変数に代入する場合も、正しく計算が行われていることがわかります。なお、乗算の演算子の*は、パス名展開の*とみなされないように\でクォートして*とする必要があります。

注1　コマンド置換については9.3節を参照してください。

図A　exprコマンドの使用例

```
$ expr 3 + 5 ………………………… 3+5を計算
8 ……………………………………… 答が表示される
$ expr 3 - 5 ………………………… 3−5を計算
-2 …………………………………… 答が表示される
$ expr 3 \* 5 ………………………… 3×5を計算（*はクォートして\*とする）
15 …………………………………… 答が表示される
$ expr 32 / 5 ………………………… 32÷5を計算
6 ……………………………………… 答が表示される（小数点以下は切り捨て）
$ expr 32 % 5 ………………………… 32÷5の余りを計算
2 ……………………………………… 答が表示される
$ i=3 ………………………………… シェル変数iに3を代入
$ i=`expr "$i" + 1` ……………… シェル変数iの値に1を加算（結果をコマンド置換で取り込み）
$ echo "$i" ………………………… シェル変数iの値を表示
4 ……………………………………… たしかに4になっている
```

exprコマンドを使った文字列の演算

exprコマンドには、文字列の演算を行う「:」という演算子があり、**図B**のように文字列の一部を取り出すことができます。

「:」演算子は、:の左の項に書かれた文字列の先頭から、:の右の項に書かれた正規表現との一致を試み、一致した文字列のうち\(\)で囲まれた部分の文字列を標準出力に出力します。図Bでは、シェル変数**file**に代入されているファイル名に対して、その3〜5文字目のみを取り出すことと、拡張子のみを取り出すことを実行しています。

図B　exprコマンドを使った文字列の演算

```
$ file='hello.txt' ……………………………… シェル変数fileにファイル名を代入
$ expr "$file" : '..\(...\)' …………… 文字列の3〜5文字目のみを取り出す
llo ……………………………………………………… 3〜5文字目が表示される
$ expr "$file" : '.*\(\..*\)' …………… ファイル名の拡張子部分を取り出す
.txt …………………………………………………… 拡張子のみが表示される
```

参照

算術式の評価 (( )) (p.82)　　算術式展開 $(( )) (p.242)

basename

○ Linux (bash)
○ FreeBSD (sh)
○ Solaris (sh)
○ BusyBox (sh)
○ Debian (dash)
○ zsh

ファイル名からディレクトリ名部分や拡張子を取り除く

basename ファイル名 [拡張子]

```
name=`basename /some/dir/memo.txt` ………………ディレクトリ名を除いた
                                               memo.txtのみnameに代入される
```

基本事項

basenameコマンドは、引数で指定されたファイル名から、先行するディレクトリ名部分を取り除き、/を含まないファイル名のみを標準出力に出力します。引数で拡張子が与えられた場合は、ファイル名からその拡張子が取り除かれます。

終了ステータス

basenameコマンドの終了ステータスは「0」になります。

解説

シェルスクリプト上で各種ファイル名を扱う際に、位置パラメータやシェル変数などに代入されているファイル名から、その先行ディレクトリ名を取り除いたり、拡張子を取り除いたりしたい場合があります。このような時、basenameコマンドを使います。basenameは、その結果のファイル名を標準出力に出力するため、冒頭の例のようにコマンド置換で取り込んで利用するのが普通です[注2]。

basenameの実行例

basenameコマンドの実行例を**図A**に示します。このように、先行ディレクトリ名の除去、拡張子の除去ができることがわかります。

図A　basenameの実行例

```
$ basename /usr/local/bin/myprog ………… myprogの絶対パスを引数にすると
myprog …………………………………………………… 先行ディレクトリ名が除かれmyprogのみが表示される
$ basename picture.jpg .jpg ……………… basenameの第2引数に.jpgを指定すると
picture ………………………………………………… 拡張子の.jpgを除いたファイル名のみが表示される
$ basename /some/dir/index.html .html … 絶対パスのファイル名と拡張子を指定すると
index ……………………………………………………… 先行ディレクトリ名と拡張子の両方が取り除かれ、
                                         indexのみが表示される
```

注2　コマンド置換については9.3節を参照してください。

basenameによる拡張子の変更

リストAは、カレントディレクトリ上にある拡張子**.txt**のファイルすべて(ただし . で始まるファイルを除きます)を**.html**にリネームするシェルスクリプトです。ここでは、わかりやすいように、コマンド置換で取り込んだbasenameの結果をいったんシェル変数nameに代入してから、そのnameをmvコマンドの引数として利用しています。

リストA **ファイルのリネーム**

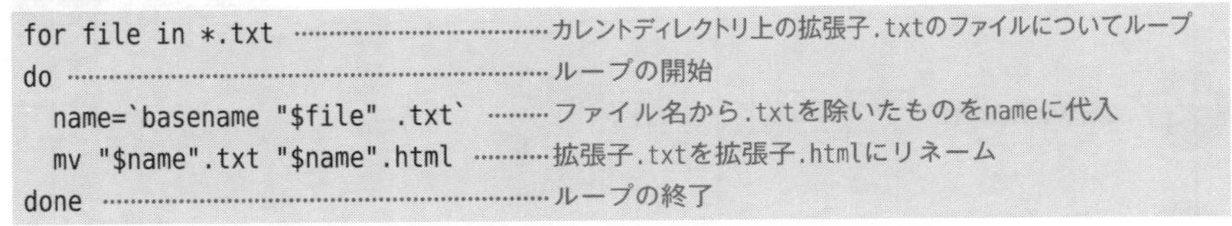

```
for file in *.txt ············カレントディレクトリ上の拡張子.txtのファイルについてループ
do ···························ループの開始
  name=`basename "$file" .txt` ·····ファイル名から.txtを除いたものをnameに代入
  mv "$name".txt "$name".html ······拡張子.txtを拡張子.htmlにリネーム
done ·························ループの終了
```

Memo

- basenameとは逆に、先行ディレクトリ名のみを取り出すdirnameというコマンドがあります。
- Solaris(sh)以外のシェルでは、${name##*/}というパラメータ展開で、basenameに近い処理を行うことができます。

参照

dirname(p.277)　　${パラメータ#パターン}と${パラメータ##パターン}(p.203)

dirname

Linux (bash) / FreeBSD (sh) / Solaris (sh) / BusyBox (sh) / Debian (dash) / zsh

ファイル名から そのディレクトリ名部分のみを取り出す

書式 **dirname** [ファイル名]

```
name=`dirname /some/dir/memo.txt` ……basename部分を除いた/some/dirのみがnameに代入される
```

基本事項

dirnameコマンドは、引数で指定された[ファイル名]から、先行するディレクトリ名部分のみを標準出力に出力します。引数の[ファイル名]が/を含んでいない場合は、カレントディレクトリを表す「.」を出力します。

終了ステータス

dirnameコマンドの終了ステータスは「0」になります。

解説

dirnameコマンドは、basenameコマンドとは対照的に、先行するディレクトリ名部分を取り出します。これは、位置パラメータやシェル変数などに代入されている絶対パスのファイル名から、そのディレクトリ名部分を取り出したい場合に使います。dirnameは、その結果を標準出力に出力するため、冒頭の例のようにコマンド置換で取り込んで利用するのが普通です[注3]。

dirnameの実行例

dirnameコマンドの実行例を**図A**に示します。このように、先行ディレクトリ名が取り出せていることがわかります。

図A　先行ディレクトリ名の取り出し

```
$ dirname /usr/local/bin/myprog ……myprogの絶対パスを引数にすると
/usr/local/bin ……先行ディレクトリ名のみが表示される
$ dirname picture.jpg ……/を含まない、カレントディレクトリのファイル名の場合
. ……カレントディレクトリを表す.が表示される
```

注3　コマンド置換については9.3節を参照してください。

dirnameによる拡張子の変更

リストAは、絶対パスで指定した複数のディレクトリ上にある拡張子**.txt**のファイルすべて(ただし.で始まるファイルを除きます)を**.html**にリネームするシェルスクリプトです。ここで拡張子を取り除く処理にはbasenameコマンドを利用していますが、その際に先行ディレクトリ名も取り除かれてしまうため、先行ディレクトリ名を別途dirnameでシェル変数dirに取り込んでいます。dirの値はmvコマンドの引数上で利用し、これによって目的のリネームが行えます。

リストA ファイルのリネーム

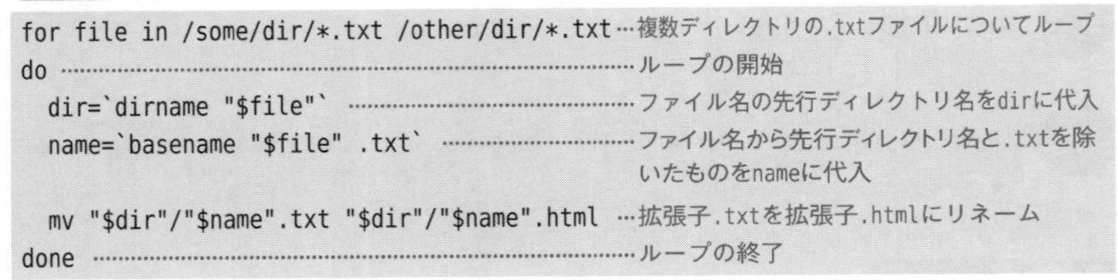

```
for file in /some/dir/*.txt /other/dir/*.txt …複数ディレクトリの.txtファイルについてループ
do ……………………………………………………………………………ループの開始
  dir=`dirname "$file"` ……………………………………ファイル名の先行ディレクトリ名をdirに代入
  name=`basename "$file" .txt` ……………………………ファイル名から先行ディレクトリ名と.txtを除
                                                  いたものをnameに代入
  mv "$dir"/"$name".txt "$dir"/"$name".html …拡張子.txtを拡張子.htmlにリネーム
done ……………………………………………………………………………ループの終了
```

Memo

- Solaris(sh)以外のシェルでは、${name%/*} というパラメータ展開で、dirnameに近い処理を行うことができます。
- dirnameコマンドのバージョンによっては、引数のファイルを複数指定できます。その場合、それぞれのディレクトリ名は1行ずつ表示されます。

参照

basename(p.275)　　${パラメータ%パターン}と${パラメータ%%パターン}(p.205)

cat

- Linux (bash)
- FreeBSD (sh)
- Solaris (sh)
- BusyBox (sh)
- Debian (dash)
- zsh

ファイルを連結し標準出力に出力する

書式 cat [ファイル ...]

例

```
var=`cat file` ……………………fileの内容をシェル変数varに取り込む
```

基本事項

catコマンドは、引数に指定したファイル名を順に**連結**し、標準出力に出力します。引数にファイル名を指定しなかった場合、またはファイル名が-の場合は、標準入力を読み込みます。

終了ステータス

指定のファイルが読み込めないなどのエラーが発生しないかぎり、終了ステータスは「0」になります。

解説

catコマンドは、本来は複数のファイルを連結するコマンドです。しかし、実際には1つのファイルを標準出力に出力するだけの目的で、つまり、単にファイルの内容を表示するために使われることが多いでしょう。シェルスクリプト上では、コマンド置換を使って、ファイルの内容をシェル変数に読み込む際にcatコマンドが利用されます[注4]。

ファイルの内容をシェル変数に読み込む

コマンド置換でcatコマンドの出力を取り込み、シェル変数に代入している例を**図A**に示します。シェル変数の値を表示すると、改行も含めてファイル内容がそのままシェル変数に取り込めていることがわかります。

図A ファイルの内容をシェル変数に読み込む

IPアドレスとホスト名を関連づける設定ファイル

```
$ var=`cat /etc/hosts` ……………………/etc/hostsの内容をシェル変数varに代入
$ echo "$var" ……………………シェル変数varの内容を表示
127.0.0.1       localhost localhost.localdomain ……/etc/hostsの内容が表示される
192.168.1.23    myhost myhost.localdomain
```

Memo

- bashまたはzshでは、コマンド置換の際に`< file`または$(< file)と記述して、catコマンドを使わずにファイルの内容をシェル変数やコマンドの引数に取り込むことができます。

注4　コマンド置換については9.3節を参照してください。catコマンドには、行番号を付加する-nオプションほか、いくつかのファイル加工のためのオプションも存在します。

sleep

Linux (bash) / FreeBSD (sh) / Solaris (sh) / BusyBox (sh) / Debian (dash) / zsh

一定時間待つ

sleep 秒数

例

```
sleep 15 ……15秒間待つ
```

基本事項

sleepコマンドは、引数に指定した秒数だけ待ってから、sleepコマンドを終了します。

終了ステータス

引数の指定に誤りがないかぎり、終了ステータスは「0」になります。

解説

sleepコマンドは、何もせずに単に一定時間だけ待つコマンドです。コマンド起動のタイミング待ちのためにsleepコマンドを挿入したり、ループ中で使用して一定時間ごとに何らかの動作を行うといった使い方ができます。

一定時間ごとにコマンドを実行

リストAは、while文のループ中にsleepコマンドを使い、1分おきにdfコマンドを実行して、ディスクの使用量を表示するようにしたシェルスクリプトです。sleepコマンドの引数の「60」の値を変えれば表示間隔を変更できます。

リストA 1分おきにディスク使用量をチェック

```
while : ……while文による無限ループ
do ……ループの開始
  df ……dfコマンドでディスク使用量を表示
  sleep 60 ……sleepコマンドで60秒間待つ
done ……ループの終了
```

Memo

● sleepコマンドのバージョンによっては、引数にs(秒)、m(分)、h(時間)、d(日)などの単位を付けたり、秒数などの数値に小数を使用して「sleep 0.1」(0.1秒待つ)のような指定が可能な場合があります。

参照

while文(p.64)

一般コマンド

○ Linux (bash)
○ FreeBSD (sh)
○ Solaris (sh)
○ BusyBox (sh)
○ Debian (dash)
○ zsh

よく使う一般コマンド

解説

そのほか、シェルスクリプトではさまざまなコマンドが使用されますが、中でも比較的よく使用され、Linux／FreeBSD／Solaris／BusyBoxで共通して使用できるものを**表A**にまとめます。どれもUNIXの基本コマンドですが、詳しいコマンドの仕様やオプションなどについては、それぞれのオンラインマニュアルを参照してください。

続けて、表Aのコマンドからいくつか取り上げて、書式と使用例を紹介しておきます。

表A　よく使う一般コマンド

コマンド	概要
ls	ファイルの一覧表示
cp	ファイルのコピー
mv	ファイルの移動またはリネーム
ln	ファイルのハードリンクまたはシンボリックリンク
rm	ファイルの削除
mkdir	ディレクトリの作成
rmdir	ディレクトリの削除
touch	ファイルの作成とタイムスタンプの更新
chmod	ファイルの属性(パーミッション)の変更
cmp	ファイルの比較
diff	ファイルの差分の抽出
date	日付と時刻の表示
wc	ファイルの行数、単語数、文字数の表示
head	ファイルの先頭部分の取り出し
tail	ファイルの末尾部分の取り出し
grep	ファイルから指定の文字列を含む行の抽出
sed	正規表現による文字列の置換など
awk	各種文字列処理ができるスクリプト言語
find	一定の条件のファイルの検索
xargs	標準入力を引数に取り込んでコマンドを起動

grep

ファイルから特定の文字列を含む行を抜き出す

grep [- オプション] パターン [ファイル ...]

grepコマンドは、引数で指定したファイルからパターンが含まれる行のみを取り出し、標準出力に出力します。**図A**は指定の文字列を含む行を取り出す例です。ファイルの指定を省略すると、標準入力からの入力になります。ファイルまたは標準入力中にパターンが含まれる行が存在した場合、grepコマンドの終了ステータスが「0」になるため、これをシェルスクリプトのif文などでの条件判断に利用できます。

図A resolv.confからnameserverを含む行を取り出す

DNSサーバの設定ファイル

```
$ grep nameserver /etc/resolv.conf ······ resolv.confのnameserverの行を取り出す
nameserver 192.168.10.1 ················· nameserverを含む行が表示される
```

wc

ファイルの行数／単語数／ファイルサイズを表示する

wc [-lwc] [ファイル ...]

wcコマンドを実行すると、引数で指定したファイルの行数、単語数、ファイルサイズを左から順に並べて標準出力に表示します。ファイルの指定を省略すると、標準入力からの入力になります。-l、-w、-cオプションを指定して、それぞれ行数、単語数、ファイルサイズのみを単独で表示させることもできます(**図B**)。

図B ファイルの行数、単語数、ファイルサイズを表示

```
$ wc memo.txt ··························· memo.txtのファイルの行数、単語数、ファイルサイズを表示させる
    66     915    6804 memo.txt ········· 66行、915単語、6804バイトのファイルであることがわかる
$ wc -c memo.txt ························ -cオプションを付けると
  6804 memo.txt ························· ファイルサイズのみが表示される
```

head

ファイルの先頭から指定の行数だけを取り出す

 **head** [-行数] [ファイル ...]

headコマンドを実行すると指定したファイルの先頭から、引数で指定した行数だけを取り出し、標準出力に出力します(**図C**)。ファイルの指定を省略すると、標準入力からの入力になります。行数を省略した場合は10行を指定したものとみなされます。

図C　ファイルの先頭から5行のみを取り出す

```
$ head -5 progressbar ········· progressbarというシェルスクリプトの先頭の5行を取り出す
#!/bin/sh ····················· 1行目
               ◀··············· 2行目
ECHO='echo -e' ················ 3行目
case `$ECHO` in ··············· 4行目
  -e) ························· 5行目
```

tail

ファイルの末尾から指定の行数だけを取り出す

 **tail** [-行数] [ファイル ...]

tailコマンドを実行すると指定したファイルの末尾から引数で指定した行数だけを取り出し、標準出力に出力します(**図D**)。ファイルの指定を省略すると、標準入力からの入力になります。行数を省略した場合は10行を指定したものとみなされます。

図D　ファイルの末尾の5行のみを取り出す

```
$ tail -5 progressbar ········· progressbarというシェルスクリプトの末尾の5行を取り出す
  print_bar "$i" ·············· ファイルの末尾から5行目
  i=`expr "$i" + 1` ··········· ファイルの末尾から4行目
  sleep 1 ····················· ファイルの末尾から3行目
done ·························· ファイルの末尾から2行目
echo ·························· ファイルの最終行
```

12 3 一般コマンド

touch

ファイルの更新時刻を更新する

touch [-オプション] ファイル ...

touchコマンドを実行すると、引数で指定したファイルの更新時刻(タイムスタンプ)が現在の時刻に更新されます(**図E**)。引数で指定したファイルが存在しない場合は、その名前の**サイズゼロ**のファイルが作成されます。

図E ファイル更新時刻を更新する

```
$ ls -l memo.txt ……………………………… lsコマンドでmemo.txtの更新時刻を表示
-rw-r-----   1 guest    user       13668 Jan 16 07:23 memo.txt ……
                                                   更新時刻が表示される
$ touch memo.txt ……………………………… touchコマンドでmemo.txtの更新時刻を更新
$ ls -l memo.txt ……………………………… 再度lsコマンドでmemo.txtの更新時刻を表示
-rw-r-----   1 guest    user       13668 Jan 16 21:23 memo.txt ……
                                                   更新時刻が現在の時刻になる
$ date …………………………………………………… 念のため現在の時刻を表示
Sat Jan 16 21:23:32 JST 2038
```

sed

ファイルの中の文字列を置換する

sed [-オプション] プログラム [ファイル ...]

sedコマンドは、引数で指定したファイルに対しプログラムで指定した置換などの処理を施し、その結果を標準出力に出力します(**図F**)。引数のファイルを省略した場合は標準入力からの入力になります。sedのプログラムの詳細についてはsedのオンラインマニュアルを参照してください。

図F 文字列を置換する

```
$ sed 's/January/February/g' old.txt > new.txt ……old.txtの中のJanuaryという文字列を
                                                 Februaryに置換して、new.txtに書き込む
```

>第13章
配列

シェル上での配列

シェルスクリプトの処理によっては、変数として**配列**を使いたくなるような場面もあるでしょう（**図A**）。bashではシェル変数として配列を使用することができます。一方、bash以外の、配列が使用できないシェルでも、`eval`コマンドを使って配列に近い動作をさせることができます。本章では、これらをまとめて、シェル上で配列を扱う方法について解説します。

図A　配列week[]を使って曜日名を求める

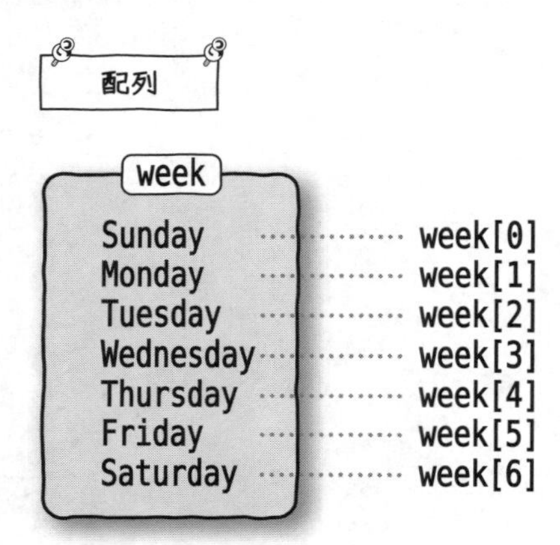

配列への代入と参照

Linux (bash)：○
FreeBSD (sh)：×
Solaris (sh)：×
BusyBox (sh)：×
Debian (dash)：×
zsh：○

bashやzshではシェル変数として配列も扱える

配列名[添字]=値

${配列名[添字]}

```
array[3]='hello world' ………………arrayという配列の添字3の要素にメッセージを代入
echo "${array[3]}" ………………………arrayの添字3に代入されている値を表示
```

基本事項

冒頭の書式のように、シェル変数名を配列名とし、その右側に[添字]を付けることにより、**配列**を扱うことができます。添字は「0」以上の整数です。添字は算術式とみなされ、添字にシェル変数が使用される場合、その頭に$記号を付ける必要はありません。

配列の値を参照する場合は、$の後の配列名と添字を必ず{ }で囲みます[注1]。

ただしzshの場合は、添字は「1」以上の整数になり、配列の値の参照の際に配列名と添字を{ }で囲まなくてもかまいません。

解説

bashまたはzshでは冒頭のような形式の配列が使えるため、シェルスクリプト上で配列を使用する必要が生じた場合に便利です。ただし、移植性の点ではevalコマンドを使って疑似的に配列を扱うようにしたほうがよいでしょう[注2]。

配列の添字のシェル変数の頭の$は省略できるため、より直感的な記述ができますが、配列の参照時にはbashでは必ず{ }を付けて、${array[i]}のような形式にする必要があるため、記述はやや繁雑になります。さらに、通常のシェル変数と同様、展開された配列の値がさらに単語分割やパス名展開されるのを避けるため、ダブルクォートで囲んで"${array[i]}"と記述するのが基本になります。

配列への代入と参照の例

実際に配列に値を代入し、参照して表示している様子を**図A**に示します。このように、配列の添字は数字を直接記述するほか、添字をシェル変数にしたり、数式にしたりすることもでき、いずれも正しく代入と参照が行われていることがわかります。

注1　シェル変数の代入と参照の項(p.165)も合わせて参照してください。
注2　詳しくは「bashやzsh以外のシェルで配列を使う方法」(p.291)を参照してください。

図A 配列への代入と参照の例

```
$ array[2]=two ······························配列arrayの要素2に、twoという文字列を代入
$ echo "${array[2]}" ························配列arrayの要素2を参照してechoで表示
two ·········································たしかにtwoと表示される
$ i=5 ·······································シェル変数iに5を代入
$ array[i]=five ·····························配列arrayの要素iに、fiveという文字列を代入
$ echo "${array[i]}" ························配列arrayの要素iを参照してechoで表示
five ········································たしかにfiveと表示される
$ echo "${array[i-3]}" ······················添字をi-3にすると
two ·········································たしかにtwoと表示される
```

Memo

● zshでは、「set -o KSH_ARRAYS」を実行することにより配列の添字をbashと同様に「0」から始めるようにすることができます。ただしこの設定により、配列の参照についてもbashと同様に{ }を付けて${array[i]}としなければならなくなります。

参照

シェル変数の代入と参照(p.165)
ダブルクォート" "(p.215)
bashやzsh以外のシェルで配列を使う方法(p.291)

配列の一括代入と一括参照

○ Linux (bash)
× FreeBSD (sh)
× Solaris (sh)
× BusyBox (sh)
× Debian (dash)
○ zsh

配列のすべての要素について値を一括代入したり一括参照したりできる

書式

一括代入　配列名=([値1 …])

一括参照　${配列名[@]}

例

```
array=(one two three) …array[0] array[1] array[2]にそれぞれone two threeを代入
echo "${array[@]}" ………arrayのすべての要素を一括して表示
```

基本事項

冒頭の一括代入の書式のように記述すると、配列の**要素0**から順に値が一括して代入されます。冒頭の一括参照の書式では、配列の**すべての要素**が一括して参照されます。

ただしzshの場合は、配列の要素1から順に代入されます。

解説

配列を使用する際、配列の各要素に初期値を代入するには、一括代入の書式が便利です。また、配列のすべての値を一括して参照することも可能であり、この書式はすべての位置パラメータを参照する特殊パラメータ"$@"に類似しています。参照時には"$@"と同様にダブルクォートで囲んで"${array[@]}"の形にし、単語分割やパス名展開を避けるのが基本です。

なお、現在配列に代入されている要素の数は${#array[@]}として参照できます。

一括代入と一括参照の例

配列に値を一括代入し、一括参照している例を**図A**に示します。このように配列を設定しておけば、0〜6までの範囲の値が代入されたシェル変数todayを使って、配列weekから曜日名を参照できます。

なお、配列への一括代入の際に「week=([0]=Sunday [1]=Monday)」のように明示的に添字を指定することもできます。この場合、添字は順不同に並べてよく、途中の番号が飛んでいてもかまいません。

図A 一括代入と一括参照の例

```
$ week=(Sunday Monday Tuesday Wednesday Thursday Friday Saturday) ……
                                                    配列weekに曜日名を一括代入
$ echo "${week[@]}" ……………………………………………………配列weekのすべての値を一括表示
Sunday Monday Tuesday Wednesday Thursday Friday Saturday ……すべての曜日が表示される
$ today=3 ………………………………………………………………シェル変数todayに3を代入
$ echo "${week[today]}" ……………………………………シェル変数todayを添字として配列weekを参照
Wednesday ……………………………………………………………たしかにWednesdayと表示される
```

配列の削除

配列は、シェル変数と同様にunsetして削除することができます。unsetは、配列全体に対しても、配列中の個別の要素に対しても行えます。

図Bは、配列の要素および配列全体をunsetしている例です。図B❶のunsetコマンドの引数では、week[1]の[1]の部分が、パス名展開であると解釈されないように全体をシングルクォート(' ')で囲んでいます。これを忘れると、もしもカレントディレクトリに「week1」という名前のファイルが存在した場合に、week[1]がweek1とパス名展開されてしまいます。

同様に、図B❷のweek[today]についてもシングルクォートで囲みます。配列の添字のシェル変数todayは、変数名のままunsetコマンドに渡されますが、これでかまいません。

図B❸のように、配列名を引数にしてunsetを実行すれば配列自体が削除されます。

配列から配列への一括代入

ある配列の内容をそのまま別の配列に一括代入したい場合は、配列の一括代入の書式の右辺の( )の中に、配列の一括参照の"${array[@]}"の書式をダブルクォートつきで用います。具体的には**図C**のようになり、ここでは配列arrayの値を一括して配列saveに代入しています。代入後の配列の値をechoで表示して、不要な単語分割やパス名展開が行われていないことが確認できます。

図B　配列の削除

```
$ week=(Sunday Monday Tuesday Wednesday Thursday Friday Saturday) ……
                                                        配列weekをセット
$ unset 'week[1]' ……………………………………❶week[1]の要素のみ削除
$ echo "${week[@]}" ……………………………配列weekを一括表示すると
Sunday Tuesday Wednesday Thursday Friday Saturday ……たしかにMondayが削除されている
$ today=4 ……………………………………………シェル変数todayに4を代入
$ unset 'week[today]' ……………………❷week[today]の要素を削除
$ echo "${week[@]}" ……………………………再度配列weekを一括表示すると
Sunday Tuesday Wednesday Friday Saturday ……たしかにThursdayが削除された
$ unset week ………………………………………❸配列week自体を削除
$ echo "${week[@]}" ……………………………配列weekを一括表示すると
                    ◀……………………………何も表示されない
```

図C　配列から配列への一括代入

```
$ array=('Hello World' '*' '???') ……配列arrayに適当な値を代入
$ echo "${array[@]}" ……………………配列arrayの内容を一括表示する
Hello World * ??? ………………………値が正しいことを確認(単語分割・パス名展開は回避)
$ save=("${array[@]}") ……………………配列arrayの内容を配列saveに一括代入
$ echo "${save[@]}" ……………………配列saveの内容を一括表示する
Hello World * ??? ………………………値が正しいことを確認(単語分割・パス名展開は回避)
```

参照

特殊パラメータ"$@"(p.173)　unset(p.134)

bashやzsh以外のシェルで配列を使う方法

- Linux (bash)
- FreeBSD (sh)
- Solaris (sh)
- BusyBox (sh)
- Debian (dash)
- zsh

bashやzsh以外のシェルでもevalコマンドを用いて配列と同様の処理ができる

解説

配列の機能を備えていないシェルにおいても、配列の添字を変数名の一部に含ませることにより、通常のシェル変数だけで配列と同様の処理を行えます。ここで、添字が別のシェル変数に格納されている場合、その添字をパラメータ展開した結果を変数名の一部に取り込んだ上で、再度evalコマンドで解釈して動作を行う必要があります。evalコマンドを使用するため、変数の値をクォートする際には、その解釈が2回行われることに注意する必要があり、その記述は複雑になります。しかし、evalを使って配列を実現しておけば、bashやzsh以外のシェルでも動作する、移植性の高いシェルスクリプトになります。

evalを使った配列への代入と参照

evalを使って配列と同様に代入と参照を行っている例を**図A**に示します。ここでは、week[]という配列を表現するために、week_0〜week_6までの変数名のシェル変数を配列とみなして使用します。わかりやすいようにweekと添字の間にアンダースコア(_)を入れてありますが、これはなくてもかまいません。ここで、week[2]のように、添字が定数の配列要素については、単にweek_2として代入や参照ができます。

week[today]のように、添字がシェル変数の場合にはevalを使います。**図A❶**の「eval echo \"\$week_$today\"」は、1回解釈されて「echo "$week_3"」となり、これが再度解釈されて実質的にweek[3]の値が表示されます。ここで、weekの頭の$は、1回目には解釈されないよう、\$としています。さらに、1回解釈された状態でダブルクォートが残るよう、全体を\"と\"で囲んでいることに注意してください。

次の図A❷「eval week_$today=\''W E D'\'」の部分は、1回解釈されて「week_3='W E D'」となり、2回目の解釈でweek_3に文字列が代入されます。「W E D」という文字列にはスペースが含まれるため、1回目の解釈を避けるためにシングルクォートで囲んで「'W E D'」としたものを、さらに2回目の解釈を避けるために\' \'で囲んで「\''W E D'\'」としています。

for文を使った配列への一括代入

前述のweekの配列に曜日名を代入する部分を、for文を使って記述すると**リストA**のようになります。ループ中、「eval week_$i='$day'」の部分は、たとえば、iの値が「0」ならば、1回解釈されて「week_0=$day」となります。ここで、シェル変数dayの値は、参照と同時に代入を行っているため、これ以上パス名展開などは行われず、さらにダブルクォートで囲む必要はありません。

図A evalを使った配列への代入と参照

```
$ week_0=Sunday week_1=Monday week_2=Tuesday ········ week_0からweek_6までに値を代入
$ week_3=Wednesday week_4=Thursday
$ week_5=Friday week_6=Saturday
$ echo "$week_2" ······························ week[2]などはweek_2として参照すればよい
Tuesday ······································· 正しく表示される
$ today=3 ····································· シェル変数todayに3を代入
$ eval echo \"\$week_$today\" ················· ❶week[today]はevalを使ってこのように参照する
Wednesday ····································· たしかにWednesdayと表示される
$ eval week_$today=\''W E D'\' ················ ❷week[today]='W E D'に相当する代入を実行
$ eval echo \"\$week_$today\" ················· 再びweek[today]を参照
W E D ········································· スペースも含め、正しく表示される
```

リストA for文を使った配列への一括代入

```
i=0 ··········································· シェル変数iに0を代入
for day in Sunday Monday Tuesday Wednesday Thursday Friday Saturday ·····
                                                配列に代入する値の分だけfor文でループ
do ············································ ループの開始
  eval week_$i='$day' ························· week[i]=$dayに相当する代入を実行
  i=`expr "$i" + 1` ··························· シェル変数iに1を加える
done ·········································· ループの終了
```

参照

eval(p.100)

>第14章 シェルスクリプトのノウハウ&定石

クォートのネスティングパズル

Linux (bash)
FreeBSD (sh)
Solaris (sh)
BusyBox (sh)
Debian (dash)
zsh

シェル上では、*、$、<、>、スペース、改行など、多数の記号が特殊な意味を持ちます。これらの特殊な意味を打ち消し、単なる文字として使用したい場合には**クォート**を用います。しかし、evalコマンドを使用した場合などのように、シェルによる解釈が2回以上行われることもあります。2回以上の解釈に耐えるクォートは、ある意味パズルのように複雑になります。本項では、複数回の解釈が行われても問題のないクォート方法や、その関連事項について解説します。

3回の解釈に耐えるためのクォート

表Aは、特殊な記号を含む文字列を、1〜3回まで解釈されても元の文字列になるように、クォートを付ける方法をまとめたものです。実際にシェル上で解釈させるために、echoコマンドとevalコマンドも、文字列の欄に含めて書いています。元の文字列には、$や*や[ ]などが含まれており、クォートがないとパラメータ展開やパス名展開が行われ、意図しない文字列に変わってしまいます。

まず、1回の解釈に耐えるためには、文字列全体をシングルクォート(' ')で囲めばOKです。表Aの1回解釈の例のようにechoコマンドを実行すれば、1回の解釈によってシングルクォートが取り除かれ、その中身の文字列がそのまま表示されます。なお、文字列中に普通の文字としてのシングルクォートがある場合については後述します。

2回の解釈に耐えるには、文字列全体をシングルクォート(' ')で囲んだものを、さらに\' \'で囲みます。表Aのようにeval echoを実行すると解釈が計2回行われ、1回目の解釈で内側の' 'が取り除かれると同時に外側の\' \'が単なる' 'に変わり、2回目の解釈でこの' 'が取り除かれて元の文字列になります。

さらに、3回の解釈に耐えるには、つまり表Aのようにeval eval echoに耐えるには、2回の解釈に耐える文字列の外側をさらに\\\' \\\'で囲みます。\\\'は、「\\」と「\'」を並べたものであり、1回解釈を行うとそれぞれ「\」と「'」になるため、結果として\'になります。よって、文字列全体は1回の解釈によって、表Aの2回解釈の文字列と同じものになるため、合計3回の解釈に耐えられるのです。

表A　解釈回数とそれに耐えるクォート

解釈回数	文字列の例
元の文字列	`$$ $012 *[Hello]* *[World]* $321 $?`
1回解釈	`echo '$$ $012 *[Hello]* *[World]* $321 $?'`
2回解釈	`eval echo \''$$ $012 *[Hello]* *[World]* $321 $?'\'`
3回解釈	`eval eval echo \\\'\''$$ $012 *[Hello]* *[World]* $321 $?'\'\\\'`

文字列中にシングルクォートがある場合

どのような文字列でも、基本的にはシングルクォート(' ')で囲んでおけば解釈は避けられます。ただし、シングルクォート自身は例外で、文字列中にシングルクォートがあると、このシングルクォートによってクォートが閉じてしまいます。

このような場合は、**リストA**のように、いったんシングルクォートを閉じてから、シングルクォート単体を\でクォートして並べ、その直後に再びシングルクォートで囲まれた文字列を続けます。これは、形式的に「シングルクォート中の'は'\''と記述する」と覚えておくとよいでしょう。

文字列中にパラメータ展開を含ませたい場合

すでにシングルクォートでクォートしている文字列中で、一部のみシェル変数の参照などのパラメータ展開を行わせたいことがあります。このような場合、簡単な方法としてはシングルクォートをダブルクォートに変更すればよいでしょう。しかし、全体をダブルクォートに変更したのでは、パラメータ展開ではない$や、コマンド置換の`が解釈されてしまう可能性があります。

そこで、**リストB**のように、本当にパラメータ展開したい部分のみを" "で囲み、それ以外の部分は元通り' 'で囲んだままにするのがよいでしょう。つまり、シングルクォートの途中でクォートをいったん閉じ、その直後にダブルクォートで囲まれたパラメータ展開を続け、その直後に再びシングルクォートを続けます。これは、形式的には「シングルクォート中のパラメータ展開は'"$[パラメータ]"'と記述する」と覚えるとよいでしょう。

リストA シングルクォートを含む文字列のクォート方法

```
echo '<< I don'\''t know. >>'  ……いったんシングルクォートを閉じて\'を挿入
```

リストB 文字列中でパラメータ展開する方法

```
echo '< hello '"$USER"' hello >'  ……いったんシングルクォートを閉じて"$USER"を挿入
```

参照

eval(p.100)　シングルクォート' '(p.213)　バックスラッシュ\(p.217)
ダブルクォート" "(p.215)

if文の代わりに&&や||を使う

- ○ Linux (bash)
- ○ FreeBSD (sh)
- ○ Solaris (sh)
- ○ BusyBox (sh)
- ○ Debian (dash)
- ○ zsh

簡単なif文の構造は、if文を使わずに&&リストや||リストで表現できます。たとえば、以下のような記述です。

❶ `cmp -s file1 file2 && ln -sf file1 file2` ……… file1とfile2の内容が同じなら、シンボリックリンクにする

❷ `[ -f file ] || exit 1` ……… fileが存在しなければエラーで終了する

ここで&&リストや||リストの右側のリストにグループコマンドの{ }を使えば、条件成立時に複数のコマンドを実行することができます。

さらに、次のように工夫することによって、if文のelseの構造を表現することも可能です。

elseを含むif文の構造を表現

&&リストと||リストを使ってelseを含むif文の構造を表現した記述例を**リストA**に示します。このように、testコマンドなどの条件判断のためのコマンドとグループコマンドの{ }とを&&リストでつなぎ、{ }の中に条件が「真」の場合に実行するコマンドを記述します。この時、{ }内の最後のコマンドとして必ず:コマンドを実行して終了ステータスが「真」になるようにします。

そのあと、||リストで別の{ }とつなげば、この{ }がelseの条件で実行されるようになります。なお、上記の:コマンドがないと、testコマンドの結果が真の場合に実行される「command_a」の終了ステータスが偽だった場合に、誤ってelseの部分の{ }まで実行されてしまうため、注意してください。

リストA elseを含むif文の構造を表現

```
[ "$i" -lt 10 ] && { ……… testコマンドの結果が真ならば&&リストの右側の{ }を実行
  echo 'iの値は10未満です' ……… 条件が真の場合のメッセージを表示
  command_a ……… ここに実行したいコマンドを書く
  : ……… 終了ステータスを真にするため、{ }の最後に:コマンドを実行しておく
} || { ……… ||リストを使ってelseの意味を表現
  echo 'iの値は10以上です' ……… 最初の条件が偽の場合のメッセージを表示
  command_b ……… ここに実行したいコマンドを書く
} ……… elseのグループコマンドの終了
```

参照

&&リスト(p.37)　||リスト(p.39)　グループコマンド(p.75)　:コマンド(p.89)

do〜while構造の実現

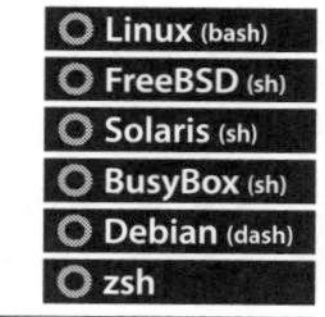

シェルスクリプトでループを実現する構文にはfor文とwhile文がありますが、このうち、一定の条件が満たされているかぎりループするのはwhile文です。while文の条件チェックは、1回目のループよりも前に行われるため、while文の開始直前にループの条件が満たされていなかった場合は、ループは1回も実行されません。

しかし、場合によっては「まず1回ループの中身を実行し、その結果によってループを継続するかどうか判断したい」こともあります。このような構文は、C言語ではdo〜while文として存在します。シェルスクリプトでも、次のような方法でdo〜while文と同様の構造を実現できます。

通常のwhile文

まずは普通のwhile文の例です。**リストA**は、シェル変数iに保持されている「1、2、3…」と順に増加する整数を、シェル変数sumにどんどん加算して行き、sumの値がはじめて「100」以上になった時にループを終了するというものです。実際に実行すると「i=14」「sum=105」になるはずです。

このwhile文では、はじめに「sum=0」と初期化しているにもかかわらず、その直後にwhile文のtestコマンドによってsumが「100」未満かどうかのチェックが行われます。これは真であることが明らかであるため、無駄なチェックをしていることになります。

リストA 通常のwhile文での記述

```
i=0 ·····································シェル変数iの値を0に初期化
sum=0 ···································シェル変数sumの値を0に初期化
while [ "$sum" -lt 100 ] ················sumの値が100未満であるかぎりループ
do ······································ループの開始
  i=`expr "$i" + 1` ·····················iの値に1を加算する
  sum=`expr "$sum" + "$i"` ··············sumの値にiの値を加算する
done ····································ループの終了

echo 'i='"$i" ···························シェル変数iの値を表示
echo 'sum='"$sum" ·······················シェル変数sumの値を表示
```

do〜while構造を記述したwhile文

リストAをdo〜while構造を記述したwhile文で書き直すと**リストB**のようになります。このように、while文の文法では、whileの直後も、doの直後も、記述するのは「リスト」であり、リストは複数のパイプラインの集まりであるため、結局whileの後に複数のコマンドを記述できます。すなわち、実質的に「while〜doの間でループを記述してもかまわない」のです。この場合、リストの終了ステータスはリスト中の最後のパイプライン、つまり「最後のコマンドの終了ステータス」になるため、結局、最後に記述したtestコマンドの終了ステータスによってループを続行するかどうかが判断されます。また、本来のwhile文でループを記述するべきdo〜doneの間は、何も実行する必要がないため、:コマンドを記述するのみにします。

このようにdo〜while構造を実現したリストBでは「sum=0」と代入したあと、リストAとは違って条件がチェックされずに1回目のループ内容が実行され、最後にtestコマンドでループ条件を判断するため、無駄がなくなります。

リストB do〜while構造を記述したwhile文

```
i=0 ·········································シェル変数iの値を0に初期化
sum=0 ·······································シェル変数sumの値を0に初期化
while ·······································do〜while風ループの開始
  i=`expr "$i" + 1` ·························iの値に1を加算する
  sum=`expr "$sum" + "$i"` ··················sumの値にiの値を加算する
  [ "$sum" -lt 100 ] ························sumの値が100未満であるかぎりループ
do :; done ··································do〜while風ループの終了
                                              (本来のループ内は:コマンド)
echo 'i='"$i" ·······························シェル変数iの値を表示
echo 'sum='"$sum" ···························シェル変数sumの値を表示
```

Memo

- FreeBSD(sh)またはzshではdoとdoneの間にリストがなくてもかまわないため、「do :; done」の代わりに「do done」と記述することもできます。

参照
while文(p.64)　:コマンド(p.89)

すべての引数について ループする

Linux (bash)
FreeBSD (sh)
Solaris (sh)
BusyBox (sh)
Debian (dash)
zsh

シェルスクリプトの起動時に、シェルスクリプトに付けられていた各引数すべてについてループしながら一定の処理を行いたいことがよくあります。本項では、すべての引数についてループする方法について解説します。

for文を使う方法

すべての引数についてループするには、for文を使うのが基本です。**リストA**のように「for 変数名」の後に「in "$@"」と書けば、すべての位置パラメータがそのままfor文で使用されます(set -uの環境も考慮する場合は「in ${1+"$@"}」または「in ${@+"$@"}」とします)。なお、「in "$@"」は省略可能で、単に「for 変数名」だけを記述してもかまいません。

ループ中では、現在の引数が指定したシェル変数であるargに入っているため、ループの中で"$arg"を使って目的のコマンドを記述します。

for文を使う方法は単純明快ですが、ループ中でさらに次の引数を参照することができません(その場合は後述のwhile文を使う必要があります)。なお、for文によるループでは、ループ終了後も位置パラメータの値はそのままの状態で残ります。

while文を使う方法

すべての引数についてwhile文でループするには、**リストB**のようにします。while文では、位置パラメータの個数の入った特殊パラメータ$#を参照して、この値が「0」より大きいかぎりループを行うようにします。while文の最後では必ずshiftコマンドを実行し、次のループのために位置パラメータをシフトするようにします。

ループ中では、現在の引数が"$1"に入っているため、"$1"を参照して、目的のコマンドを実行します。もし、現在の引数の次の引数も同時に参照したい場合は、"$2"以降を参照することができます。この場合、すでに解釈した引数は適宜shiftして、次のループに進むようにします。

このように、while文を使う方法は自分で位置パラメータをshiftする必要があり、やや記述内容が増えますが、「次の引数を参照することもできる」などfor文ではできない処理も行えます。なお、while文のループ終了時には、すべての位置パラメータがシフトされ、位置パラメータは未設定の状態になります。

リストA　すべての引数についてループ(for文)

```
for arg in "$@" ………………… シェル変数argに位置パラメータを順に代入してループ
do ……………………………………… ループの開始
  echo "$arg" ……………………… 試しに現在の引数の値を表示
  : ………………………………………… ここに実行したいコマンドを書く
done …………………………………… ループの終了
```

リストB **すべての引数についてループ(while文)**

```
while [ $# -gt 0 ] ………………………位置パラメータの個数が0より大きいかぎりループ
do ……………………………………………………ループの開始
  echo "$1" ……………………………………試しに現在の引数の値を表示
  : ………………………………………………………ここに実行したいコマンドを書く
  shift ……………………………………………位置パラメータをシフトする
done …………………………………………………ループの終了
```

引数中のオプションを認識する方法

すべての引数について単純にループするだけでなく、-vや-o *file*といったオプションを認識してから残りの引数についてループしたい場合は、**リストC**のようにします。

ここでは、-vという単独のオプションと、-o *file*という後続の引数をとるオプションを認識し、それぞれシェル変数verboseとoutfileに結果を代入するようにしています。

この、オプションの認識部分は、リストのようにwhile文によるループと、ループ中のcase文によって行います。ここで、-oオプションの場合、次の引数を"$2"で参照した上でshiftを実行している点に注目してください。なお、--というオプションが現れると、オプションの終了とみなしてwhile文をbreakするようにしています。

while文が終了した状態では、シェルスクリプトの引数のうち、オプションに相当する部分がすでにシフトされてなくなっています。したがってこのあと、前述のfor文によるループと同じことをやれば、残りの引数についてループして、目的のコマンドを実行できます。

なお、オプションの認識部分については、getoptsコマンドを使って行うこともできます。

リストC **引数中のオプションを認識して、残りの引数についてループ**

```
verbose=0 ……………………………………シェル変数verboseを0に初期化
outfile=default ……………………………シェル変数outfileをdefaultに初期化

while [ $# -gt 0 ] ………………………位置パラメータの個数が0より大きいかぎりループ
do ……………………………………………ループの開始
  case $1 in ………………………………オプションの種類によって分岐
    -v) ……………………………………-vオプションだった場合
      verbose=1 …………………………verboseに1を代入（-vオプションありと記憶）
      ;; ……………………………………このパターンの終了
    -o) ……………………………………-oオプションだった場合
      outfile=$2 ………………………-oの次の引数をoutfileに代入
      shift ………………………………次の引数をすでに読んだので、引数1個分シフト
      ;; ……………………………………このパターンの終了
    --) ……………………………………--オプションだった場合
      shift ………………………………この引数をシフトして無視する
      break ………………………………オプションの終了と解釈し、whileループを抜ける
      ;; ……………………………………このパターンの終了
    *) ……………………………………それ以外の引数だった場合
      break ………………………………オプションの終了と解釈し、whileループを抜ける
      ;; ……………………………………このパターンの終了
  esac ……………………………………case文の終了
  shift ……………………………………次のループのため引数をシフトする
done …………………………………………ループの終了

echo verbose="$verbose" ………………確認のため、verboseの値を表示
echo outfile="$outfile" ………………確認のため、outfileの値を表示

for arg in "$@" …………………………オプション以外の残りの引数についてfor文でループする
do ……………………………………………ループの開始
  echo "$arg" ……………………………確認のため、引数を表示
  : ………………………………………ここに実行したいコマンドを書く
done …………………………………………ループの終了
```

参照

for文(p.56)　while文(p.64)　case文(p.49)　getopts(p.110)

一定回数ループする

シェルスクリプトで、ある処理を一定回数繰り返したい、といった場面はよくありますが、一定回数の繰り返しを行うには次のような記述方法があります。

for文で数値を羅列する方法

繰り返し回数が比較的少ない場合、**リストA**のように、for文を使い、適当な数値を繰り返し回数分だけ羅列してしまうのがよいでしょう。この方法では、ループ変数用のシェル変数の加算のためにexprコマンドを呼び出す必要がないため、高速に動作します。また、羅列するのは数値でなくてもよく、適当な文字列を必要なループ回数分だけ記述してもかまいません。

数値を羅列したfor文のネスティング

さらに、数値を羅列したfor文をネスティングすることにより、100回程度の繰り返し回数でも記述できます。**リストB**は、0〜99までの100回の繰り返しを行う例です。ここでは、シェル変数iが10の位を、シェル変数jが1の位を担当し、"ij"で2桁の値になります。シェル変数iの最初の値は空文字列(for文で''と記述)で、これにより、"ij"の値が0〜9となる1桁の値も表現しています。

リストA for文で数値を羅列して一定回数ループ

```
for i in 1 2 3 4 5 6 7 8 ·························8回ループのため、数値を直接羅列
do ·····························································ループの開始
  echo "$i" ··················································試しにシェル変数iの値を表示
  : ·····························································ここにループで実行したいコマンドを記述する
done ··························································ループの終了
```

リストB for文のネスティングで100回のループ

```
for i in '' 1 2 3 4 5 6 7 8 9 ·················10の位の数値を羅列（最初は空文字列）
do ·····························································10の位のループの開始
  for j in 0 1 2 3 4 5 6 7 8 9 ················1の位の数値を羅列
  do ···························································1の位のループの開始
    echo "$i$j" ··············································試しに"$i$j"の値（0〜99）を表示
    : ·························································ここにループで実行したいコマンドを記述する
  done ························································1の位のループの終了
done ··························································10の位のループの終了
```

while文を使った一定回数のループ

前述のように数値を羅列するのではなく、普通にループを記述するには、**リストC**のようにwhile文を使います。この場合はループ変数として用いているシェル変数に「1」を加えるためにexprコマンドを呼び出す必要があるため、動作は遅くなります。

リストC　while文とexprで一定回数のループ

```
i=0 ·································シェル変数iの値を0に初期化
while [ "$i" -lt 100 ] ··············iの値が100未満であればループ
do ··································ループの開始
  echo "$i" ·························試しにiの値を表示
  : ·································ここにループで実行したいコマンドを記述する
  i=`expr "$i" + 1` ·················iの値に1を加算する
done ································ループの終了
```

●シェル変数に1を加算する方法

シェル変数に「1」を加算するには、**表A**のようにexprコマンド以外にもいくつかの方法が存在します。この表Aのexpr以外の記述を、リストCのexprコマンドの行の代わりに使用できます。算術式展開や算術式の評価はシェル内部で実行されるため、外部コマンドのexprを使うよりも高速です。したがって、Solaris(sh)以外のシェルではこれらを利用してもよいでしょう。ただし、移植性を重視する場合はやはりexprコマンドを使う必要があります。

表A　シェル変数iに1を加算する方法※

記述	意味	bash	Free BSD	Solaris	Busy Box	dash	zsh
i=\`expr "$i" + 1\`	exprをコマンド置換で取り込み	○	○	○	○	○	○
i=$(($i + 1))	算術式展開（変数は$iで参照）	○	○	×	○	○	○
i=$((i + 1))	算術式展開（変数はiで参照）	○	○	×	○	○	○
i=$[i + 1]	算術式展開の別の記述法	○	×	×	×	×	○
((i = i + 1))	算術式の評価で加算と代入	○	×	×	×	×	○
((i += 1))	算術式の評価で+=演算子を使用	○	×	×	×	×	○
((i++))	算術式の評価でインクリメント	○	×	×	×	×	○
let 'i = i + 1'	letコマンドで算術式の評価	○	○※	×	○	×	○

※ FreeBSD(sh)のletコマンドでは、算術式の評価の結果の数値が 標準出力に出力されてしまうため、出力が不要な場合は「let [算術式] > /dev/null」のようにする必要がある

連番のブレース展開を使ったループ

○ Linux (bash)	× FreeBSD (sh)
× Solaris (sh)	× BusyBox (sh)
× Debian (dash)	○ zsh

bash 3以降とzshでは、{1..9}の形式の連番のブレース展開が使えるため、**リストD**のようにブレース展開を使ってループを記述することもできます。数字の代わりに{a..z}と記述すれば、aからzまでのアルファベット26文字でループすることができます。

リストD 算術式のfor文を使ったループ

```
for i in {0..99} ……………… 連番のブレース展開を使って0から99までループ
do ……………… ループの開始
  echo "$i" ……………… 試しにiの値を表示
  : ……………… ここにループで実行したいコマンドを記述する
done ……………… ループの終了
```

算術式のfor文を使ったループ

○ Linux (bash)	× FreeBSD (sh)
× Solaris (sh)	× BusyBox (sh)
× Debian (dash)	○ zsh

bashまたはzsh限定なら、**リストE**のように算術式のfor文を使ってループを記述することもできます。移植性は低いものの、記述形式がC言語に近く、ある意味合理的といえるかもしれません。

リストE 算術式のfor文を使ったループ

```
for ((i = 0; i < 100; i++)) { ……………… シェル変数iを使って0から99までループ
  echo "$i" ……………… 試しにiの値を表示
  : ……………… ここにループで実行したいコマンドを記述する
} ……………… ループの終了
```

Memo

- 数字の羅列は、seqコマンドを使って得ることもできます。seqは連番を標準出力に出力するコマンドです。たとえば1～100までの数値でループしたい場合、次のように書けます。

```
for i in `seq 1 100`
do
  echo "$i"
  :
done
```

- zshでは、repeat文を使って「repeat 5 do echo $((i++)); done」のように記述して、単純に一定回数ループすることもできます。

参照

for文(p.56)　while文(p.64)　expr(p.273)　算術式展開$(())(p.242)
算術式の評価(( ))(p.82)　算術式のfor文(p.62)

ラッパースクリプト

すでにインストールされている何らかのコマンドに対し「環境変数の設定」や「常に使用するオプションの付加」など、前処理を行った上でコマンドを起動するようにしたシェルスクリプトのことを、**ラッパースクリプト**（*wrapper script*）といいます。

ラッパースクリプトを使えば、コマンドのちょっとした修正についてはそのコマンド本体を再コンパイルすることなく、シェルスクリプト上の前処理によって行うことができます。

ラッパースクリプトの例

ラッパースクリプトの例を**リストA**に示します。ここでは、**LANG**と**MY_ENV**という環境変数を設定した上で、さらに-myoptionというオプション引数を常に付加した上でmycommandというコマンドを実行しています。

このラッパースクリプト起動時の引数については、"$@"によってそのままmycommandに引き渡されます。このように、シェルによる解釈を一切行わずに引数を引き渡すには"$@"を使うのが定石です。間違っても"$*"やクォートなしの$@を使用してはいけません[注1]。

また、mycommandはexecによって起動しているため、このシェルスクリプトのプロセスIDのままでmycommandが起動され、プロセスが無駄になりません。ちなみにexecを省略しても一応動作はしますが、その場合はmycommandの実行後も、シェルスクリプトのプロセスがmycommandの終了まで残ったままになってしまい、プロセスが無駄になります。ラッパースクリプトでは、最後に起動するコマンドにはexecを使うのが定石です。

リストA 環境変数の設定とオプションの追加をあらかじめ処理する

```
#!/bin/sh

LANG=C; export LANG ·····························環境変数LANGをCに設定
MY_ENV=my_env; export MY_ENV ····················環境変数MY_ENVをmy_envに設定
exec mycommand -myoption "$@" ···················mycommandに-myoptionを追加してexecで起動
```

参照

特殊パラメータ "$@"（p.173）　　exec（p.102）

注1　詳しくは特殊パラメータ "$@" の項（p.173）を参照してください。

ファイル名に日付文字列を含ませる

○ Linux (bash)
○ FreeBSD (sh)
○ Solaris (sh)
○ BusyBox (sh)
○ Debian (dash)
○ zsh

シェルスクリプト中で、コマンドの実行結果などをファイルに保存する際に、そのファイル名に日付の文字列を含ませたいことがあります。このような場合には、日付や時刻を表示するdateコマンドの出力をコマンド置換で取り込み、ファイル名の一部として利用します注2。

日付を含むファイル名のファイルを作成

dateコマンドは、普通に実行すると単に日付と時刻を表示しますが、**リストA**のように、dateコマンドの引数に+で始まる書式指定文字列を付ければ、その日付と時刻の表示書式を指定することができます。おもな書式指定文字列を**表A**に示します。

リストAでは、date +%Y%m%d-%H%M%Sと書式指定されているため、これを仮に「2038年1月19日の12時14分7秒」に実行したとすると、「20380119-121407」という文字列が出力されます。この文字列をコマンド置換で取り込み、その頭にlog-を付けているため、結局リストAでは、mycommandの標準出力が「log-20380119-121407」というファイルに書き込まれることになります。

なお、dateコマンドには、表A以外にも書式指定文字列が存在しますが、使用できる書式文字列の種類は、そのOSにインストールされているdateコマンドのバージョンによって若干違いがあるため、詳しくはオンラインマニュアルを参照してください。ただし、少なくとも表Aの書式は、Linux／FreeBSD／Solaris／BusyBoxで共通して使用できます。また、書式によっては、日本語環境で実行すると日本語の日付文字列が表示され、ファイル名としては不適切になる場合がありますが、表Aの書式は日本語環境でもすべて数字のみの表示となるため、安心して使えます。

リストA 日付を含むファイル名のファイルを出力

```
mycommand > log-"`date +%Y%m%d-%H%M%S`" ………mycommandの標準出力を、
                                                日付を含むファイル名のファイルに出力
```

表A dateコマンドのおもな書式

書式	表示内容
%Y	年（1970～2000～の西暦4桁表示）
%m	月（01～12の2桁表示）
%d	日（01～31の2桁表示）
%H	時（00～23の2桁24時制表示）
%M	分（00～59の2桁表示）
%S	秒（00～59の2桁表示）※

※　うるう秒の場合「60」以上の表示になる場合もある

注2　コマンド置換については9.3節を参照してください。

ファイルを1行ずつ読んでループする

○ Linux (bash)
○ FreeBSD (sh)
○ Solaris (sh)
○ BusyBox (sh)
○ Debian (dash)
○ zsh

ファイルから1行ずつ読み込み、その内容を解釈しつつループするには、「while read」の形式を使います。readコマンドは標準入力から1行ずつシェル変数に読み込み、入力がEOFになると偽(1)の終了ステータスを返します。よって、「while read」の形でループを記述すれば、1行ごとにファイル全体にわたってループすることができます。

readコマンドの引数に複数のシェル変数を指定すると、シェル変数**IFS**の値を区切り文字として単語分割された結果が複数のシェル変数に分割して代入されるため、これを利用して簡単な字句解析ができます。

/etc/hostsを読んで、IPアドレスに対応するホスト名を表示

リストAは、/etc/hostsを1行ずつ読み込みながらループし、シェルスクリプトの引数で指定されたIPアドレスに一致する行を見つけたら、そのホスト名部分を表示して終了するというシェルスクリプトです。

ここでは、あらかじめリストA❶のようにexecコマンドを使ってファイル記述子「3」に/etc/hostsを読み出し用としてオープンしておきます。リストA❷のreadコマンドではファイル記述子のリダイレクトを使ってファイル記述子「3」から読み込みます。readコマンドで読み込むためのシェル変数は、左からip、hostと指定してあるため、シェル変数ipには/etc/hostsファイルのIPアドレスの文字列が、シェル変数hostにはホスト名部分の文字列が読み込まれるはずです。

whileループ中では、シェルスクリプトの引数$1と、シェル変数ipが一致するかどうかをcase文を使って判定し、一致した場合はシェル変数hostの内容を表示して、そのままexit 0を実行します。つまり、IPアドレスが見つかった場合はwhile文の途中でシェルスクリプトを終了することになります。

一方、whileループを最後まで終了した場合は、一致するIPアドレスが見つからなかったということなので、その旨をエラーメッセージで表示して、exit 1で終了しています。なお、whileループを終了直後、リストA❸で念のためファイル記述子「3」をクローズしていますが、これは省略してもかまいません。

ところで、この例のように/etc/hostsをあらかじめ「exec 3<」でオープンしてから使用しているのは、Solarisのshを含めて正常動作するようにするためです。bashやFreeBSDのshの場合は、後述のようにwhile文全体に/etc/hostsを単純にリダイレクトしてもかまいません。

なお、「read 変数名 < ファイル」のようにreadコマンドに直接ファイルをリダイレクトすると、whileループ中で毎回ファイルが新規にオープンされ、ファイルの1行目だけが毎回読み込まれてwhile文が無限ループになってしまうため、正しく動作しません。

14
シェルスクリプトのノウハウ&定石

リストA **/etc/hostsを読んで、IPアドレスに対応するホスト名を表示**

```
case $# in ………………………………………………………………引数の個数をチェック
  1) …………………………………………………………………引数が1個ならOK
    ;;
  *) …………………………………………………………………引数が1個以外の場合は、
    echo "Usage: $0 ip-address" 1>&2 …………Usage:のメッセージを表示して、
    exit 1 ……………………………………………………………エラーで終了
    ;;
esac

exec 3< /etc/hosts …………………………… ファイル記述子「3」を使って/etc/hostsを読み出しオープン❶

while read ip host 0<&3 ………………… ファイル記述子「3」から1行ずつ読み込んでループ❷
do
  case $1 in ………………………………… シェルスクリプトの引数が、
    $ip) ……………………………………… IPアドレスの部分に一致した場合は、
      echo "$host" ………………………… ホスト名の部分を表示
      exit 0 ………………………………… ループを中断し、正常終了
      ;;
  esac
done

exec 3<&- ……………………………………… 念のためファイル記述子「3」をクローズ(省略可能)❸

echo "$1 not found" 1>&2 ……………… 一致するIPアドレスが見つからなかった旨を表示
exit 1 ………………………………………………… エラーで終了
```

while文全体にファイルを直接リダイレクトする方法

○ Linux (bash)	○ FreeBSD (sh)
× Solaris (sh)	○ BusyBox (sh)
○ Debian (dash)	○ zsh

Solaris(sh)以外では、前述のリストAは**リストB**のように記述することができます。ここでは、「exec 3< /etc/hosts」は実行せず、while文全体に/etc/hostsをリダイレクトします。while文に対するリダイレクトは、最後のdoneの行に「done < /etc/hosts」のように記述します。

リストBでは、while文の標準入力が/etc/hostsになっているため、readコマンドではそのまま標準入力を読めば/etc/hostsが読めます。その他の処理は前述リストAと同じです。

ところで、リストBをSolarisのshで実行すると、一致するIPアドレスが見つかった場合でもwhile文の途中のexitでシェルスクリプトを終了することができず、whileループを抜けた後でIPアドレスが見つからないというエラーメッセージが表示されてしまいます。これは、Solarisのshでは、while文に対してリダイレクトを行うと、while文全体が暗黙のサブシェルになってしまうのが原因です。サブシェルの中でのexitはサブシェル(つまりwhile文)を終了するだけで、シェルスクリプトを終了できません。

リストB while文全体にファイルを直接リダイレクトする方法

```
case $# in ··································引数の個数をチェック
  1) ········································引数が1個ならOK
    ;;
  *) ········································引数が1個以外の場合は、
    echo "Usage: $0 ip-address" 1>&2 ········Usage:のメッセージを表示して、
    exit 1 ··································エラーで終了
    ;;
esac

while read ip host ··························標準入力から1行ずつ読み込んでループ
do
  case $1 in ································シェルスクリプトの引数が、
    $ip) ····································IPアドレスの部分に一致した場合は、
      echo "$host" ··························ホスト名の部分を表示
      exit 0 ································ループを中断し、正常終了
      ;;
  esac
done < /etc/hosts ·················while文全体の標準入力を/etc/hostsにリダイレクト

echo "$1 not found" 1>&2 ··········一致するIPアドレスが見つからなかった旨を表示
exit 1 ····························エラーで終了
```

Memo

- 多くのシェルでは、while文をパイプに接続した場合、つまり「`cat file | while read …`」の形で記述するとwhile文が暗黙のサブシェルになるため、whileループ中で`exit`できなかったり、設定したシェル変数等をwhileループを抜けた後に持ち越せないなどの問題が発生します。zshまたはkshを使うと、この場合でもwhile文はサブシェルになりません。

>Appendix
サンプルスクリプト

引数の解釈状況をチェックする

○ Linux (bash)
○ FreeBSD (sh)
○ Solaris (sh)
○ BusyBox (sh)
○ Debian (dash)
○ zsh

argcheck [引数 ...]

`argcheck -f "$file"` ……………………… いろいろな引数を付けて展開結果をチェックする

基本事項

シェルの解釈の結果、実際にどのような引数がコマンドに渡されているかをチェックする「argcheck」というシェルスクリプトを作成します。

解説

シェル上でコマンドを起動する際には、その引数やコマンド名に対して、パラメータ展開、コマンド置換などの各種解釈が行われます。この解釈は場合によっては複雑になり、とくに、シングルクォート(' ')、ダブルクォート(" ")などのクォートも絡んでいる場合、結局どのような引数がコマンドに渡されるのか、ひと目では判断できなくなることがあります。

そこで、**リストA**の「argcheck」というシェルスクリプトを作成しておき、適宜引数の解釈状況をチェックすると便利でしょう。この「argcheck」は **"$HOME"/bin** または **/usr/local/bin** などの実行パスの通ったディレクトリにインストールして使用します。

引数の解釈状況をチェックするしくみ

「argcheck」では、for文と特殊パラメータ `"$@"` を使い、`argcheck`コマンド自体に付けられたすべての引数に対してシェル変数`arg`を使ってループしています。

ループ中には`echo`コマンドがあり、1行に1引数ずつ表示が行われます。`echo`コマンドの引数の `\'"$arg"\'` は複雑な形に見えますが、これはシェル変数`arg`の参照である`$arg`を、シェルの解釈を避けるためダブルクォートで囲んで`"$arg"`とし、この前後に単なる文字としてシングルクォートを付加したものです。シングルクォートは、特殊な意味を打ち消すため、バックスラッシュを付けて`\'`としています。

シングルクォートを付けて表示するのは、引数がスペースや改行を含んでいた場合でもその内容が確認できるようにするためです。実際の引数の内容は、`argcheck`の実行結果から前後のシングルクォートを除いたものになります。

argcheckの使用例

この`argcheck`の使用例を**図A**に示します。

まず、図の最初の例のように`-f`と`"$HOME"`という2個の引数を付けた場合、`-f`はそのまま、`"$HOME"`はシェル変数**HOME**の値に展開されて表示されることがわかります。

次に、「`'one two '`」のように、引数中にスペースを含んだ文字列を、全体で1個の引数として与えると、スペースも保存され、全体で1個の引数としてそのまま解釈されていることがわかります。ここでは、「one」と「two」の間だけではなく、「two」の後ろにもスペースが付

Appendix

いていることに注意してください。

その次のように、スペースを含んだ引数をいったんechoコマンドで出力し、その出力をコマンド置換で取り込むと、コマンド置換で取り込む際にスペースが区切り文字として解釈されてしまうため、argcheckの結果ではスペースが落ち、2個の引数に分かれて解釈されてしまうことがわかります。

そこで、最後の例のように、コマンド置換全体をダブルクォート(" ")で囲むと、シェルの解釈が避けられ、スペースを含めて全体で1個の引数として解釈されるようになります。

リストA　argcheck

```
#!/bin/sh

for arg in "$@" ··························すべての引数についてfor文でループする
do ·······································for文の始まり
  echo \'"$arg"\' ························各引数をそのまま、シングルクォートをつけて表示する
done ·····································for文の終わり
```

図A　argcheckの使用例

```
$ argcheck -f "$HOME" ···················適当な引数を付けて試してみる
'-f' ····································第1引数はそのまま-fになる
'/home/guest' ···························第2引数は"$HOME"が展開されたものになる
$ argcheck 'one two ' ···················スペースを含む文字列を、1個の引数として与えてみる
'one two ' ······························そのまま全体が1個の引数として正しく解釈される
$ argcheck `echo 'one two '` ············echoして、コマンド置換で取り込んでみる
'one' ···································コマンド置換の結果が解釈され、スペースが削除され、
                                         2つの引数に分かれてしまう
'two'
$ argcheck "`echo 'one two '`" ··········コマンド置換全体をダブルクォートで囲む
'one two ' ······························スペースを含め、全体が1個の引数として解釈される
```

Memo

- argcheckでは、引数の前後に単なる文字としてのシングルクォートを付加しているため、たとえ引数に-nや-eなどの文字列が指定されてもechoコマンドにはオプションとしては解釈されず、'-n'や'-e'という文字列が表示されます。ただし、引数中に\aなどのエスケープ文字があり、かつSolaris(sh)、dash、zshのechoコマンドを使っている場合は、「echo -e」の動作がデフォルトとなるため、エスケープ文字が解釈されてコントロールコード等が出力されてしまいます。

参照

特殊パラメータ"$@"(p.173)

Appendix

標準出力／標準エラー出力の出力先をチェックする

○ Linux (bash)
○ FreeBSD (sh)
○ Solaris (sh)
○ BusyBox (sh)
○ Debian (dash)
○ zsh

echocheck

```
echocheck 2> file ……………… 標準エラー出力のみfileに書き込むテスト
```

基本事項

標準出力と標準エラー出力の出力状況をチェックする「echocheck」というシェルスクリプトを作成します。

解説

シェルスクリプト上で各種リダイレクトを行う場合、その標準出力や標準エラー出力が意図通りにリダイレクトされているかどうか、簡単にチェックしたいことがあります。

そこで、**リストA**の「echocheck」というシェルスクリプトを作成しておき、この「echocheck」に対してリダイレクトを行えば、実際に標準出力と標準エラー出力の出力先を確認することができます。この「echocheck」は、**"$HOME"/bin**または**/usr/local/bin**などの実行パスの通ったディレクトリにインストールして使用します。

●標準出力／標準エラー出力の出力先をチェックするしくみ

echocheckは、単にechoコマンドを2つ並べて、それぞれ標準出力と標準エラー出力にメッセージを出力するだけの単純なシェルスクリプトです。標準エラー出力への出力には、1>&2というリダイレクトを利用しています[注1]。

リストA echocheck

```
#!/bin/sh

echo 'This is a stdout' ……………… 標準出力にメッセージを出力
echo 'This is a stderr' 1>&2 ……………… 標準エラー出力にメッセージを出力
```

注1　ファイル記述子を使ったリダイレクトの項>&(p.260)も合わせて参照してください。

Appendix

echocheckの使用例

このechocheckの使用例を**図A**に示します。

まず、何もリダイレクトせずに単純にechocheckを実行すると、標準出力のメッセージと、標準エラー出力のメッセージの両方が画面に表示されます。echocheckの標準出力または標準エラー出力を、**/dev/null**または適当なファイルにリダイレクトすると、リダイレクトした出力は画面には表示されず、リダイレクトしていないほうの出力のみ、画面に表示されることがわかります。

さらに、標準出力と標準エラー出力の両方をリダイレクトする場合、2>&1の記述は> /dev/nullよりも右側になければなりませんが、このことをechocheckを使って実際に確認することができます。そのほか、グループコマンドの{ }や、パイプを使用する場合の動作についても確認できます。

図A　echocheckの使用例

```
$ echocheck ·························· まず単純にechocheckを実行すると
This is a stdout ····················· 標準出力のメッセージが表示される
This is a stderr ····················· 標準エラー出力のメッセージも表示される
$ echocheck > /dev/null ·············· 標準出力を/dev/nullにリダイレクトして捨てると
This is a stderr ····················· 標準エラー出力のみ表示される
$ echocheck 2> /dev/null ············· 標準エラー出力を/dev/nullにリダイレクトすると
This is a stdout ····················· 標準出力のみ表示される
$ echocheck > /dev/null 2>&1 ········· 標準出力と標準エラー出力の両方をリダイレクトする
                                       と、何も表示されない
$ echocheck 2>&1 > /dev/null ········· 2>&1の記述位置を変えると
This is a stderr ····················· 正しくリダイレクトされず、
                                       標準エラー出力が画面に表示される
$ { echocheck 2>&1; } > /dev/null ···· グループコマンドを使ってリダイレクトしてもよい
$ echocheck 2>&1 | cat > /dev/null ··· 標準出力と標準エラー出力の両方をパイプに通すこともできる
```

参照

echo(p.141)　　ファイル記述子を使ったリダイレクト>&(p.260)

.tar.gz/.tar.bz2自動展開

○ Linux (bash)
○ FreeBSD (sh)
△ Solaris (sh)
○ BusyBox (sh)
○ Debian (dash)
○ zsh

Solarisでは GNU tar をインストールする必要がある

使い方 **extract** [圧縮アーカイブ名] [ディレクトリ名]

例 `extract file.tar.gz` ……file.tar.gzが/tmpに展開される

基本事項

.tar.gzまたは**.tar.bz2**形式の圧縮アーカイブを、引数に指定するだけで自動的に展開する「extract」というシェルスクリプトを作成します。

解説

ファイルの圧縮アーカイブ形式としては、UNIX系OSでは**tar** + **gzip**(拡張子**.tar.gz**)または**tar** + **bzip2**(拡張子**.tar.bz2**)がよく使われます。さらに、古いものでは、**tar** + **compress**(拡張子**.tar.Z**)が使われていることもあります。

これらの圧縮アーカイブはGNU tarで展開できますが、この時、**.tar.gz**(または**.tar.Z**)ならばtar zxvf、**.tar.bz2**ならばtar jxvfと、オプションのzとjを使い分ける必要があります。

さらに、展開先のディレクトリは-Cオプションで指定しますが、無指定時にカレントディレクトリに展開するのではなく、どこか適当なディレクトリ(たとえば**/tmp**)に展開したほうが便利な場合があります。そこで、このような「extract」という名前のシェルスクリプトを作成してみましょう。

extractシェルスクリプト

シェルスクリプト「extract」は**リストA**のとおりです。extractでは、単にextract *file*.tar.gzと実行すると、「*file*.tar.gz」の内容が**/tmp**以下に展開されます。「*file*.tar.bz2」についても同じです。extractに第2引数を付け、extract *file*.tar.gz */some/dir*とすると、**/tmp**の代わりに「*/some/dir*」に展開されます。

リストAでは、まずシェル変数dirに、パラメータ展開を使って第2引数または省略時には/tmpという値を代入しています[注2]。

そのあと、第1引数の拡張子をcase文で場合分けし、それぞれtar zxvfかtar jxvfかの適切なオプションでtarコマンドが実行されるようにしています。この時、先のdirの値を-Cオプションで指定し、展開先ディレクトリを指定しています。

なお、**.tar.Z**のcompress形式のファイルもgzipで展開できるため、case文のパターンに含めて**.tar.gz**と同じ処理を行うようにしています。そのほか、**.tgz**(**.tar.gz**の省略形)や**.tbz**(**.tar.bz2**の省略形)に対応する場合は、それぞれcase文のパターンに|で区切って追加してください。

注2 「${パラメータ:-値}と${パラメータ-値}」(p.193)も合わせて参照してください。

リストA extract

```
#!/bin/sh

dir=${2-/tmp} ········································引数2で指定の展開先ディレクトリを
                                                       シェル変数dirに代入（省略時は/tmp）
case $1 in ·········································引数1で指定の圧縮アーカイブファイルの
                                                       拡張子によって場合分け
  *.tar.gz|*.tar.Z) ······························拡張子が.tar.gzまたは*.tar.Zだった場合
    tar zxvf "$1" -C "$dir" ··················tar zxvfで展開（gzip使用）
    ;; ·············································このパターンのリストの終了
  *.tar.bz2) ·······································拡張子が.tar.bz2だった場合
    tar jxvf "$1" -C "$dir" ··················tar jxvfで展開（bzip2使用）
    ;; ·············································このパターンのリストの終了
  *) ·················································そのほかの拡張子だった場合
    echo "$1"'の展開方法が不明です' 1>&2 ·······エラーメッセージを出力
    exit 1 ·········································エラーで終了
    ;; ·············································このパターンのリストの終了
esac ···················································case文の終了
```

Memo

- リストAのcase文中に、*.tar.xzとtarのJオプションを追加したり、unzipやlhaコマンドなどを追加して、さらにほかの圧縮アーカイブ形式に対応することもできます。
- GNU tarのaオプションを使って「tar axvf」のようにすることにより、拡張子についてはtarコマンド自身でも判別することができます。

参照

${パラメータ:-値}と${パラメータ-値}(p.193)

Shift_JIS➡EUC-JP一括変換

○ Linux (bash)
○ FreeBSD (sh)
○ Solaris (sh)
○ BusyBox (sh)
○ Debian (dash)
○ zsh

sjistoeuc [ディレクトリ名]

例 `sjistoeuc /some/dir` ……………/some/dir内の拡張子.txtのShift_JISファイルが変換される

基本事項

カレントディレクトリまたは引数で指定したディレクトリ上の、Shift_JIS(シフトJIS)で書かれたファイルをEUC-JPに一括変換する「sjistoeuc」というシェルスクリプトを作成します。

解説

リストAは、引数で指定したディレクトリ上に存在する、拡張子**.txt**のファイルをShift_JISで書かれたファイルであるとみなし、これをEUC-JPに変換して、拡張子を**.euc**に変更したファイルに出力するシェルスクリプトです。引数を省略するとカレントディレクトリを指定したものとみなされます。

リストAではまずcdコマンドとパラメータ展開を使い、引数($1)が指定されていればそのディレクトリに、指定されていなければカレントディレクトリ(.)に移動しています[注3]。

その後、for文によるループで、拡張子**.txt**のファイルすべてについて、文字コード変換フィルタコマンドであるnkfを実行しています。nkfには-Sedというオプションを付け、Shift_JIS➡EUC-JPという変換を行う(-Seオプション)と同時に、改行コードを**CR**+**LF**から**LF**のみに変換(-dオプション)しています。

出力のファイル名は、basenameコマンドを使って、元のファイル名から**.txt**を削除したあとに**.euc**を付加したものを、シェル変数outfileに代入して用いています。

これで、Shift_JISで書かれた拡張子**.txt**のファイルのあるディレクトリに移動してsjistoeucを実行するか、または「sjistoeuc ディレクトリ名」と指定して実行すると、同じディレクトリに、EUC-JPに変換された拡張子**.euc**のファイルができるはずです。

リストA **sjistoeuc**

```
cd "${1-.}"  ……………………………引数で指定のディレクトリに移動(引数省略時はカレントディレクトリ)
for file in *.txt  ………………このディレクトリ上の拡張子.txtのファイルについてループ
do  ………………………………………ループの開始
  outfile=`basename "$file" .txt`.euc  ………拡張子.txtを.eucに変更したファイル名をoutfileに代入
  nkf -Sed "$file" > "$outfile"  ……………nkfで文字コードを変換し、拡張子.eucのファイルに出力
done  ……………………………………ループの終了
```

注3 「${パラメータ:-値}と${パラメータ-値}」(p.193)も合わせて参照してください。

Memo

●リストAのnkfコマンドを別のフィルタコマンドに変更し、拡張子の指定も変更して、文字コード変換以外の一括変換(たとえば画像ファイルのフォーマット変換など)のシェルスクリプトに応用できます。

Column

文字コードの変換を行うフィルタコマンド

日本語を表現する文字コードとしては、「ISO-2022-JP」(JIS)、「EUC-JP」、「Shift_JIS」、「UTF-8」などが用いられており、状況により、適宜文字コードを変換することが必要になります。

文字コードの変換のためのフィルタコマンドには、本文で用いたnkf以外にも、iconvやその他のコマンドが存在します。nkfおよびiconvを使う場合のおもなオプションを**表a**にまとめておきます。

表a　**nkfとiconvのおもなオプション**

コマンド	動作
`nkf -Se`	Shift_JISをEUC-JPに変換
`iconv -f Shift_JIS -t EUC-JP`	Shift_JISをEUC-JPに変換
`nkf -Sed`	Shift_JISをEUC-JPに変換し、改行コードも**CR**＋**LF**から**LF**のみに変換
`nkf -Es`	EUC-JPをShift_JISに変換
`iconv -f EUC-JP -t Shift_JIS`	EUC-JPをShift_JISに変換
`nkf -Esc`	EUC-JPをShift_JISに変換し、改行コードも**LF**のみから**CR**＋**LF**に変換
`nkf -Je`	ISO-2022-JPをEUC-JPに変換
`iconv -f ISO-2022-JP -t EUC-JP`	ISO-2022-JPをEUC-JPに変換
`nkf -Ej`	EUC-JPをISO-2022-JPに変換
`iconv -f EUC-JP -t ISO-2022-JP`	EUC-JPをISO-2022-JPに変換
`nkf -We`	UTF-8をEUC-JPに変換
`iconv -f UTF-8 -t EUC-JP`	UTF-8をEUC-JPに変換
`nkf -Ew`	EUC-JPをUTF-8に変換
`iconv -f EUC-JP -t UTF-8`	EUC-JPをUTF-8に変換

参照

${パラメータ:-値}と${パラメータ-値}(p.193)　　basename(p.275)

EUC-JPの文字一覧出力

○ Linux (bash)
△ FreeBSD (sh)
△ Solaris (sh)
○ BusyBox (sh)
△ Debian (dash)
○ zsh

FreeBSDやSolarisではGNU coreutilsのprintfをインストールして使う必要がある。
dashでは内部コマンドのprintfではなく外部コマンドの/usr/bin/printfを使う。

kanji

基本事項

EUC-JPの文字を一覧出力する「kanji」というシェルスクリプトを作成します。

解説

2バイトのEUC-JPの文字すべてを、その文字コードとともに一覧出力するコマンドがあると便利です。そのようなコマンドはC言語を使えば比較的簡単に記述できますが、ここでは、シェルスクリプトを使ってEUC-JPの文字を一覧出力するコマンドを作成してみることにします。

EUC-JPの文字一覧出力のしくみ

「kanji」シェルスクリプトは**リストA**のとおりです。このシェルスクリプトでは、2バイトの文字コードを16進数4桁で表し、それぞれの桁を上から順にd3、d2、d1、d0というシェル変数に保持し、これら4つのシェル変数を使ってfor文を4重にネスティングしてループしています。

EUC-JPの文字コードは「a1a1」から「fefe」まであり、上位バイト／下位バイトとも、「a0」と「ff」は除かれるため、case文を使って「a0」と「ff」の場合分けを行っています。

実際に表示する文字は、そのEUC-JPの文字コードを、printfの'\xab'の形式の16進表記でシェル変数に蓄積し、一定分まとめてprintfコマンドで表示します。具体的には、シェル変数lineに1行分を、blockに上位バイトが同じ文字の分を、groupに16進、最上位桁が同じ文字の分をまとめ、このgroupごとにprintfを実行します。こうすることにより、毎回printfを呼び出す必要がなくなり、動作が高速化されます。

なお、FreeBSDやSolarisのprintfコマンドでは、'\xab'の形式の16進表記が使えないため、GNU coreutilsに含まれるprintfをインストールして使用する必要があります。

dashの場合も、内部コマンドのprintfではなく、外部コマンドの/usr/bin/printfを使う必要があります。

Appendix

リストA kanji

```
#!/bin/sh

for d3 in a b c d e f ………………16進、最上位桁のa～fまでのループ
do ………………………………………………ループの開始
  group= ……………………………16進、最上位桁が同じ文字を蓄積するためのgroupを空文字列で初期化
  for d2 in 0 1 2 3 4 5 6 7 8 9 a b c d e f ………………16進、上から2番目の桁のループ
  do ……………………………………………ループの開始
    case $d3$d2 in …………………16進上位2桁（上位バイト）で条件判断
      a0|ff) ……………………………上位バイトがa0またはffの場合
        continue;; ……………………この部分には文字は存在しないため、ループを飛ばす
    esac ………………………………………case文の終了
    block= ……………………………………上位バイトが同じ文字を蓄積するためのblockを空文字列で初期化
    for d1 in a b c d e f …………16進、上から3番目の桁のa～fまでのループ
    do ……………………………………………ループの開始
      line=$d3$d2$d1'0 ' ……………現在の16進文字コード(最下位桁は0)とスペースをlineに代入
      for d0 in 0 1 2 3 4 5 6 7 8 9 a b c d e f …………16進、最下位桁のループ
      do ……………………………………………ループの開始
        case $d1$d0 in …………………16進下位2桁（下位バイト）で条件判断
          a0|ff) ……………………………下位バイトがa0またはffの場合
            line=$line'  ';; ……文字は存在しないため、代わりに半角スペース2つをlineに追加
          *) ………………………………………………………下位バイトがそれ以外の場合
            line=$line\\x$d3$d2\\x$d1$d0;; ……lineに、\xabの記法で2バイト文字コードを追加
        esac ………………………………………case文の終了
      done ………………………………………………16進、最下位桁のループの終了
      block=$block$line\\n …………lineに改行をつけて、blockに蓄積
    done ………………………………………………16進、上から3番目の桁のループの終了
    group=$group$block ………………上位バイトが同じ文字が蓄積されたblockを、groupに蓄積
  done ………………………………………………16進、上から2番目の桁のループの終了
  printf "$group" …………………………16進、最上位桁が同じ文字が蓄積されたgroupを表示
done ………………………………………………16進、最上位桁のループの終了
```

kanjiの実行

作成したシェルスクリプト「kanji」を実行している様子を**図A**に示します。出力行数が多くなるため、図のようにlessコマンドなどにパイプでつないで表示するとよいでしょう。実行すると、全角記号、全角英数字、かな、漢字などが、そのEUC-JPの文字コードとともに表示されるはずです。

図A kanjiの実行

```
$ ./kanji | less ··················· lessにパイプでつないでkanjiを実行
a1a0 　、。、。・：；？！゛゜´｀¨ ······ 以下のように文字一覧が表示される
a1b0 ＾￣＿ヽヾゝゞ〃仝々〆〇ー―‐／
a1c0 ＼～∥｜…‥‘’“”（）〔〕［］
a1d0 ｛｝〈〉《》「」『』【】＋－±×
a1e0 ÷＝≠＜＞≦≧∞∴♂♀°′″℃￥
 <中略>
a3b0 ０１２３４５６７８９
a3c0 　ＡＢＣＤＥＦＧＨＩＪＫＬＭＮＯ
a3d0 ＰＱＲＳＴＵＶＷＸＹＺ
a3e0 　ａｂｃｄｅｆｇｈｉｊｋｌｍｎｏ
a3f0 ｐｑｒｓｔｕｖｗｘｙｚ
a4a0 　ぁあぃいぅうぇえぉおかがきぎく
 <中略>
b0a0 　亜唖娃阿哀愛挨姶逢葵茜穐悪握渥
b0b0 旭葦芦鯵梓圧斡扱宛姐虻飴絢綾鮎或
b0c0 粟袷安庵按暗案闇鞍杏以伊位依偉囲
 <中略>
f3e0 黴黶黷黹黻黼黽鼇鼈皷鼕鼡鼬鼾齊齒
f3f0 齔齣齟齠齡齦齧齬齪齷齲齶龕龜龠
f4a0 　堯槇遙瑤
 <以下略>
```

参照

for文(p.56)　case文(p.49)　printf(p.148)

- Linux (bash)
- FreeBSD (sh)
- Solaris (sh)
- BusyBox (sh)
- Debian (dash)
- zsh

使い方 progressbar

基本事項

矢印とパーセント値によるプログレスバーを表示する「progressbar」というシェルスクリプトを作成します。

解説

シェルスクリプトで何らかの作業を実行中に、その作業の進行状況をプログレスバーで表示したいことがあります。そこで、シェルスクリプトによるプログレスバーを作成してみましょう。

なお、一般にカーソル移動をともなう画面表示では、カーソル制御用のエスケープシーケンスを用いる必要がありますが、プログレスバーの表示を1行で行う場合は、カーソルを左端に戻す**CR**(*Carriage Return*)[注4]を出力して、1行分の文字列を書き換えることにより、カーソル制御用のエスケープシーケンスを使わなくてもプログレスバーの表示を行えます。

progressbarシェルスクリプト

プログレスバーを表示するシェルスクリプト「progressbar」は**リストA**のとおりです。

ここでは、0〜100までのパーセント値を引数とし、その値に応じてプログレスバーを表示する「print_bar」というシェル関数を定義し、このprint_barをデモ用のメインルーチンのwhile文によるループから1秒ごとに呼び出しています。

なお、「progressbar」の最初の部分のcase文は、シェルによって内部のechoコマンドの仕様が異なり、一部のechoコマンドが常に-eオプション付きと同様の動作をし、かつ-eをオプションとは認識しないことに対応するためのものです。ここでは、echo -eを実際に実行し、その結果、普通の文字として-eが表示された場合はechoの-eオプションを付けないようにしています。シェル変数**EOPT**には、判定結果として-eまたは空文字列のどちらかが代入された状態になります。

シェル関数print_barは、その引数で指定されたパーセント値に応じて、プログレスバーの矢印の長さなどを計算し、表示のための文字列を作成します。ここでは、矢印の長さに応じた表示文字列の作成のためのwhile文のループで、位置パラメータの個数を表す特殊パラメータである$#をカウンタ代わりに使用していることに注意してください。具体的には、適当な文字列である「dummy」を使ってset dummyとすると$#が「1」にセットされ、set -- "$@" dummyとすると$#の値に「1」が加算されます。こうすることにより、外部コマンドのexprの呼び出しが不要になるぶん、高速化できます。なお、位置パラメータの内容は書き換えられてしまうため、シェル関数の冒頭で$1の値をpercentに代入して退避していることにも注意してください。

注4　echo -eコマンドでは'\r'で出力可。

リストA progressbar

```
#!/bin/sh

EOPT=-e ……echoコマンドには-eオプションを付けるのを標準とする
case `echo -e` in ……各種シェルに対応するため、echo -eの実行結果をテスト
  -e) ……結果、-eが文字列として表示されてしまった場合
    EOPT=;; ……常に-eオプションが有効なechoコマンドであるとみなし、-eを付けないようにする
esac ……case文の終了

print_bar() ……パーセント値を引数としてプログレスバーを表示するシェル関数print_barの定義の開始
{
  percent=$1 ……シェル関数の引数をシェル変数percentに代入

  column=`expr 71 \* "$percent" / 100` ……percentの値から矢印の長さを計算しcolumnに代入
  nspace=`expr 71 - "$column"` ……同様に、矢印の右側のスペースの数をnspaceに代入

  bar='\r[' ……プログレスバーのカーソルを左端に戻すリターンコードと[の文字をbarに代入
  set dummy ……シェル関数の位置パラメータの数($#)を1にリセット(カウンタとして流用)
  while [ $# -le "$column" ] ……$#の値がcolumnの値以下であるかぎりループ
  do ……ループの開始
    bar=$bar'=' ……barに=という文字(矢印の棒)を追加
    set - "$@" dummy ……$#の値に1を加算
  done ……ループの終了
  bar=$bar'>' ……barに>という文字(矢印の矢)を追加

  set dummy ……再びシェル関数の位置パラメータの数($#)を1にリセット
  while [ $# -le "$nspace" ] ……$#の値がnspaceの値以下であるかぎりループ
  do ……ループの開始
    bar=$bar' ' ……barにスペースを追加
    set - "$@" dummy ……$#の値に1を加算
  done ……ループの終了
  bar=$bar'] '$percent'%\c' ……barに]の文字と、パーセント数値と、改行抑制エスケープを追加

  echo $EOPT "$bar" ……barに代入されている1行分のプログレスバーを表示
} ……シェル関数の定義の終了


i=0 ……シェル変数iを0に初期化(この行以下はデモ用メインルーチン)
while [ "$i" -le 100 ] ……iの値が100以下であればループ
do ……ループの開始
  print_bar "$i" ……iの値を引数としてシェル関数print_barを呼び出す
  i=`expr "$i" + 1` ……iの値に1を加算
  sleep 1 ……1秒間待つ
done ……ループの終了
echo ……最後に1行改行
```

プログレスバーの表示文字列は、シェル変数barに蓄えておき、1行分の文字列をすべて作成し終わってから、シェル関数の終わりにまとめてechoコマンドで出力するようにしています。文字列には、右向きの矢印(=>)と、数値でのパーセント表示(%)と、改行コード抑制のための'\c'が含まれます。なお、echoコマンドは実際には**echo $EOPT**と記述し、前述のとおり、echo -eまたはechoが実行されます。

progressbarの実行

実際にこのprogressbarを実行している様子を**図A**に示します。このように、1行で矢印とパーセント値が表示されます。パーセント値は1秒に1%ずつ増加し、それにともない、矢印が左端から右端まで伸びて行きます。100%になると終了です。

なお、実際のシェルスクリプトでは、progressbarのシェルスクリプトのメインルーチン部分を実際の作業を行うコマンドに置き換え、作業の進行状況に応じて適宜シェル関数print_barを呼び出してやれば、プログレスバーの表示が行えます。

図A　progressbarの実行

```
$ ./progressbar
[=====================================================>                    ] 75%
```

参照

シェル関数(p.77)　echo(p.141)　特殊パラメータ $#(p.177)　set(p.122)

Index

※主要な解説を行っているページの番号は、**太字**で表示しています。

記号／数字

A/B/C/D

E/F/G/H

I／J／K／L／M／N

V／W／X／Z

ア行

カ行

サ行

タ行

ナ行

ハ行

マ行

ヤ行

ラ行

ワ行

著者略歴

山森 文範 Takenori Yamamori

大学時代にUNIXを触って以来、仕事でもプライベートでもUNIX系OSを使用しているプログラマ。SunOSやNEWS-OSなどが動くUNIXワークステーション上の/bin/shに長く慣れ親しみ、当時職場等でログインシェルとして与えられていたcshを、ヒストリもエイリアスも補完機能もない素の/bin/shに自主的に変更して使用したほどの/bin/sh好きである。メイン環境がLinux上のbashに変わった現在でも、/bin/shとの互換性/移植性を常に気に留めながらシェルスクリプトを書いている。

装丁・本文デザイン……………… 西岡 裕二
本文レイアウト …………………… 酒徳 葉子(技術評論社)

Tech×Books plusシリーズ
[改訂第4版]シェルスクリプト基本リファレンス
——#!/bin/shで、ここまでできる

2005年 3月 5日 初 版 第1刷発行
2007年 5月 25日 初 版 第3刷発行
2011年 5月 25日 第2版 第1刷発行
2016年 6月 1日 第2版 第5刷発行
2017年 2月 25日 第3版 第1刷発行
2023年 3月 16日 第3版 第6刷発行
2024年 5月 1日 第4版 第1刷発行

著者……………………………… 山森 丈範
発行者…………………………… 片岡 巖
発行所…………………………… 株式会社技術評論社
東京都新宿区市谷左内町21-13
電話 03-3513-6150 販売促進部
03-3513-6175 第5編集部
印刷/製本…………………… 日経印刷株式会社

●定価はカバーに表示してあります。
●本書の一部または全部を著作権法の定める範囲を超え、無断で複写、複製、転載、あるいはファイルに落とすことを禁じます。
●造本には細心の注意を払っておりますが、万一、乱丁(ページの乱れ)や落丁(ページの抜け)がございましたら、小社販売促進部までお送りください。送料小社負担にてお取り替えいたします。

©2024 山森 丈範
ISBN 978-4-297-14006-9 C3055
Printed in Japan

●お問い合わせ
本書に関するご質問は記載内容についてのみとさせていただきます。本書の内容以外のご質問には一切応じられませんのであらかじめご了承ください。なお、お電話でのご質問は受け付けておりませんので、書面または小社Webサイトのお問い合わせフォームをご利用ください。

〒162-0846
東京都新宿区市谷左内町21-13
株式会社技術評論社
『[改訂第4版]シェルスクリプト基本リファレンス』係
URL https://gihyo.jp/book(技術評論社Webサイト)

ご質問の際に記載いただいた個人情報は回答以外の目的に使用することはありません。使用後は速やかに個人情報を廃棄します。